5G移动通信技术系列教程

5G
无线技术及部署

微课版

宋铁成 宋晓勤 ◎ 主编

汤昕怡 王永学 祝欣蓉 王春峰 ◎ 副主编

人民邮电出版社

北京

图书在版编目（CIP）数据

5G无线技术及部署 : 微课版 / 宋铁成, 宋晓勤主编
. -- 北京 : 人民邮电出版社, 2020.9
5G移动通信技术系列教程
ISBN 978-7-115-53976-2

Ⅰ. ①5… Ⅱ. ①宋… ②宋… Ⅲ. ①无线电通信－移
动网－教材 Ⅳ. ①TN929.5

中国版本图书馆CIP数据核字(2020)第077741号

内容提要

本书较为全面地介绍了5G无线技术及部署的相关知识。全书共12章，分别为绪论、5G无线网络架构、5G无线关键技术、5G空中接口、5G信令流程、5G基站原理及部署、5G无线网络组网设计、5G基站数据配置、5G基站网络调测、5G基站操作维护与测试、5G基站故障分析与处理、5G网络应用与典型案例。全书通过二维码方式，穿插了很多在线视频，以帮助读者巩固所学的内容。

本书可以作为应用型本科院校和高职院校通信相关专业的教材，也可以作为华为HCIA-5G-RAN（5G无线网络工程师）认证培训教材，还适合无线网络维护人员、移动通信设备技术支持人员和广大移动通信爱好者自学使用。

◆ 主　　编　宋铁成　宋晓勤
副 主 编　汤昕怡　王永学　祝欣蓉　王春峰
责任编辑　郭　雯
责任印制　王　郁　马振武
◆ 人民邮电出版社出版发行　　北京市丰台区成寿寺路11号
邮编　100164　　电子邮件　315@ptpress.com.cn
网址　https://www.ptpress.com.cn
北京鑫丰华彩印有限公司印刷
◆ 开本：787×1092　1/16
印张：14.5　　2020年9月第1版
字数：407千字　　2024年12月北京第10次印刷

定价：49.80元

读者服务热线：(010)81055256　印装质量热线：(010)81055316
反盗版热线：(010)81055315
广告经营许可证：京东市监广登字20170147号

5G移动通信技术系列教程编委会

序 FOREWORD

2019 年是全球 5G 商用元年，5G 在信息传送能力、信息连接能力和信息传送时延性能方面与 4G 相比有了量级的提升。“新基建”等政策更加有力地推动了 5G 与行业的融合，5G 将渗透到经济社会生活的各个领域中，并推动和加速各行各业向数字化、网络化和智能化的转型。

新兴技术的快速发展往往伴随着新兴应用领域的出现，更高的技术门槛对人才的专业技术能力和综合能力均提出了更高的要求。为此，需要进一步加强校企合作、产教融合和工学结合，紧密围绕产业需求，完善应用型人才培养体系，强化实践教学，推动教学、教法的创新，驱动应用型人才能力培养的升维。

《5G 移动通信技术系列教程》是由高校教学一线的教育工作者与华为技术有限公司、浙江华为通信技术有限公司的技术专家联合成立的编委会共同编写的，将华为技术有限公司的 5G 产品、技术按照工程逻辑进行模块化设计，建立从理论到工程实践的知识桥梁，目标是培养既具备扎实的 5G 理论基础，又能从事工程实践的优秀应用型人才。

《5G 移动通信技术系列教程》包括《5G 无线技术及部署》《5G 承载网技术及部署》《5G 无线网络规划与优化》和《5G 网络云化技术及应用》4 本教材。这套教材有效地融合了华为职业技能认证课程体系，将理论教学与工程实践融为一体，同时，配套了华为技术专家讲授的在线视频，嵌入华为工程现场实际案例，能够帮助读者学习前沿知识，掌握相关岗位所需技能，对于相关专业高校学生的学习和工程技术人员的在职教育来说，都是难得的教材。

我很高兴看到这套教材的出版，希望读者在学习后，能够有效掌握 5G 技术的知识体系，掌握相关的实用工程技能，成为 5G 技术领域的优秀人才。

中国工程院院士

2020 年 4 月 6 日

前言 PREFACE

国内5G网络的全面覆盖，标识着高速移动通信时代的来临。相对于4G网络，5G网络能够实现更高的数据速率、更低的通信时延、更大的系统连接数。5G网络在网络结构和关键技术等方面也与4G网络有着较大的区别。4G改变生活，5G改变社会，未来5G将会使能千行百业。对于移动通信工程行业的从业者来说，5G是必须要掌握的移动通信技术。

当前5G网络正处于大规模建设阶段，移动通信运营商目前需要大量的5G网络建设和维护人员。编者基于多年现网工作经验，从培养现网工程师的角度出发，以理论知识与实际应用相结合的方式编写了本书。

本书以现网工程建设和维护的各个环节为主线，介绍了5G网络建设和维护中每个环节需要掌握的理论知识及实际操作中需要的专业技能。第2～4章5G无线网络架构、5G无线关键技术和5G空中接口全面介绍了5G无线部分的理论知识。第5章5G信令流程介绍了5G信令流程基础、NSA/SA接入、NSA/SA移动性管理及NSA/SA释放等信令流程。第6章5G基站原理及部署主要介绍了5G基站硬件架构及站点部署方案。第7章5G无线网络组网设计主要介绍了无线网络组网方案、网络设计及接口设计。第8～11章5G基站数据配置、5G基站网络调测、5G基站操作维护与测试和5G基站故障分析与处理全面介绍了5G基站开通时的数据配置与调测、维护阶段的操作与测试，以及故障处理等方面的知识。第12章5G网络应用与典型案例介绍了5G的三大应用场景及对应的典型案例。

党的二十大报告提出“加快实施创新驱动发展战略。坚持面向世界科技前沿、面向经济主战场、面向国家重大需求、面向人民生命健康，加快实现高水平科技自立自强。以国家战略需求为导向，集聚力量进行原创性引领性科技攻关，坚决打赢关键核心技术攻坚战。加快实施一批具有战略性全局性前瞻性的国家重大科技项目，增强自主创新能力”。华为自主研发的5G技术，无论是在核心技术领域，还是在整体市场营收能力，都处于全球领先地位。目前，我国的5G网络建设让国人率先用上了更加畅通的5G网络，也助力我国建设出了目前全球最大的5G网络。

本书的参考学时为48～64学时，建议采用理论与实践一体化的教学模式，各章的参考学时见学时分配表。

学时分配表

章	课程内容	学时
第1章	绪论	1或2
第2章	5G无线网络架构	2或3
第3章	5G无线关键技术	3～5
第4章	5G空中接口	3或4
第5章	5G信令流程	3或4
第6章	5G基站原理及部署	6～8
第7章	5G无线网络组网设计	4或5
第8章	5G基站数据配置	8～10
第9章	5G基站网络调测	2～4
第10章	5G基站操作维护与测试	6～8

续表

章	课程内容	学时
第11章	5G基站故障分析与处理	6
第12章	5G网络应用与典型案例	2或3
	课程考评	2
学时总计		48～64

本书由宋铁成、宋晓勤任主编，汤昕怡、王永学、祝欣蓉、王春峰任副主编，周保军、何小国、张巍巍参与编写。

由于编者水平和经验有限，书中难免存在疏漏和不足之处，敬请读者批评指正。

编　者

2023年1月

目录 CONTENTS

Communication

Chapter

1

第1章 绪论

人类对通信需求的不断提升和通信技术的突破创新，推动着移动通信系统的快速演进。5G 不再只是从 2G 到 3G 再到 4G 的网络传输速率的提升，而是将“人–人”之间的通信扩展到“人–网–物”3 个维度的万物互联，打造全移动和全连接的数字化社会。

本章主要讲解 5G 网络的整体架构，以及移动通信系统从第一代向第五代演进的过程。

课堂学习目标

- 掌握移动通信网络架构
- 了解移动通信网络演进过程

1.1 移动通信网络架构

第五代（5th Generation，5G）移动通信系统网络架构分为无线接入网、承载网、核心网 3 部分，如图 1-1 所示。这 3 部分的具体介绍如下。

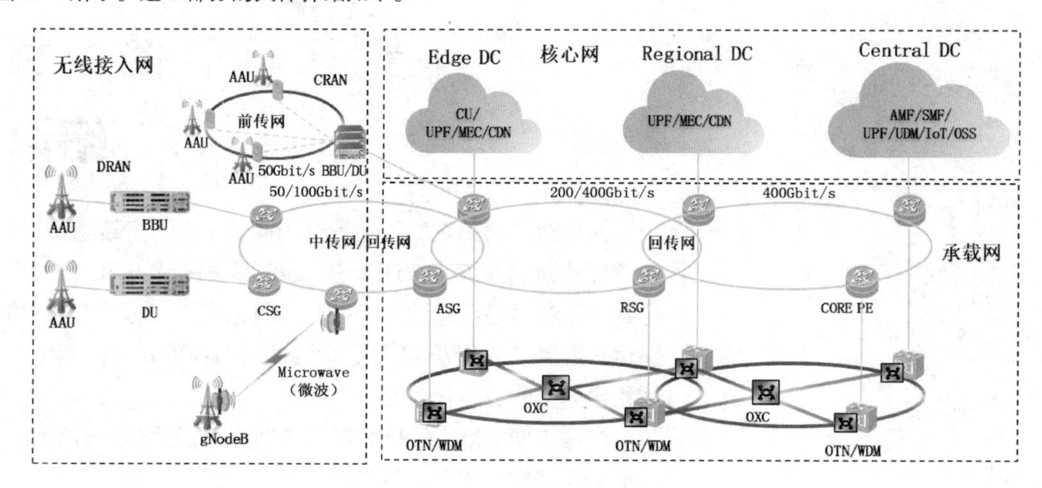

图 1-1 移动通信网络架构

1. 无线接入网

此部分只包含一种网元——5G 基站，也称为 gNodeB。它主要通过光纤等有线介质与承载网设备对接，特殊场景下也采用微波等无线方式与承载网设备对接。

目前，5G 无线接入网组网方式主要有集中式无线接入网（Centralized Radio Access Network，CRAN）和分布式无线接入网（Distributed Radio Access Network，DRAN）两种，国内运营商目前的策略是以 DRAN 为主，CRAN 按需部署。CRAN 场景下的基带单元（Baseband Unit，BBU）集中部署后与有源天线单元（Active Antenna Unit，AAU）之间采用光纤连接，距离较远，因而对光纤的需求量很大，部分场景下需要引入波分前传。在 DRAN 场景下，BBU 和 AAU 采用光纤直连方案。

未来无线侧也会向云化方向演进，BBU 可能会分解成集中单元（Centralized Unit，CU）和分布单元（Distributed Unit，DU）两部分。CU 云化后会部署在边缘数据中心，负责处理传统基带单元的高层协议，DU 可以集中式部署在边缘数据中心或者分布式部署在靠近 AAU 侧，负责处理传统基带单元的底层协议。

2. 承载网

承载网由光缆互联的承载网设备，通过 IP 路由协议、故障检测技术、保护倒换技术等实现相应的逻辑功能。承载网的主要功能是连接基站与基站、基站与核心网，提供数据的转发功能，并保证数据转发的时延、速率、误码率、业务安全等指标满足相关的要求。5G 承载网的结构可以从物理层次和逻辑层次两个维度进行划分。

从物理层次划分时，承载网被分为前传网（CRAN 场景下 AAU 到 DU/BBU 之间）、中传网（DU 到 CU 之间）、回传网（CU/BBU 到核心网之间），其中，中传网是 BBU 云化演进，CU 和 DU 分离部署之后才有的。如果 CU 和 DU 没有分离部署，则承载网的端到端仅有前传网和回传网。回传网还会借助波分设备实现大带宽、长距离传输，如图 1-1 所示，下层两个环是波分环，上层 3 个环是 IP 无线接入网（IP Radio Access Network，IPRAN）或分组传送网（Packet Transport Network，PTN）环，波分环具备大颗粒、长距离传输的能力，IPRAN/PTN 环具备灵活转发的能力，上下两种环配合使用，实现承载网的大颗粒、长距离、灵活转发能力。一般来说，前传网和中传网是 50Gbit/s 或 100Gbit/s 组成的环形网络，回传网是 200Gbit/s 或 400Gbit/s 组成的环形网络。

从逻辑层次划分时，承载网被分为管理平面、控制平面和转发平面 3 个逻辑平面。其中，管理平面完成承载网控制器对承载网设备的基本管理，控制平面完成承载网转发路径（即业务隧道）的规划和控制，转发平面完成基站之间、基站与核心网之间用户报文的转发功能。

图 1-1 涉及了一些新名词，注释如下。

（1）基站侧网关（Cell Site Gateway，CSG）：移动承载网络中的一种角色名称，该角色位于接入层，负责基站的接入。

（2）汇聚侧网关（Aggregation Site Gateway，ASG）：移动承载网络中的一种角色名称，该角色位于汇聚层，负责对移动承载网络接入层海量 CSG 业务流进行汇聚。

（3）无线业务侧网关（Radio Service Gateway，RSG）：承载网络中的一种角色名称，该角色位于汇聚层，负责连接无线控制器。

（4）运营商边界路由器（CORE Provider Edge Router，CORE PER）：运营商边缘路由器，由服务提供商提供的边缘设备。

（5）光传送网（Optical Transport Network，OTN）：通过光信号传输信息的网络。

（6）波分复用（Wavelength Division Multiplexing，WDM）：一种数据传输技术，不同的光信号由不同的颜色（波长频率）承载，并复用在一根光纤上传输。

（7）光交叉连接（Optical Cross-Connect，OXC）：一种用于对高速光信号进行交换的技术，通常使用于光网络（Mesh，网状互联的网络）中。

3. 核心网

核心网可以由传统的定制化硬件或者云化标准的通用硬件来实现相应的逻辑功能。核心网主要用于提供数据转发、运营商计费，以及针对不同业务场景的策略控制（如速率控制、计费控制等）功能等。

核心网中有 3 类数据中心（Data Center，DC）：中心 DC 部署在大区中心或者各省省会城市中，区域 DC 部署在地市机房中，边缘 DC 部署在承载网接入机房中。核心网设备一般放置在中心 DC 机房中。为了满足低时延业务的需要，会在地市和区县建立数据中心机房，核心网设备会逐步下移至这些机房中，缩短了基站至核心网的距离，从而降低了业务的转发时延。

5G 核心网用于控制和承载分离。核心网控制面网元和一些运营支撑服务器等部署在中心 DC 中，如接入和移动性管理功能（Access and Mobility Management Function，AMF）、会话管理功能（Session Management Function，SMF）、用户面功能（User Plane Function，UPF）、统一数据管理（Unified Data Management，UDM）功能、其他服务器（如物联网（Internet of Things，IoT）应用服务器、运营支撑系统（Operations Support System，OSS）服务器）等。根据业务需求，核心网用户面网元可以部署在区域 DC 和边缘 DC 中。例如，区域 DC 可以部署核心网的用户面功能、多接入边缘计算（Multi-access Edge Computing，MEC）、内容分发网络（Content Delivery Network，CDN）等；边缘 DC 也可以部署 UPF、MEC、CDN，还可以部署无线侧云化集中单元等。

本书重点介绍无线接入网部分，包括 5G 无线网络架构、5G 无线关键技术、5G 空中接口、5G 信令流程、5G 基站原理及部署、5G 无线网络组网设计、5G 基站数据配置、5G 基站网络调测、5G 基站操作维护与测试、5G 基站故障分析与处理和 5G 网络应用与典型案例等内容。

1.2 移动通信网络的演进

随着移动用户数量的不断增加，以及人们对移动通信业务需求的不断提升，移动通信系统已经经历了五代的变革，本节主要对移动通信网络演进过程进行介绍。

1.2.1 第一代移动通信系统

第一代（1st Generation，1G）移动通信技术诞生于 20 世纪 40 年代。其最初是美国底特律警察使用的车载无线电系统，主要采用大区制模拟技术。1978 年底，美国贝尔实验室成功研制了先进移动电话系统（Advanced Mobile Phone System，AMPS），建成了蜂窝状移动通信网，这是第一种真正意义上的具有即时通信能力的大容量蜂窝状移动通信系统。1983 年，AMPS 首次在芝加哥投入商用并迅速推广。到 1985 年，AMPS 已扩展到了美国的 47 个地区。

与此同时，其他国家也相继开发出各自的蜂窝状移动通信网。英国在 1985 年开发了全接入通信系统（Total Access Communications System，TACS），频段为 900MHz。加拿大推出了 450MHz 移动电话系统（Mobile Telephone System，MTS）。瑞典等北欧国家于 1980 年开发了北欧移动电话（Nordic Mobile Telephone，NMT）移动通信网，频段为 450MHz。中国的 1G 系统于 1987 年 11 月 18 日在广东第六届全运会上开通并正式商用，采用的是 TACS 制式。从 1987 年 11 月中国电信开始运营模拟移动电话业务开始到 2001 年 12 月底中国移动关闭模拟移动通信网，1G 系统在中国的应用长达 14 年，用户数最高时达到了 660 万。如今，1G 时代那像砖头一样的手持终端——“大哥大”已经成为很多人的回忆。

由于 1G 系统是基于模拟通信技术传输的，因此存在频谱利用率低、系统安全保密性差、数据承载业务难以开展、设备成本高、体积大、费用高等局限，其最关键的问题在于系统容量低，已不能满足日益增长的移动用户的需求。为了解决这些缺陷，第二代（2nd Generation，2G）移动通信系统应运而生。

1.2.2 第二代移动通信系统

20 世纪 80 年代中期，欧洲首先推出了全球移动通信系统（Global System for Mobile communications，GSM）数字通信网系统。随后，美国、日本也制定了各自的数字通信体系。数字通信系统具有频谱效率高、容量大、业务种类多、保密性好、语音质量好、网络管理能力强等优点，因此得到了迅猛发展。

第二代移动通信系统包括 GSM、IS-95 码分多址（Code Division Multiple Access，CDMA）、先进数字移动电话系统（Digital Advanced Mobile Phone System，DAMPS）、个人数字蜂窝系统（Personal Digital Cellular System，PDCS）。特别是其中的 GSM，因其体制开放、技术成熟、应用广泛，已成为陆地公用移动通信的主要系统。

使用 900MHz 频带的 GSM 称为 GSM900，使用 1800MHz 频带的称为 DCS1800，它是依据全球数字蜂窝通信的时分多址（Time Division Multiple Access，TDMA）标准而设计的。GSM 支持低速数据业务，可与综合业务数字网（Integrated Services Digital Network，ISDN）互联。GSM 采用了频分双工（Frequency Division Duplex，FDD）方式、TDMA 方式，每载频支持 8 信道，载频带宽为 200kHz。随着通用分组无线系统（General Packet Radio System，GPRS）、增强型数据速率 GSM 演进技术（Enhanced Data Rate for GSM Evolution，EDGE）的引入，GSM 网络功能得到不断增强，初步具备了支持多媒体业务的能力，可以实现图片发送、电子邮件收发等功能。

IS-95 CDMA 是北美地区的数字蜂窝标准，使用 800MHz 频带或 1.9GHz 频带。IS-95 CDMA 采用了码分多址方式。CDMA One 是 IS-95 CDMA 的品牌名称。CDMA2000 无线通信标准也是以 IS-95 CDMA 为基础演变的。IS-95 又分为 IS-95A 和 IS-95B 两个阶段。

DAMPS 也称 IS-54/IS-136（北美地区的数字蜂窝标准），使用 800MHz 频带，是两种北美地区的数字蜂窝标准中推出较早的一种，使用了 TDMA 方式。

PDC 是由日本提出的标准，即后来中国的个人手持电话系统（Personal Handyphone System，PHS），俗称“小灵通”。因技术落后和后续移动通信发展需要，“小灵通”网络已经关闭。

我国的 2G 系统主要采用了 GSM 体制，如中国移动和中国联通均部署了 GSM 网络。2001 年，中国联通开始在中国部署 IS-95 CDMA 网络（简称 C 网）。2008 年 5 月，中国电信收购了中国联通的 C 网，并将 C 网规划为中国电信未来主要发展方向。

2G 系统的主要业务是语音服务，其主要特性是提供数字化的语音业务及低速数据业务。它克服了模拟移动通信系统的弱点，语音质量、保密性能得到较大的提高，并可进行省内、省际自动漫游。由于 2G 系统采用了不同的制式，移动通信标准不统一，用户只能在同一制式覆盖的范围内进行漫游，因而无法进行全球漫游。此外，2G 系统带宽有限，因而限制了数据业务的应用，无法实现高速率的数据业务，如移动多媒体业务。

尽管 2G 系统技术在发展中不断得到完善，但是随着人们对于移动数据业务需求的不断提高，希望能够在移动的情况下得到类似于固定宽带上网时所得到的速率，因此，需要有新一代的移动通信技术来提供高速的空中承载，以提供丰富多彩的高速数据业务，如电影点播、文件下载、视频电话、在线游戏等。

1.2.3 第三代移动通信系统

第三代（3rd Generation，3G）移动通信系统又被国际电信联盟（International Telecommunication Union，ITU）称为 IMT-2000，指在 2000 年左右开始商用并工作在 2000MHz 频段上的国际移动通信系统。IMT-2000 的标准化工作开始于 1985 年。3G 标准规范具体由第三代移动通信合作伙伴项目（3rd Generation Partnership Project，3GPP）和第三代移动通信合作伙伴项目二（3rd Generation Partnership Project 2，3GPP2）分别负责。

3G 系统最初有 3 种主流标准，即欧洲和日本提出的宽带码分多址（Wideband Code Division Multiple Access，WCDMA），美国提出的码分多址接入 2000（Code Division Multiple Access 2000，CDMA2000），以及中国提出的时分同步码分多址接入（Time Division-Synchronous Code Division Multiple Access，TD-SCDMA）。其中，3GPP 从 R99 开始进行 3G WCDMA/TD-SCDMA 标准制定，后续版本进行了特性增强和增补，3GPP2 提出了从 CDMA IS95（2G）—CDMA 20001x—CDMA 20003x（3G）的演进策略。

3G 系统采用了 CDMA 技术和分组交换技术，而不是 2G 系统通常采用的 TDMA 技术和电路交换技术。在业务和性能方面，3G 系统不仅能传输语音，还能传输数据，提供了高质量的多媒体业务，如可变速率数据、移动视频和高清晰图像等，实现了多种信息一体化，从而能够提供快捷、方便的无线应用。

尽管 3G 系统具有低成本、优质服务质量、高保密性及良好的安全性能等优点，但是仍有不足：第一，3G 标准共有 WCDMA、CDMA2000 和 TD-SCDMA 三大分支，3 种制式之间存在相互兼容的问题；第二，3G 的频谱利用率比较低，不能充分地利用宝贵的频谱资源；第三，3G 支持的速率还不够高。这些不足远远地不能适应未来移动通信发展的需要，因此需要寻求一种能适应未来移动通信需求的新技术。

另外，全球微波接入互操作性（Worldwide Interoperability for Microwave Access，WiMAX）又称为 802.16 无线城域网（核心标准是 802.16d 和 802.16e），是一种为企业和家庭用户提供“最后一英里”服务的宽带无线连接方案。此技术与需要授权或免授权的微波设备相结合之后，由于成本较低，从而扩大了宽带无线市场，改善了企业与服务供应商的认知度。2007 年 10 月 19 日，在国际电信联盟在日内瓦举行的无线通信全体会议上，经过多数国家投票通过，WiMAX 正式被批准成为继 WCDMA、CDMA2000 和 TD-SCDMA 之后的第四个全球 3G 标准。

1.2.4 第四代移动通信系统

2000 年确定了 3G 国际标准之后，ITU 就启动了第四代（4th Generation，4G）移动通信系统的相关工作。2008 年，ITU 开始公开征集 4G 标准，有 3 种方案成为 4G 标准的备选方案，分别是 3GPP 的长期演进（Long Term Evolution，LTE）、3GPP2 的超移动宽带（Ultra Mobile Broadband，UMB）以及电气电子工程师协会（Institute of Electrical and Electronics Engineers，IEEE）的 WiMAX（IEEE 802.16m，也被称为 Wireless MAN-Advanced 或者 WiMAX2），其中最被产业界看好的是 LTE。LTE、UMB 和移动 WiMAX 虽然各有差别，但是它们也有相同之处，即 3 个系统都采用了正交频分复用（Orthogonal Frequency Division Multiplexing，OFDM）和多入多出（Multiple-Input Multiple-Output，MIMO）技术，以提供更高的频谱利用率。其中，3GPP 的 R8 开始进行 LTE 标准化的制定，后续在特性上进行了增强和增补。

LTE 并不是真正意义上的 4G 技术，而是 3G 向 4G 技术发展过程中的一种过渡技术，也被称为 3.9G 的全球化标准，它采用 OFDM 和 MIMO 等关键技术，改进并且增强了传统无线空中接入技术。这些技术的运用，使得 LTE 的峰值速率相较于 3G 有了很大的提高。同时，LTE 技术改善了小区边缘位置用户的性能，提高了小区容量值，降低了系统的延迟和网络成本。

2012 年，LTE-Advanced 被正式确立为 IMT-Advanced（也称 4G）国际标准，我国主导制定的 TD-LTE-Advanced 同时成为 IMT-Advanced 国际标准。LTE 包括 TD-LTE（时分双工）和 LTE FDD（频分双工）两种制式，我国引领了 TD-LTE 的发展。TD-LTE 继承和拓展了 TD-SCDMA 在智能天线、系统设计等方面的关键技术和自主知识产权，系统能力与 LTE FDD 相当。2015 年 10 月，3GPP 在项目合作组（Project Coordination Group，PCG）第 35 次会议上正式确定将 LTE 新标准命名为 LTE-Advanced Pro。这是 4.5G 在标准上的正式命名。这一新的品牌名称是继 3GPP 将 LTE-Advanced 作为 LTE 的增强标准后，对 LTE 系统演进的又一次定义。

1.2.5 第五代移动通信系统

2015 年 10 月 26 日至 30 日，在瑞士日内瓦召开的 2015 无线电通信全会上，国际电信联盟无线电通信部门（ITU-R）正式批准了 3 项有利于推进未来 5G 研究进程的决议，并正式确定了 5G 的法定名称是“IMT-2020”。

为了满足未来不同业务应用对网络能力的要求，ITU 定义了 5G 的八大能力目标，如图 1-2 所示，分别为峰值速率达到 10Gbit/s、用户体验速率达到 100Mbit/s、频谱效率是 IMT-A 的 3 倍、移动性达到 500km/h、空口（简称“空中接口”）时延达到 1ms、连接数密度达到 10^6 个设备/km^2、网络功耗效率是 IMT-A 的 100 倍、区域流量能力达到 10Mbit/s/m^2。

5G 的应用场景分为三大类——增强移动宽带（enhanced Mobile Broadband，eMBB）、超高可靠低时延通信（ultra Reliable and Low Latency Communication，uRLLC）、海量机器类通信（massive Machine Type of Communication，mMTC），不同应用场景有着不同的关键能力要求。其中，峰值速率、时延、连接数密度是关键能力。eMBB 场景下主要关注峰值速率和用户体验速率等，其中，5G 的峰值速率相对于 LTE 的 100Mbit/s 提升了 100 倍，达到了 10Gbit/s；uRLLC 场景下主要关注时延和移动性，其中，5G 的空口时延相对于 LTE 的 50ms 降低到了 1ms；mMTC 场景下主要关注连接数密度，5G 的每平方千米连接数相对于 LTE 的 10^4 个提升到了 10^6 个。不同应用场景对网络能力的诉求如图 1-3 所示。

2016 年 6 月 27 日，3GPP 在 3GPP 技术规范组（Technical Specifications Groups，TSG）第 72 次全体会议上就 5G 标准的首个版本——R15 的详细工作计划达成一致。该计划记述了各工作组的协调项目和检查重点，并明确 R15 的 5G 相关规范将于 2018 年 6 月确定。

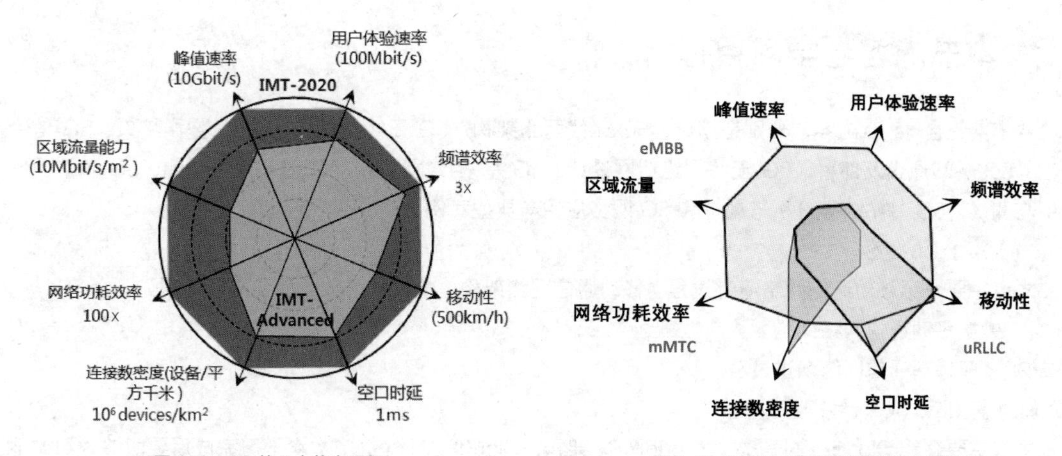

图 1-2 5G 的八大能力目标

图 1-3 不同应用场景对网络能力的诉求

在 3GPP TSG RAN 方面，针对 R15 的 5G 新空口（New Radio，NR）调查范围，技术规范组一致同意对独立（Stand-alone，SA）组网和非独立（Non-Standalone，NSA）组网两种架构提供支持。其中，5G NSA 组网方式需要使用 4G 基站和 4G 核心网，初期以 4G 作为控制面的锚点，满足运营商利用现有 LTE 网络资源，实现 5G NR 快速部署的需求。NSA 组网作为过渡方案，主要以提升热点区域带宽为主要目标，没有独立信令面，依托 4G 基站和核心网工作，对应的标准进展较快。要实现 5G 的 NSA 组网，需要对现有的 4G 网络进行升级，对现网性能和平稳运行有一定影响，需要运营商关注。R15 还确定了目标用例和目标频带，目标用例为增强移动宽带、超高可靠低时延通信以及海量机器类通信，目标频带分为低于 6GHz 和高于 6GHz 的范围。另外，TSG 第 72 次全体会议在讨论时强调，5G 的标准，在无线和协议两方面的设计都要具有向上兼容性，且分阶段导入功能是实现各个用例的关键点。

2017 年 12 月 21 日，在国际电信标准组织 3GPP RAN 的第 78 次全体会议上，5G NSA 标准冻结，这是全球第一个可商用部署的 5G 标准。5G 标准 NSA 组网方案的完成是 5G 标准化进程的一个里程碑，标志着 5G 标准和产业进程进入加速阶段，标准冻结对通信行业来说具有重要意义，这意味着核心标准就此确定，即便将来正式标准仍有微调，也不影响之前厂商的产品开发，5G 商用进入倒计时。

2018 年 6 月 14 日，3GPP TSG 第 80 次全体会议批准了 5G SA 标准冻结。此次 SA 标准的冻结，不仅使 5G NR 具备了独立部署的能力，还带来了全新的端到端新架构，赋能企业级客户和垂直行业的智慧化发展，为运营商和产业合作伙伴带来了新的商业模式，开启了一个全连接的新时代。至此，5G 已经完成第一阶段标准化工作，进入了产业全面冲刺新阶段。3GPP 关于 5G 协议标准的规划路线如图 1-4 所示。

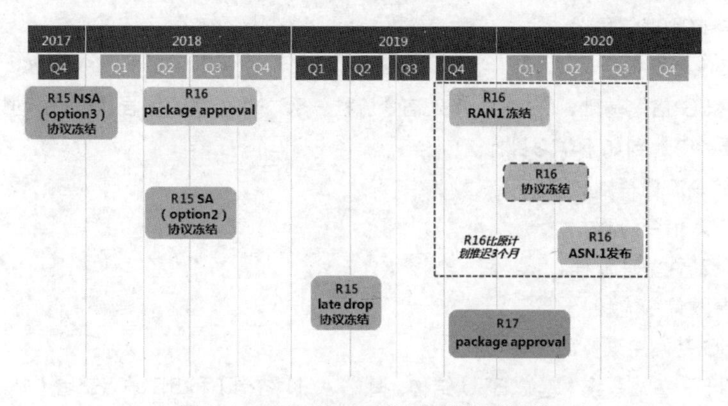

图 1-4 3GPP 关于 5G 协议标准的规划路线

1.3 本书内容与学习目标

本书共包含 12 章内容，分别是绪论、5G 无线网络架构、5G 无线关键技术、5G 空中接口、5G 信令流程、5G 基站原理及部署、5G 无线网络组网设计、5G 基站数据配置、5G 基站网络调测、5G 基站操作维护与测试、5G 基站故障分析与处理和 5G 网络应用与典型案例。

（1）第 1 章 绪论。

本章主要介绍移动通信网络演进过程、移动通信网络架构。本章学习完成后要能够达到如下学习目标。

① 掌握移动通信网络架构。

② 了解移动通信网络演进过程。

（2）第 2 章 5G 无线网络架构。

本章主要介绍 CloudRAN 需求、CloudRAN 架构、CloudRAN 优势。本章学习完成后要能够达到如下学习目标。

① 掌握传统的 DRAN、CRAN 架构。

② 理解 5G 无线接入网重构需求。

③ 掌握 CloudRAN 的架构及部署。

④ 理解 CloudRAN 的应用价值。

（3）第 3 章 5G 无线关键技术。

本章主要介绍提高速率技术（Massive MIMO、256QAM），降低时延技术（时隙聚合调度、短周期调度、免调度），提升覆盖技术（上下行解耦、双连接技术）。本章学习完成后要能够达到如下学习目标。

① 了解 5G 网络关键技术的类型。

② 掌握 5G 网络提高速率技术的原理。

③ 掌握 5G 网络降低时延技术的原理。

④ 掌握 5G 网络提升覆盖技术的原理。

（4）第 4 章 5G 空中接口。

本章主要介绍 5G 频段及使用策略、5G 空口协议、5G 帧结构、5G 物理信道、5G 物理信号。本章学习完成后要能够达到如下学习目标。

① 掌握 5G 空口协议栈。

② 掌握 5G 空口帧结构及物理资源。

③ 掌握 5G 空口物理信道。

④ 了解 5G 空口物理信号。

（5）第 5 章 5G 信令流程。

本章主要介绍 5G 信令基础、5G 初始接入信令流程、5G NSA 信令流程、5G 移动性管理信令流程。本章学习完成后要能够达到如下学习目标。

① 掌握 5G 信令流程基础知识。

② 掌握 5G 接入信令流程。

③ 掌握 5G 移动性管理流程。

④ 掌握 5G 释放信令流程。

（6）第 6 章 5G 基站原理及部署。

本章主要介绍 5G 基站系统（基站 BBU 结构、基站 AAU 结构）和 5G 站点部署（站点部署场景、室内覆盖方案、站点改造方案、站点拉远方案）。本章学习完成后要能够达到如下学习目标。

① 掌握 gNodeB 的硬件结构。

② 掌握 5G 站点部署方案。

（7）第 7 章 5G 无线网络组网设计。

本章主要基于 NSA 组网进行阐述，并重点介绍基于 5G 无线基站组网设计和 5G 网络接口设计方案，进行规划设计探讨。本章学习完成后要能够达到如下学习目标。

① 熟悉 NSA 网络组网方案。

② 掌握 gNodeB 无线网络设计。

③ 掌握 gNodeB 接口设计。

（8）第 8 章 5G 基站数据配置。

本章主要介绍 5G 基站全局数据配置、设备数据配置、传输数据配置、无线数据配置。本章学习完成后要能够达到如下学习目标。

① 掌握 gNodeB 的配置流程。

② 掌握 gNodeB 配置流程中的命令。

③ 掌握 gNodeB 基本配置命令中的关键参数设置原理，并具备典型场景的 gNodeB 配置脚本制作技能。

（9）第 9 章 5G 基站网络调测。

本章主要介绍 5G 基站的调测方式、调测所需的条件、调测原理和具体操作流程。本章学习完成后要能够达到如下学习目标。

① 了解 5G 基站中 3 种调测方法的特点。

② 理解 5G 基站调测所需的条件。

③ 理解 5G 基站调测的原理。

④ 掌握 5G 基站调测的操作流程。

（10）第 10 章 5G 基站操作维护与测试。

本章主要介绍 5G 网络测试（测试准备、测试流程、功能测试）和 5G 基站维护（告警管理、设备管理、传输层维护、无线层维护、跟踪监控管理）。本章学习完成后要能够达到如下学习目标。

① 掌握 gNodeB 日常操作维护任务。

② 掌握 gNodeB 网络测试的流程和步骤。

（11）第 11 章 5G 基站故障分析与处理。

本章主要介绍 5G 基站故障处理流程和 5G 基站常见故障（小区故障、传输故障、时钟故障、NSA 接入故障）分析与处理方法。本章学习完成后要能够达到如下学习目标。

① 掌握 gNodeB 故障处理流程。

② 掌握 gNodeB 常见故障的分析与处理方法。

（12）第 12 章 5G 网络应用与典型案例。

本章主要介绍 5G 应用场景（eMBB 应用、uRLLC 应用、mMTC 应用）和 5G 行业应用案例（CloudVR、自动驾驶、智能监控）。本章学习完成后要能够达到如下学习目标。

① 掌握 5G 网络三大类应用场景。

② 掌握 5G 网络三大类行业的典型应用案例。

本章小结

本章先介绍了 5G 网络的整体架构，包括无线接入网、承载网和核心网；再讲解了移动通信系统从第一代向第五代演进的过程；最后对本书的所有章节的内容和学习目标进行了描述。

通过本章的学习，读者应该对 5G 整体网络架构有一定的了解，熟悉移动通信网络演进的过程，并充分了解本书的内容规划和学习目标。

课后练习

1. 选择题

（1）5G 移动通信系统网络架构中，属于无线接入网的设备是（　　）。

A. BTS　　B. BSC　　C. gNodeB　　D. eNodeB

（2）从物理层次划分，5G 承载网被划分为（　　）。

A. 前传网　　B. 中传网　　C. 后传网　　D. 回传网

（3）为了满足低时延业务需要，核心网的部分网络需要下沉到（　　）中。

A. 核心 DC　　B. 中心 DC　　C. 区域 DC　　D. 边缘 DC

（4）全球 3G 标准包含（　　）。

A. WCDMA　　B. CDMA2000　　C. TD-SCDMA　　D. WiMAX

（5）4G 使用的接入技术是（　　）。

A. FDMA　　B. CDMA　　C. TDMA　　D. OFDMA

2. 简答题

（1）写出 ITU 定义的 5G 的八大能力目标。

（2）简述 5G 的三大应用场景。

Communication

Chapter

2

第 2 章
5G 无线网络架构

5G 在实现吉比特级的峰值速率、毫秒级的端到端时延和网络功耗效率大幅提升等方面拥有超强的能力。在无线侧引入新的关键技术的同时，网络架构又会发生什么样的变化呢？在 5G 整体架构的云化趋势之下，无线侧能否实现 ICT 融合？

本章主要介绍 5G 的无线网络架构及其演进。

课堂学习目标

- 掌握传统的 DRAN、CRAN 架构
- 理解 5G 无线接入网重构需求
- 掌握 CloudRAN 的架构及部署
- 理解 CloudRAN 的应用价值

2.1 传统无线网络架构

在 4G 网络中，无线侧基本完成了宏基站向分布式基站（Distributed Base Station，DBS）的转变。分布式基站带来的最大好处是，射频单元的形态由机柜内集中部署的单板演进为独立的模块单元，可以脱离机柜部署。如图 2-1 所示，因为基于射频拉远单元（Remote Radio Unit，RRU）或有源天线单元（Active Antenna Unit，AAU）的射频单元和基带单元（Baseband Unit，BBU）之间采用公共无线接口（Common Public Radio Interface，CPRI），并通过光纤进行连接，所以射频单元可以进行较长距离的拉远，从而使整个站点的覆盖范围扩大并灵活可控。

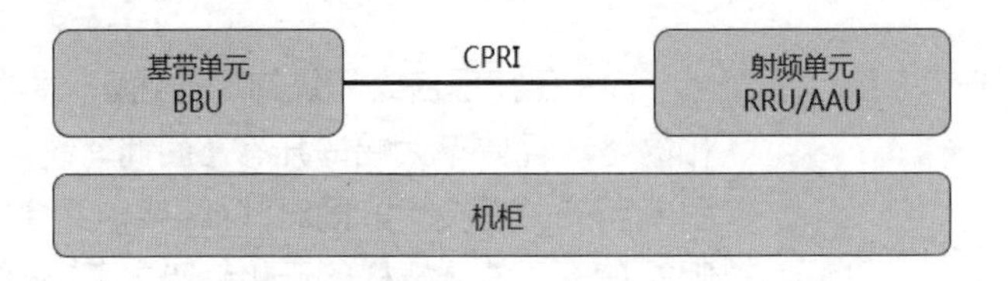

图 2-1 分布式基站

在实际部署中，分布式基站适用于无线接入网各种常见场景。如图 2-2 所示，在常见的各种室内和室外站点场景中，都可以部署 DBS 站型。

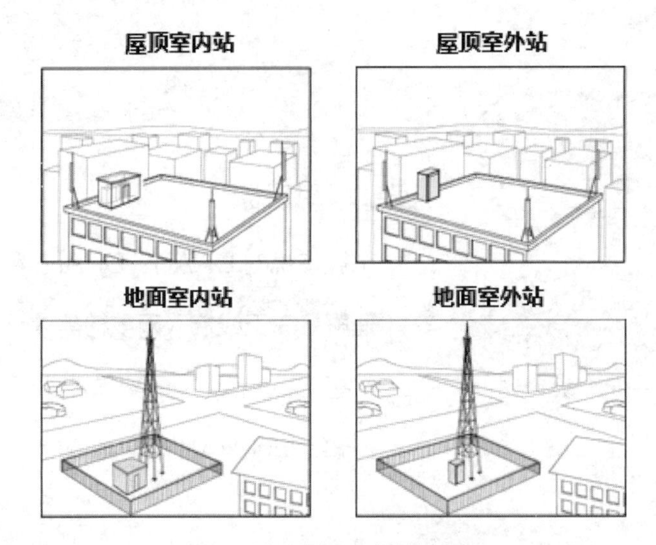

图 2-2 常见的室内和室外站点场景

5G 基站仍然采用 DBS 站型，而在部署无线接入网的时候，既可以沿用传统的分布式无线接入网（Distributed Radio Access Network，DRAN）架构和集中式无线接入网（Centralized Radio Access Network，CRAN）架构，又可以采用新型的基于云数据中心的云化无线接入网（Cloud Radio Access Network，CloudRAN）架构。本节主要介绍 DRAN 和 CRAN 的组网特点和差异。

2.1.1 DRAN

运营商在 4G 网络中大量部署了 DRAN 架构，并将 DRAN 架构作为长期主流建网模式。因此，在 5G 网络部署中，DRAN 架构会长期作为无线接入网的主要架构方案。

1. DRAN架构的部署

在DRAN架构中，每个站点均独立部署机房，BBU与RRU/AAU共站部署，配电供电设备及其他配套设备均独立部署，如图2-3所示。

如图2-4所示，在站点传输方面，DRAN采用各BBU独立星形拓扑的方案，每个站点和接入环设备独立连接。

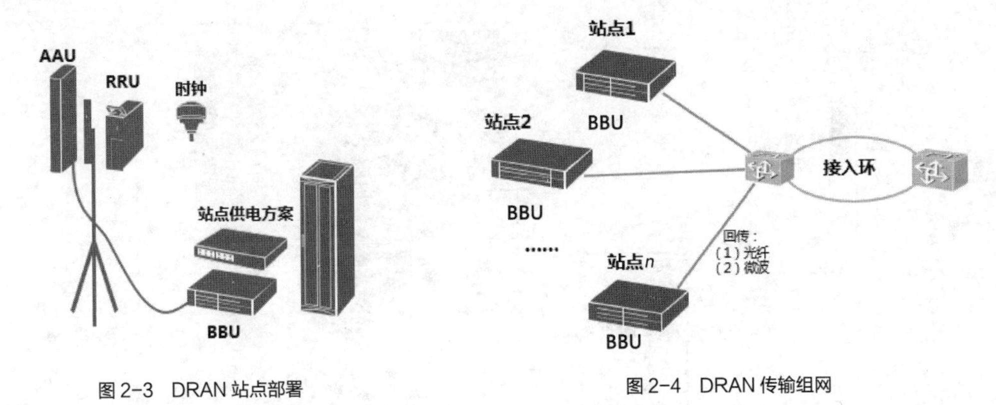

图2-3 DRAN站点部署　　图2-4 DRAN传输组网

2. DRAN架构的优点

与CRAN架构相比，DRAN架构有以下优点。

(1)在DRAN架构中，BBU与RRU/AAU共站部署，站点回传可根据站点机房实际条件，采用微波或光纤方案灵活组网。

(2)采用BBU与RRU/AAU共站部署，CPRI光纤长度短，而单站回传只需一根光纤，整体光纤消耗低。

(3)即使单站出现供电、传输方面的故障，也不会对其他站点造成影响。

3. DRAN架构的缺点

虽然DRAN站点组网灵活，单站故障对网络整体影响较小，但其缺点也非常明显，通常体现在以下4个方面。

(1)站点配套独立部署，投资规模大。

(2)新站点部署机房时，建设周期长。

(3)站点间资源独立，不利于资源共享。

(4)站点间信令交互需要经网关中转，不利于站间业务高效协同。

受益于2G/3G/4G网络的长期建设，各运营商现网都拥有大量站点机房或室外一体化机柜，虽然5G采用频率更高的3.5GHz作为主覆盖频段会导致无线覆盖需要更多站点，但是运营商在未来较长一段时间内仍会采用利旧与新建站点机房相结合的方式，部署DRAN架构的无线接入网。

2.1.2 CRAN

鉴于DRAN架构有不利于各站点基带资源共享和站间业务协同不便等缺点，现网可以采用CRAN架构来避免这些问题。CRAN架构是一种集中式组网方案，其主要特点是将多个站点的BBU设备集中部署在同一个机房。

1. CRAN架构的部署

在CRAN架构中，多个站点的BBU模块会被集中部署在一个中心机房中，如图2-5所示，各站点射频单元通过前传拉远光纤与中心机房 BBU 进行连接。

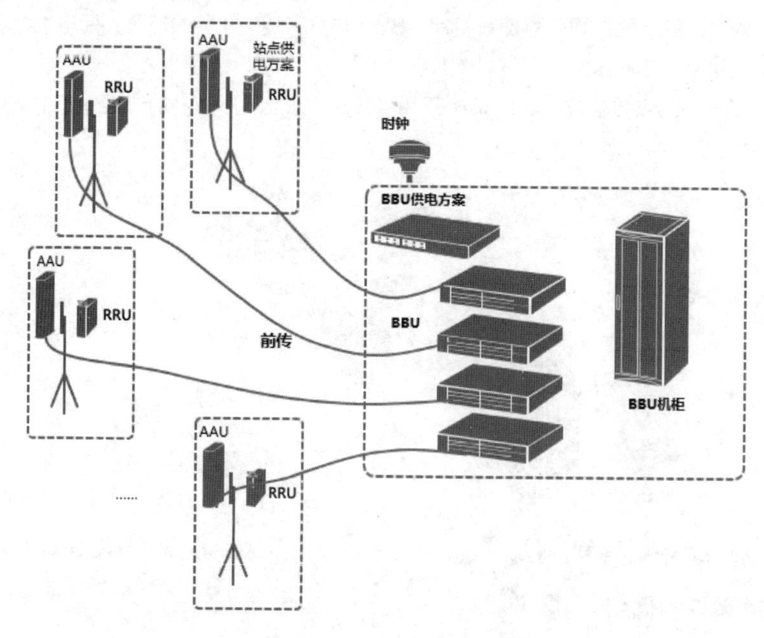

图 2-5　CRAN 站点部署

如图 2-6 所示，在站点传输方面，一般情况下，接入环传输设备直接部署在 CRAN 机房中，各 BBU 直接连接在接入环传输设备的不同端口上。

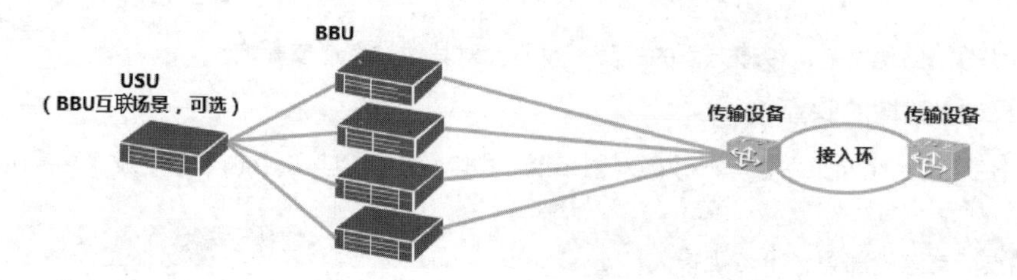

图 2-6　CRAN 架构传输组网

中心机房中可以选择以下两种 BBU 集中方案。

（1）普通 BBU 堆叠。由于射频单元的部署不依赖站点机房，因此，BBU 及相关配套设备集中化部署后，CRAN 架构可以大幅减少站点机房数量。但由于 BBU 之间仍只能通过网关互联，因此，该方案无法实现基带资源共享及站间业务的高效协同。

（2）BBU 通过通用交换单元（Universal Switching Unit，USU）之类的上层设备互联。在 CRAN 机房中，若集中化部署的 BBU 之间通过上层设备互联，则可以实现多站点基带资源共享。另外，BBU 间会保持高精度时钟同步，可以部署对站间同步要求较高的一些协同特性，如载波聚合（Carrier Aggregation，CA）、协作多点发送/接收（Coordinated Multipoint Transmission/Reception，CoMP）等。

2. CRAN 架构的优点

与 DRAN 相比，CRAN 有以下优点。

（1）5G 的超密集站点组网会形成更多覆盖重叠区，CRAN 架构更适合部署 CA、CoMP 和单频网（Single Frequency Network，SFN）等，可以实现站间高效协同，大幅提升无线网络性能。

（2）CRAN 架构可简化站点获取难度，一方面，其可以实现无线接入网快速部署，缩短建设周期；另一方面，其在不易于部署站点的覆盖盲区中更容易实现深度覆盖。

（3）可通过跨站点组建基带池，实现站间基带资源共享，使资源利用更加合理。

3. CRAN 架构的缺点

CRAN 架构虽然有诸多优势，但是 BBU 是集中部署的，故也存在一些缺点。

（1）BBU 和 RRU 之间形成长距离拉远，前传接口光纤消耗大，会带来较高的光纤成本。

（2）BBU 集中在单个机房中，安全风险高，一旦机房出现传输光缆故障或水灾、火灾等问题，将导致大量基站出现故障。

（3）要求集中机房具备足够的设备安装空间，且需要机房具备完善的配套设施用于支持散热、备电（如空调、蓄电池等）。

综合来看，由于不需要每个站点都建设机房，只需通过 CRAN 机房+远端抱杆的方式就可以快速完成无线接入网站点部署并形成覆盖，因此该方案适用于大容量、高密度话务区（密集城区、园区、商场、居民区等）以及其他要求在短时间内完成基站部署的区域。总体而言，目前运营商 CRAN 站点比例远低于 DRAN，但为了使站点更易于部署和开通各项高效协同特性以提升无线网络性能，CRAN 架构将会是 5G 无线接入网部署的未来趋势。

2.2 CloudRAN 架构及部署

5G 在核心网实现云化之后，更有利于用户面分层部署，实现业务的低时延传输。那么，距离无线接入网最近的边缘云，能否和无线接入网部分功能融合，以提升无线网络的性能呢？

2.2.1 无线接入网重构需求

随着 2G/3G/4G/5G 网络的相继建设部署，整个移动通信网络正变得越来越复杂，尤其是在无线接入网层面。各厂家之间独立的网元烟囱式架构增加了网元建设与维护成本，同时新的制式又不断引入新的频段，如图 2-7 所示。

宏站+微站+室分混合组网形成异构网络，站点形态多样，功率大小不一，导致无线接入网的运维管理难度越来越大，如图 2-8 所示。

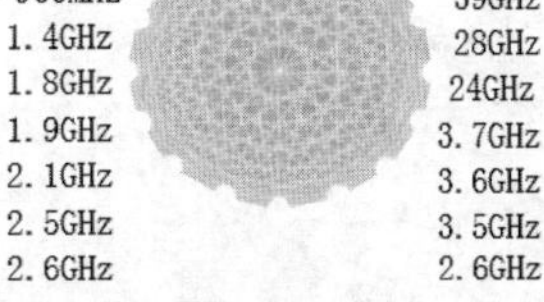

图 2-7　多制式多频段

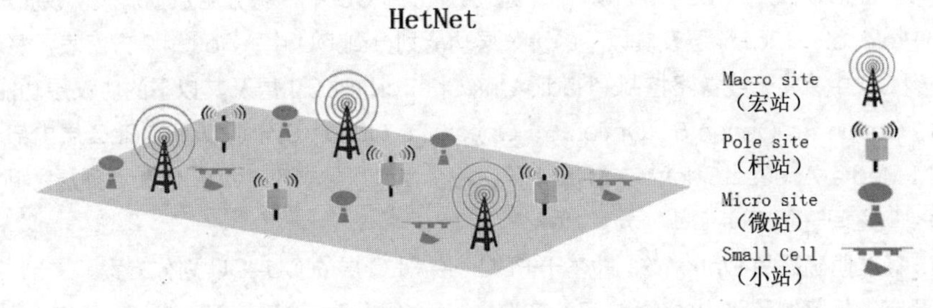

图 2-8　异构网络

5G 部署初期，大部分运营商选择由非独立组网向独立组网过渡的方案。在 NSA 组网阶段，4G/5G 之间需要解决如何更高效地完成业务协同的问题。

5G 网络的未来目标是网络切片即服务（Network Slicing as a Service，NSaaS），在无线侧需要功能扩展性非常强的架构来完成各个切片逻辑的划分并进行高效的管理，同时，需要支持组建大范围基带资源池，以提升资源利用率。

未来，在超高可靠低时延业务场景下，用户面转发功能需要下沉到网络边缘，无线侧需要灵活控制空口协议栈，并和垂直行业的边缘计算服务器完成高层应用的对接。

当前传统的无线接入网架构已经无法满足这些需求，需要进行架构上的重新设计以满足 5G 未来业务，形成一个敏捷而弹性、统一接入与管理、可灵活扩展的全新无线接入网。

2.2.2 CloudRAN 架构

鉴于无线接入网重构的种种需求，5G 引入了全新的 CloudRAN 架构。

CloudRAN 架构引入了集中单元（Centralized Unit，CU）和分布单元（Distributed Unit，DU）分离的结构。CU/DU 分离的思想是，将基站 BBU 的空口协议栈分割成实时处理部分和非实时处理部分，其中，实时处理部分即 DU，仍保留在 BBU 模块中；非实时处理部分即 CU，通过网络功能虚拟化（Network Functions Virtualization，NFV）之后进行云化部署，如图 2-9 所示。

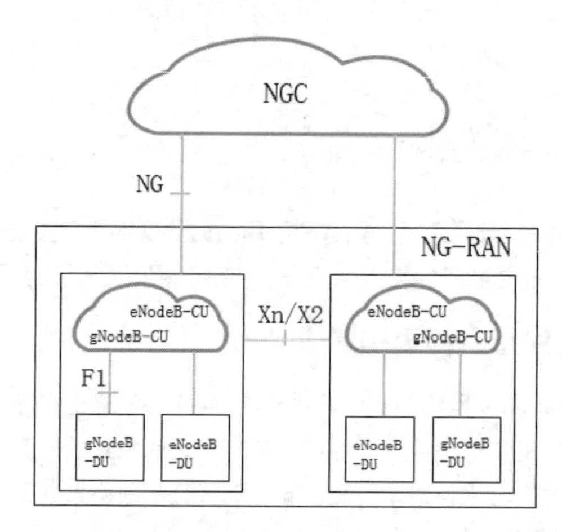

图 2-9 5G CU/DU 分离架构

CU 和 DU 之间形成新的接口——F1（中传）接口，该接口的承载采取以太网传输方案。在 CU/DU 的协议栈划分上，各设备厂商及运营商主张的不同划分方案共有 8 种，如图 2-10 所示。Option 1 方案表示将无线资源控制（Radio Resource Control，RRC）层划分到 CU 中，将分组数据汇聚协议（Packet Data Convergence Protocol，PDCP）层及其以下的协议层功能划分到 DU 中；Option 2 方案表示将 PDCP 层及其以上层划分到 CU 中，将无线链路控制（Radio Link Control，RLC）层及其以下的协议层功能划分到 DU 中；Option 3、Option 4、Option 5、Option 6、Option 7、Option 8 分别表示在 RLC 层内部、RLC 层和媒体接入控制（Media Access Control，MAC）层之间、MAC 层内部、MAC 层和物理层之间、物理层内部、物理层和空口之间进行 CU-DU 划分。

3GPP R15 标准明确采用 Option 2，即基于 PDCP 层/RLC 层的 CU-DU 划分方案。

PDCP 层具有数据复制和路由的作用，运营商选择 NSA 组网时（这里以 Option 3x 架构为例，Option 3x 具体的描述请参考第 7 章相关内容），用户面数据从核心网下发到无线侧时，会在 5G 基站的 PDCP 层完成数据分流。如图 2-11 所示，若 CU 非云化部署，则核心网下发的用户面数据到达 5G 基站之后，分流给 LTE 基站的部分用户面数据需通过 X2 接口转发，此时必须迂回到网关再向 LTE 基站发送。该流量迂回会给承载网增加不必要的流量负担，也增加了用户面分流数据的传输时延。

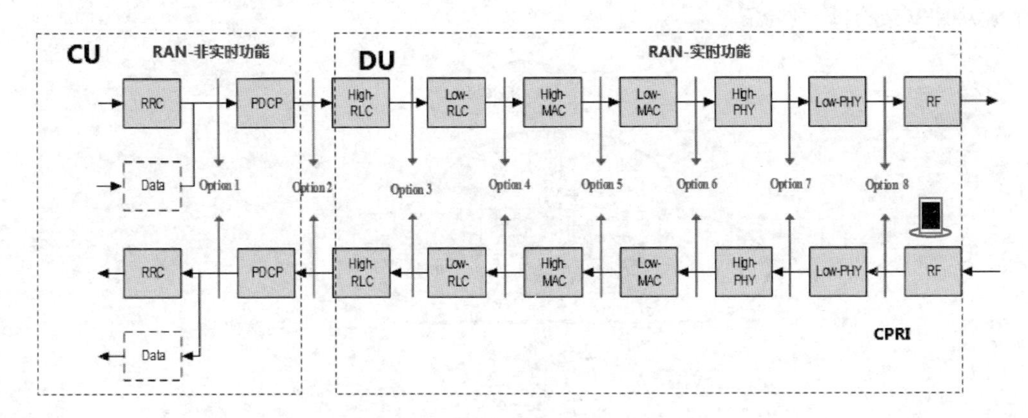

图 2-10　CU/DU 协议栈划分方案

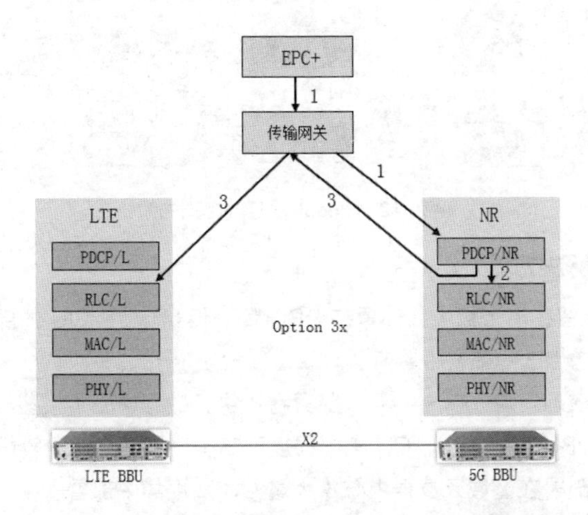

图 2-11　CU 非云化部署造成 5G 基站到 LTE 基站的流量迂回

但是，如果 LTE 基站和 5G 基站都进行 CU/DU 分离，且 CU 统一云化集中部署，则用户面数据分流在 CU 内部即可完成 X2 转发，不会形成承载网数据迂回。因此，把 PDCP 层划分到 CU 模块中，同时 CU 云化集中部署，更适用于 NSA 组网中的用户面 5G 分流（Option 3x）架构。

2.2.3　CloudRAN 部署

确定 CU/DU 协议功能划分方案和 CU 云化集中部署架构之后，CloudRAN 架构还需要考虑 CU 与其他网元的对接，如用户面功能（User Plane Function，UPF）、CU 和 DU 的位置部署，以及 DU 和射频之间的前传接口部署等问题。图 2-12 所示架构为 CloudRAN 整体方案。

1. Mobile Cloud Engine 解决方案

由于 CU 的功能属于基站功能的一部分，所以部署 CU 的云数据中心一般位于边缘云或区域云。该数据中心除了 CU 网元之外还需要部署 UPF 和移动边缘计算（Mobile Edge Computing，MEC）服务器。对于低时延业务（以无人驾驶业务为例），当 DU 侧将用户面上行数据送到 CU 完成相应处理之后，CU 需将数据转发到 UPF，UPF 再将其转发到相应的无人驾驶 MEC 服务器，服务器产生控制命令再反向下行发送到 DU。因此，部署了 CU 的云数据中心采用移动云引擎（Mobile Cloud Engine，MCE）方案，该方案包含了 CU、UPF、MEC 及其他接入侧的一系列虚拟化网络功能集合，形态上这些功能安装在通用的服务器中，遵从 NFV 架构和云化特征。

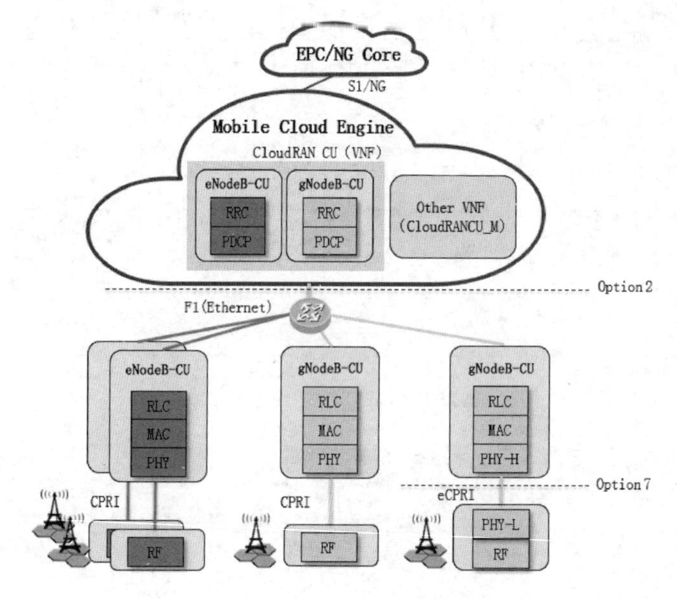

图 2-12　CloudRAN 架构整体方案

2. CU、DU 位置解决方案

一般而言，DU 仍然保留在基带板中，部署在 BBU 侧。但实际上，DU 的部署可以采用传统的 DRAN 架构或者 CRAN 架构，这与 CU 的部署位置有关。

如图 2-13 所示，在 Option 2 方案中，CU 部署在边缘云数据中心（某些极低时延业务场景）中，或者位于中心机房（下挂的 BBU 数量较少，CU 集中程度不高），那么 DU 一般适宜采用 DRAN 架构部署；在 Option 1 方案中，CU 部署在区域云数据中心（大量 CU 高度集中部署）中，那么 DU 的部署可以采用 CRAN 架构或者 DRAN/CRAN 架构并存。

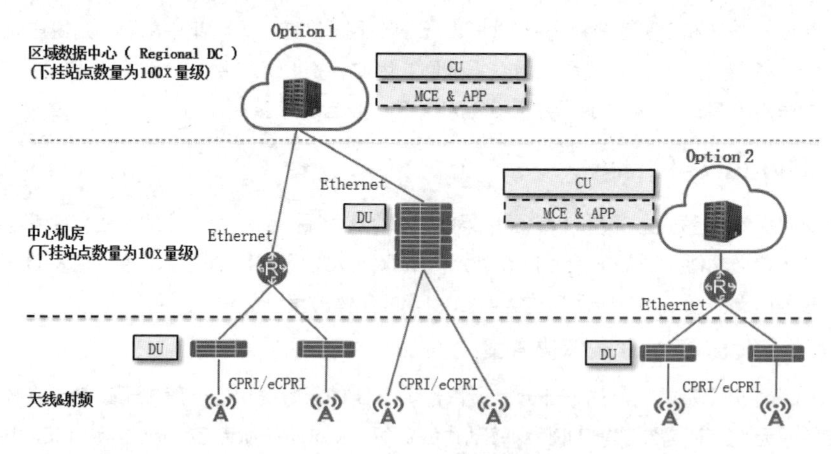

图 2-13　CU、DU 位置部署方案

在 Option 1 方案中，CU 集中程度高，能实现更大范围的控制处理，可以组成较大规模的基带资源池，资源共享效果好；但是 CU 距离用户较远，业务时延较高，因此时延敏感型业务不适合使用该方案。

而在 Option 2 方案中，MCE 更靠近用户，业务时延低，能很好地支持时延敏感型业务；但是基带资源池规模小，无法大范围共享基带资源，且有些中心机房可能需要改造才能部署通用服务器。

3. 前传接口解决方案

（1）eCPRI 方案。

在 BBU 对数据的处理流程中，CPRI/eCPRI 接口划分有 8 种方案，如图 2-14 所示。传统的前传接口采用 CPRI 协议，该接口按照 Option 8 方案进行划分，即物理层及物理层以上的协议层处理功能全部在基带模块中完成。

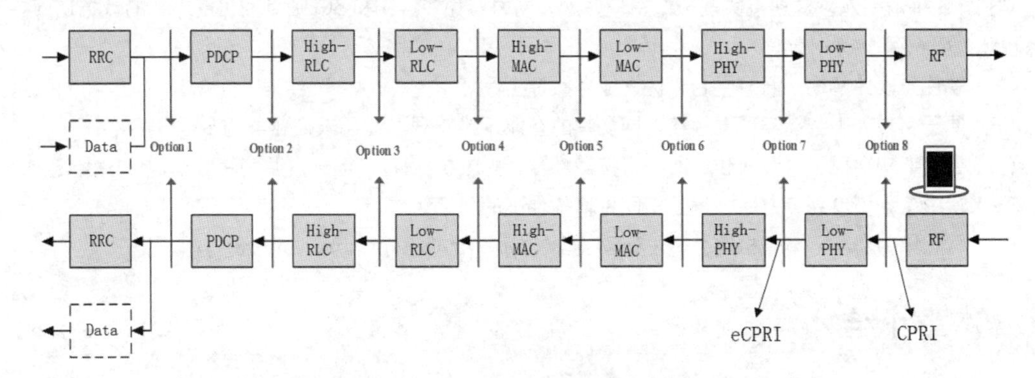

图 2-14　CPRI/eCPRI 接口划分方案

但是 Option 8 方案带来的问题是，CPRI 传送的数据很大，尤其是在 5G 基站普遍采用 64T64R 的 Massive MIMO 的情况下，CPRI 的带宽需求超过 300Gbit/s，如表 2-1 所示，即使采用 3.2:1 的 CPRI 压缩之后也只接近 100Gbit/s，如表 2-2 所示。

表 2-1　压缩前的 5G 单天线和 64 天线的 CPRI 数据带宽

系统带宽 / 天线规模	40MHz	60MHz	80MHz	100MHz
1T1R	1.94Gbit/s	2.91Gbit/s	3.88Gbit/s	4.85Gbit/s
64T64R	124.24Gbit/s	186.36Gbit/s	248.48Gbit/s	310.6Gbit/s

表 2-2　3.2：1 压缩后的 5G 单天线和 64 天线的 CPRI 数据带宽

系统带宽 / 天线规模	40MHz	60MHz	80MHz	100MHz
1T1R	0.61Gbit/s	0.91Gbit/s	1.21Gbit/s	1.51Gbit/s
64T64R	38.72Gbit/s	58.08Gbit/s	77.44Gbit/s	96.8Gbit/s

为了减轻前传接口的带宽压力，5G 在前传接口上采用了 Option 7 划分方案，即 eCPRI 接口方案。在 eCPRI 接口方案中，部分物理层处理过程被转移到射频单元中，可以使前传接口传输带宽下降为同等配置下的 CPRI 接口带宽的 1/4，即 64T64R 天线规模下采用 3.2:1 压缩时，eCPRI 接口传输带宽需求约为 25Gbit/s，从而大幅降低了前传接口光模块的规格要求和单元部署成本。

（2）前传接口传输方案。

对于 DU 分布式架构部署场景，一般 DU 距离 AAU/RRU 比较近，可直接采取光纤直驱的方式解决前传接口传输问题；对于 DU 集中式部署场景，DU 集中位置和 AAU/RRU 距离较远，此时建议采用无源/有源波分方案解决前传接口传输问题，以减少 DU 至 AAU 之间所需的光纤数量，降低传输成本。

2.2.4 CloudRAN 的价值

实现 CloudRAN 架构之后，将大大增加无线接入网的协同程度及资源弹性，便于统一简化运维，总体来说，CloudRAN 架构的价值如下。

（1）统一架构，实现网络多制式、多频段、多层网、超密网等多维度融合。

（2）集中控制，降低无线接入网复杂度，便于制式间/站点间高效业务协同。

（3）5G 平滑引入，双连接实现极致用户体验，同时避免了 4G 和 5G 站点间可能出现的数据迂回导致的额外传输投资和传输时延。

（4）软件与硬件解耦，开放平台，促进业务敏捷上线。

（5）便于引入人工智能实现无线接入网切片的智能运维管理，适配未来业务的多样性。

（6）云化架构实现了资源池化，网络可按需部署，弹性扩/缩容，提升资源利用效率，保护投资。

（7）适应多种接口划分方案，满足不同传输条件下的灵活组网。

（8）网元集中部署，节省机房，降低运营支出（Operating Expense，OPEX）。

本章小结

本章先介绍了传统无线网络的两种架构（DRAN 和 CRAN），对两种架构的部署方式和优缺点进行了对比描述，再介绍了 CloudRAN 架构出现的背景、组网方案及部署方式，最后总结了 CloudRAN 架构在 5G 网络中的应用价值。

通过本章的学习，读者应该对 DRAN、CRAN 和 CloudRAN 架构的组网方案和优缺点有充分的理解，能够对具体部署场景中应该使用哪种组网架构做出准确的判断。

课后练习

1. 选择题

（1）以下可用于 5G 无线接入网部署的组网方式为（　　）。

A. DRAN　　B. CRAN　　C. CloudRAN　　D. 以上都可以

（2）以下不属于 DRAN 架构优势的是（　　）。

A. 可根据站点机房实际条件灵活部署回传方式

B. BBU 和射频单元共站部署，前传消耗的光纤资源少

C. 单站出现供电、传输方面的问题，不会对其他站点造成影响

D. 可通过跨站点组基带池，实现站间基带资源共享，使资源利用更加合理

（3）以下不属于 CRAN 架构缺点的是（　　）。

A. 前传接口光纤消耗大　　B. BBU 集中在单个机房中，安全风险高

C. 站点间资源独立，不利于资源共享　　D. 要求集中机房具备足够的设备安装空间

（4）5G 基站的 DU 模块不包含（　　）。

A. PDCP 层　　B. RLC 层　　C. MAC 层　　D. 物理层

（5）CloudRAN 架构的移动云引擎中至少包含（　　）网元功能。

A. CU　　B. DU　　C. UPF　　D. MEC

2. 简答题

（1）若采用 CRAN 组网，且 BBU 之间互联，则该方案有何优缺点?

（2）若采用 CRAN 组网，且 BBU 堆叠，则该方案有何优缺点?

（3）传统无线接入网架构在 5G 时代面临着哪些挑战?

（4）CU 非云化部署是如何造成 X2 接口流量迂回的?

（5）请简述 CloudRAN 架构对于 5G 网络的价值。

（6）请简述 MCE 方案的内容。

（7）请简述 eCPRI 方案是如何降低前传接口带宽规格的?

Communication

Chapter

3

第3章 5G无线关键技术

5G网络相比于传统的2G、3G、4G网络，能够提供更高的速率、更低的时延及更大的连接数。那么它是如何实现的呢？显然，这与5G网络采用的关键技术是分不开的。

本章重点介绍5G网络提高速率、降低时延和提升覆盖三大类关键技术。

课堂学习目标

- 了解5G网络关键技术的类型
- 掌握5G网络提高速率技术的原理
- 掌握5G网络降低时延技术的原理
- 掌握5G网络提升覆盖技术的原理

3.1 关键技术分类

国际电信联盟于2015年6月定义了未来5G的三大类应用场景，分别是eMBB、uRLLC和mMTC，如图3-1所示。其中，eMBB指大流量移动宽带业务，如增强现实（Augmented Reality，AR）、虚拟现实（Virtual Reality，VR）、超高清视频等；uRLLC指需要高可靠、低时延连接的业务，如无人驾驶、工业控制等；而mMTC则指大规模物联网通信，如面向智慧城市、环境监测等以传感和数据采集为目标的应用场景。ITU对这三大场景的愿景分别是10Gbit/s的峰值速率、1ms的端到端时延以及100万设备平方千米的连接。

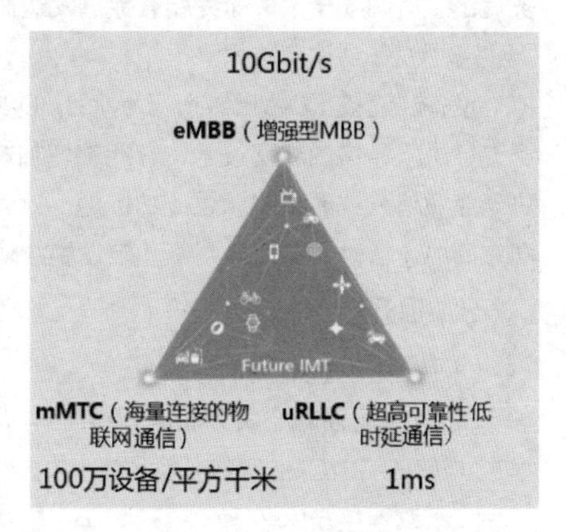

图3-1 5G应用场景

为了实现这三大愿景，5G网络，尤其是5G无线网络，需要增加一些新的关键技术来支撑。这些关键技术将分别用于提升5G峰值速率、降低时延及增大系统连接数。除此之外，考虑到5G网络的工作频段较高，存在覆盖受限问题，所以需要采用一些关键技术来增强5G的覆盖。

由于已经冻结的R15版本中只定义了eMBB场景标准和部分uRLLC场景标准，还没有定义mMTC场景标准，也就是说，用于增大系统连接数的关键技术还没有最终冻结，因此，本章将重点介绍其他三大类关键技术：提高速率技术、降低时延技术和提升覆盖技术。

1. 提高速率技术

（1）大规模天线技术。

Massive MIMO通过在基站侧安装大量天线阵子，实现不同天线同时收发数据，通过空间复用技术，在相同的时频资源上同时复用更多用户，可以大幅度提高频谱的效率，最终提升小区峰值速率。该技术已经成为5G中标配的关键技术。

（2）高阶调制技术。

3GPP在Release 12阶段提出了256正交幅度调制（Quadrature Amplitude Modulation，QAM）技术，相比于之前的64QAM调制技术，256QAM调制技术将8个信息比特调制成一个符号，单位时间内发送的信息量比64QAM调制技术提高了三分之一，从而实现提高空口速率的目的。

（3）改进型正交频分复用技术。

基于子带滤波的正交频分复用（Filtered Orthogonal Frequency Division Multiplexing，F-OFDM）技术通过优化滤波器、数字预失真（Digital Pre-Distortion，DPD）、射频等通道处理，使基站在保证一定的邻道泄漏比（Adjacent Channel Leakage Ratio，ACLR）、阻塞等射频协议指标时，有效地提高系统带宽的频谱利用率及峰值速率。

2. 降低时延技术

（1）时隙调度技术。

LTE系统中采用的是子帧级调度，每个调度周期为1ms。在5G系统中，每个子帧的长度与LTE相同，都是1ms，每个子帧又根据参数设定分为若干个时隙。为了降低调度时延，5G系统的空口采用了时隙级调度，每个调度周期为单个时隙，从而达到了降低空口时延的效果。

（2）免调度技术。

由于调度存在环回时间（Round Trip Time，RTT），为了降低这个时延，5G 系统中针对时延敏感的业务提出了免调度技术，即终端有数据发送需求时可以直接发送，从而达到了降低空口时延的效果。

（3）设备到设备技术。

设备到设备（Device-to-Device，D2D）通信是一种在系统的控制下，允许终端之间通过复用小区资源直接进行通信的新型技术，它能够增加蜂窝通信系统的频谱效率，降低终端发射功率，在一定程度上解决无线通信系统频谱资源匮乏的问题。此外，它还有减轻蜂窝网络的负担、减少移动终端的功耗、降低终端之间的通信时延和提高网络基础设施故障的鲁棒性等优势。

3. 提升覆盖技术

（1）上下行解耦技术。

5G 上下行解耦定义了新的频谱配对方式，使下行数据在 3.5GHz/4.9GHz 等较高频段上传输，上行数据在 1.8GHz/2.1GHz 等较低频段上传输，从而达到提升上行覆盖的效果。

（2）双连接技术。

为了在跨站场景下提供更高的业务速率，提升终端用户体验，3GPP 在 R 12 阶段提出了双连接（Dual Connectivity，DC）特性，支持在两个基站间通过分流传输，从而达到了提升上行覆盖的效果。

3.2 提高速率技术

V3-1 提高速率技术

5G 的速率之所以能比 4G 提高很多，与它采用了大量的新技术密不可分。正因为如此，5G 才能实现随时随地观看 4K 高清视频或者 Cloud VR 业务。下面分别对这些提高速率的技术进行详细介绍。

3.2.1 Massive MIMO

Massive MIMO 并非 5G 全新技术，最早在 4G 网络中就有应用，而 5G 网络中的 Massive MIMO 对 4G 时代的 Massive MIMO 做了继承和改进，目前已经成为 5G 标配的关键技术。接下来，本节将从 Massive MIMO 的定义、工作原理及增益 3 个维度展开介绍。

1. 定义

什么是 Massive MIMO？其字面含义是大规模天线阵列，如图 3-2 所示，通常至少要求有 16 根收发天线。华为目前做到了业界领先的 64 根收发天线，实现了 64T64R（64 发 64 收）。通过更多数量的天线，可以实现更灵活精确的三维立体窄波束赋形，使得更多用户复用无线时频资源，从而达到提升覆盖能力和系统容量并降低系统干扰的目的。这就类似于家用的无线路由器，新的无线路由器的天线数越多，而这些多天线无线路由器的信号越好、速率越快。

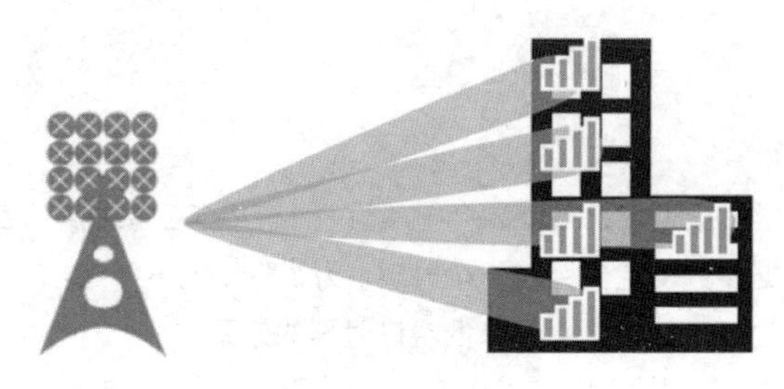

图 3-2 大规模天线阵列

2. 工作原理

Massive MIMO 是如何实现窄波束赋形的呢？如图 3-3 所示，Massive MIMO 利用波的相干原理，将波峰与波峰叠加，信号增强；波峰与波谷叠加，信号减弱。基站通过终端发送的上行信号估算出下行的矢量权，或者直接通过终端上报的方式获得矢量权，最终用矢量权对下行待发送信号进行加权处理，从而形成定向波束。如图 3-3 所示，左图代表的是没有添加矢量权的发射模式，右图代表的是添加矢量权之后的发射模式。从图中可以清晰地看到，信号最强的主瓣从原先的虚线位置，向左转动一定角度，最终形成一个指向终端的最优波束。

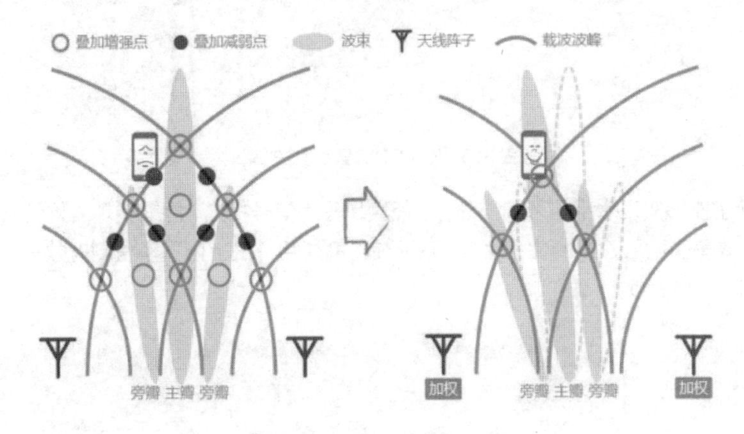

图 3-3　Massive MIMO 的工作原理

如图 3-4 所示，和传统的天线相比，Massive MIMO 通过大量增加阵子数量，使得最终发出去的波束比传统天线更窄，能量更集中，从而达到提升覆盖范围的效果。除此之外，随着基站获得的矢量权的变化，这个波束方向也会随之发生改变，最终实现波束跟踪，即随着终端移动而改变波束的指向。

图 3-4　窄波束赋形效果图

3. 增益

Massive MIMO 技术主要能获得以下几方面增益。

（1）提升覆盖范围。

传统 8T8R 天线只能做到水平波束赋形，基站天线赋形后的信号只能在水平面上扫描，不能在垂直面上扫描，所以会造成高层居民小区或者酒店等建筑物内信号覆盖不理想，甚至出现无覆盖的现象，如图 3-5 所示。

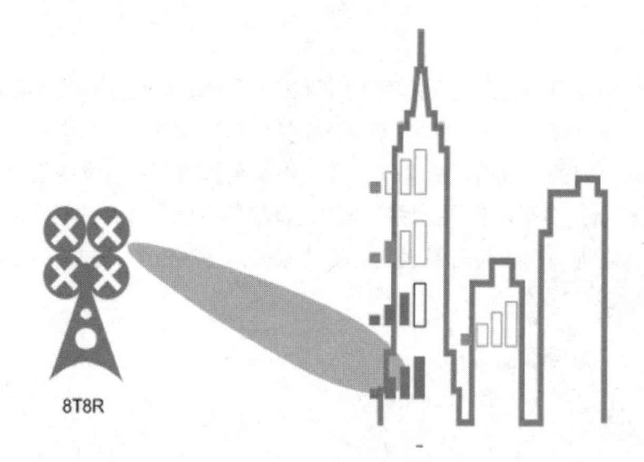

图 3-5 传统 8T8R 天线覆盖效果

而 64T64R 除了能够实现水平信号扫描外，还能实现垂直信号扫描，能够实现立体信号覆盖，如图 3-6 所示。这样就大大改善了高层建筑的信号覆盖，从而使得高层用户的上网速率得到有效提升，所以 Massive MIMO 又可以称为 3D MIMO。

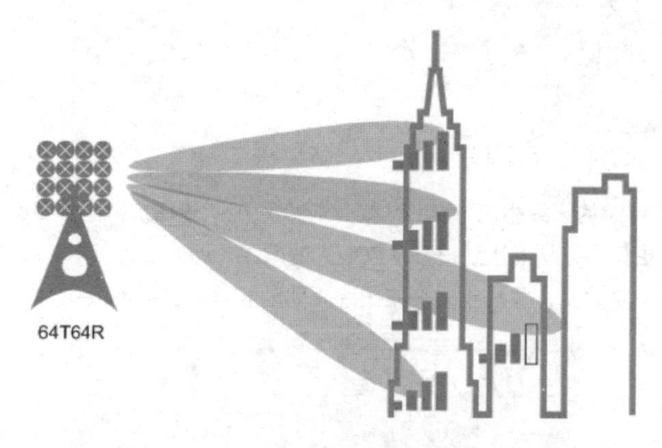

图 3-6 64T64R 天线覆盖效果

（2）提高容量。

在 4G TDD 系统中，室外宏基站通常采用 8T8R 天线，下行通常同时发送 2 个数据流，如图 3-7 所示。终端下行最高只能同时接收两个不同的数据流，最终导致终端峰值速率受限，小区容量也大打折扣。

而 64T64R 的 Massive MIMO 由于波束更窄，通过空分复用，下行可以同时发送多达 16 个数据流，如图 3-8 所示。这就意味着，同一时间内，基站可以把相同的时频资源分配给 16 个不同的用户使用，从而大幅提升小区的整体容量。同时，更窄的波束还能降低小区内用户间的干扰。其特别适用于高校、城区 CBD 等高话务量场景。

实现下行多流数据发送的前提是不同终端需要提前完成配对，而目前只有位于天线的不同方位，且接收信号质量相近的终端，才有可能完成配对。对于完成配对的终端，基站会调度相同的时频资源给这些配对的终端用户使用，从而大幅提升频谱资源利用率。现阶段的华为 5G 基站，理论上最多可以实现下行 16 个用户配对；而上行由于没有波束赋形效果，理论上最多可以实现 8 个用户配对。由于实现了下行 16 流、上行 8 流的同时收发，因此达到了提升小区上下行容量的效果。

图 3-7　8T8R 天线多流发送效果

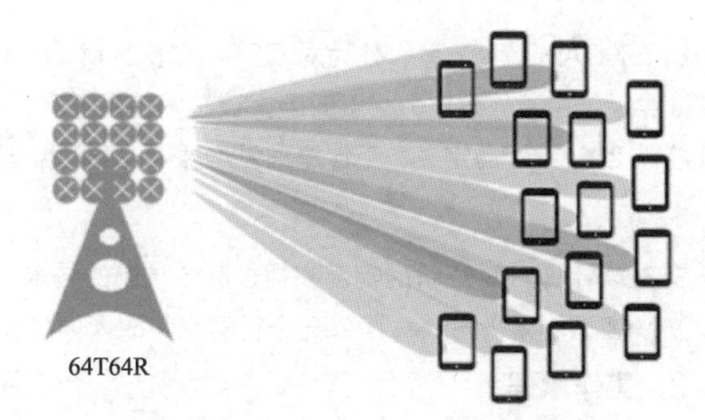

图 3-8　64T64R 天线多流发送效果

对于单用户来讲，速率会不会提升呢?

如果用户终端的天线有两根，则 Massive MIMO 技术相比于传统 8T8R，是不能提升单用户的峰值速率的。因为此时终端的峰值速率受限于下行接收天线数量，即使基站侧同时发送 16 个数据流，终端同一时刻最多也只能接收其中两个数据流，所以峰值速率不会增加。但由于 Massive MIMO 技术的使用，单用户的信号质量相比于传统方式有大幅提升，进而用户可以采用更高效的编码方案和更高阶的调制方式，所以单用户的平均速率会随之提升。

如果用户终端的天线有 4 根及以上，则由于此时用户下行可以同时接收 4 个甚至更多的数据流，所以单用户的峰值速率会得到成倍提升。现阶段 4G 终端默认为 2 天线配置，实现 1T2R，而今后 5G 终端将默认 4 天线配置，实现 2T4R，如图 3-9 所示。这样，结合 Massive MIMO 的下行多流特征，5G 手机下行的峰值速率至少会翻倍。

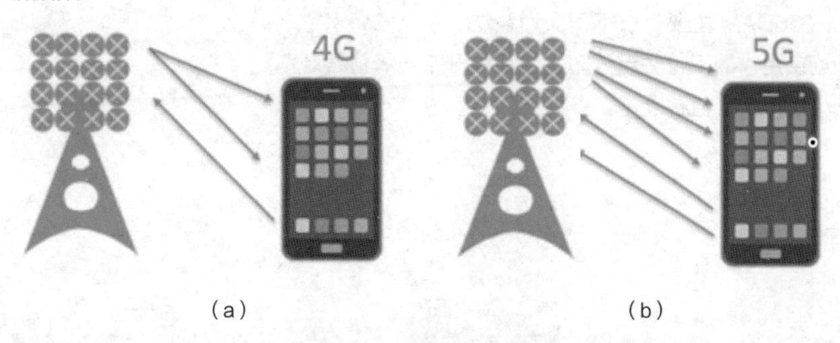

图 3-9　4G/5G 终端天线收发模式

(3) 降低干扰。

由于 Massive MIMO 采用了大规模天线阵列，因此上行具有接收分集增益的作用，且天线数越多，分集接收干扰抑制能力越强。另外，接收分集可以有效抑制深度衰落，提升接收解调性能。

如图 3-10 所示，通过部署大规模接收分集和 3D 波束赋形，在用户设备（User Equipment，UE）移动过程中，gNodeB 根据下行最佳波束的变化，可以同时调整上行的接收波束，实现用户波束跟踪，有效解决了高干扰场景接收难及小区间干扰控制难的问题。

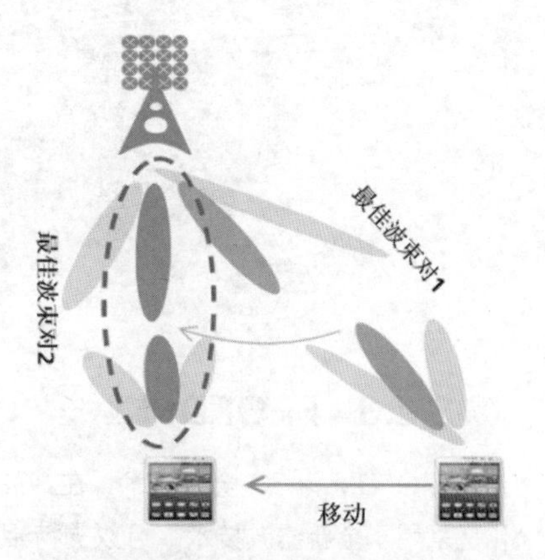

图 3-10　4G/5G 终端波束跟踪

3.2.2　256QAM

256QAM 并非 5G 全新技术，最早在 3GPP R12 版本中就提出了下行 256QAM 调制方案，作为对 QPSK、16QAM 和 64QAM 的补充，用于提升无线条件较好时 UE 的比特率。早期，由于终端能力受限问题，该技术使用不广，而 5G 网络中的 256QAM 成为了标配关键技术。下面将从 256QAM 的定义、工作原理及增益 3 个维度展开介绍。

1. 定义

256QAM 是一种高阶的幅度和相位联合调制的技术，相比于早期的 16QAM、64QAM 等调制方式，256QAM 在调制星座图上共有 256 个符号点，故人们将其命名为 256QAM。

2. 工作原理

相对于 64QAM 调制方式，256QAM 调制的星座图中有 256 个符号点，如图 3-11 所示，其中，每个符号能够承载 8bit 信息，也就是说，单个符号周期内，能够传递最大 8bit 信息，理论峰值频谱效率可以提升 33%，可以支持更大的传输块大小（Transport Block Size，TBS），实际增益大小由无线信道环境、发射/接收误差向量幅度（Error Vector Magnitude，EVM）及终端解调能力等因素决定。

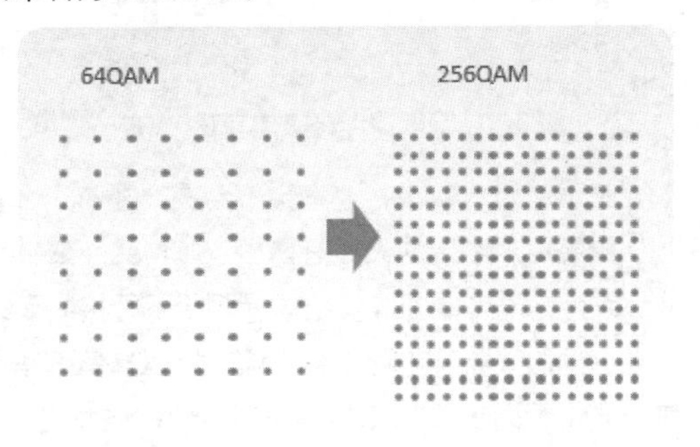

图 3-11 64QAM 与 256QAM 星座图对比

3. 增益

gNodeB 在调度过程中根据用户的上行和下行信道质量情况，为终端选择合适的上行和下行调制方式。当终端距离基站很近时，信号质量非常好，在保证一定的解调误码率前提下，可以采用 256QAM 调制，如图 3-12 所示。256QAM 主要有以下两大增益。

（1）提升近点用户的下行频谱效率，从而提升下行峰值吞吐率。

（2）提升小区下行峰值吞吐率。

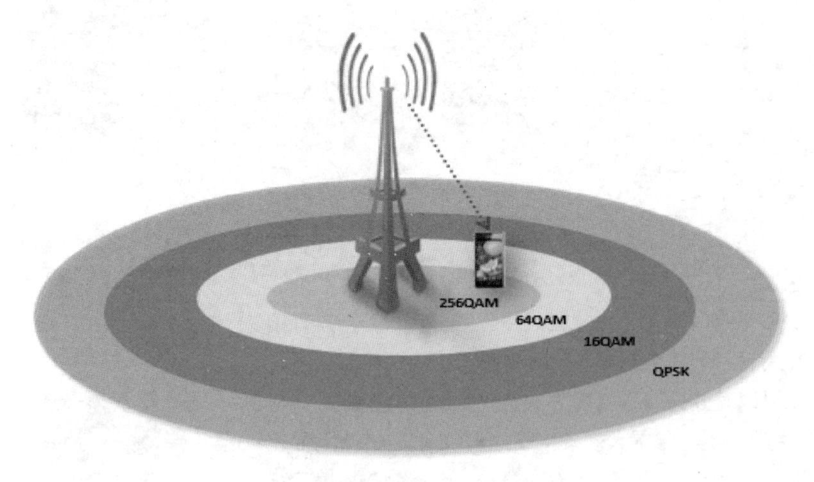

图 3-12 256QAM 应用场景

3.2.3 F-OFDM

F-OFDM 为 5G 全新技术，在 3GPP R15 标准版本中冻结。相比于 4G 的 OFDM，F-OFDM 最大的变化是采用了全新滤波技术，可以支持相同子帧内可变子载波带宽，当前已经成为 5G 标配的关键技术。下面将从 F-OFDM 的定义、工作原理及增益 3 个维度展开介绍。

1. 定义

根据其技术原理，F-OFDM 又可称为“基于子带滤波的正交频分复用”。

4G 中采用的是 OFDM 技术，其频域及时域的资源分配方式如图 3-13 所示。在频域中，子载波物理带宽是固定的 15 kHz，这样，其时域符号周期的长度、保护间隔/循环前缀（Cyclic Prefix，CP）的长度也就被固定下来了，且其是不可变化的。

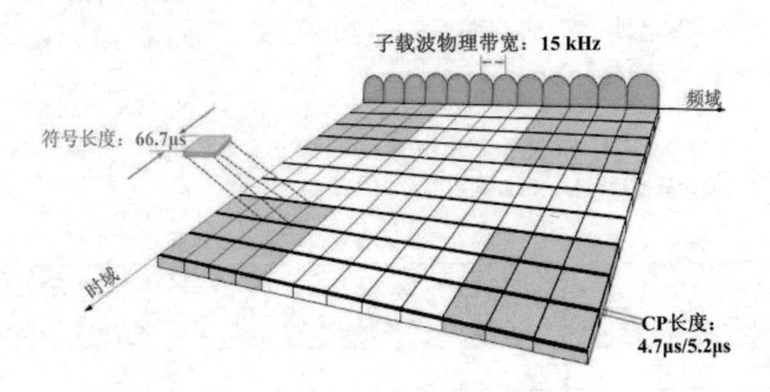

图 3-13 OFDM 技术频域及时域的资源分配方式

未来，不同的 5G 应用对网络的需求可能具有很大的差异。例如，自动驾驶业务要求极短的时域符号周期与发送时间间隔（Transmission Time Interval，TTI），这就需要在频域中有较宽的子载波物理带宽；而在物联网的“海”量通信应用场景中，单个无线传感器所传送的无线数据量极低，但是对系统整体的连接数要求很高，从而需要在频域中配置比较窄的子载波物理带宽，而在时域中，符号周期与传输时间间隔都可以足够长，几乎不需要考虑码间串扰/符号间干扰的问题，也就不需要引入保护间隔/循环前缀了。

因此，为了满足未来 5G 时代各类应用的不同需求，OFDM 技术应该相应地演进至可以灵活地根据所承载的具体应用类型来配置所需子载波物理带宽、符号周期长度、保护间隔及循环前缀长度等关键技术参数，这就需要采用全新设计的子带滤波技术，以在相同子帧中携带不同类型的数据，这就是 F-OFDM 技术的核心理念。其时域及频域的资源分配方式如图 3-14 所示。

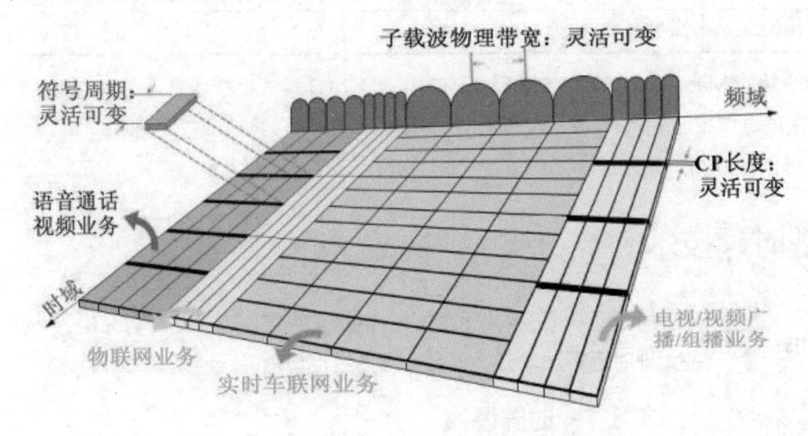

图 3-14 F-OFDM 技术时域及频域的资源分配方式

2. 工作原理

F-OFDM 技术通过优化滤波器、数字预失真、射频等通道处理，使华为基站在保证相邻频道泄漏比、阻塞等射频协议指标的情况下，把具有不同物理带宽的子载波之间的保护间隔做到最低的子载波物理带宽，从而大幅提升载波资源的利用率。如图3-15所示，F-OFDM技术由于带外衰减快，可以大幅降低载波的保护带宽，实现提升载波利用率的效果。

图3-15 OFDM和F-OFDM的对比

3. 增益

相比于LTE 90%的频谱利用率，F-OFDM可将5G的频谱利用率提升到95%以上，可以容纳更多的RB资源。如表3-1所示，不同的子载波带宽对应不同的RB数量。例如，当子载波带宽为30kHz的时候，100MHz载波带宽对应的RB数量为273个，每个RB有12个子载波，由此可以计算出实际可用载波资源为273RB×12×30kHz=98.28MHz，最终可以计算得到此时的载波利用率为98.28%。

表3-1 不同的子载波带宽对应的RB数量

子载波带/kHz	载波带宽/MHz	RB数	子载波带/kHz	载波带宽/MHz	RB数	子载波带/kHz	载波带宽/MHz	RB数
15	5	25	30	5	11	60	5	N/A
15	10	52	30	10	24	60	10	11
15	15	79	30	15	38	60	15	18
15	20	106	30	20	51	60	20	24
15	25	133	30	25	65	60	25	31
15	30	160	30	30	78	60	30	38
15	40	216	30	40	106	60	40	51
15	50	270	30	50	133	60	50	65
15	60	N/A	30	60	162	60	60	79
15	80	N/A	30	80	217	60	80	107
15	90	N/A	30	90	245	60	90	121
15	100	N/A	30	100	273	60	100	135

除了以上介绍的Massive MIMO、256QAM和F-OFDM 3种关键技术之外，5G网络eMBB场景采用的Polar和低密度奇偶校验（Low Density Parity Check，LDPC）编码方案，也能在一定程度上提升用户数据编码效率，进而提升用户业务速率。

3.3 降低时延技术

V3-2 降低时延技术

时延是一个端到端的概念，包括无线空口调度、传输时延、地面端口传输及设备处理时延等。本节将重点介绍无线空口侧降低时延的关键技术。

3.3.1 时隙调度

相比于4G系统的空口调度方式，5G系统空口采用了全新的时隙调度，下面将从时隙调度的定义、工作原理及增益3个维度展开介绍。

1. 定义

调度指的是基站遵从帧结构配置，在帧结构允许的时域单位上，以某个调度基本单元，为终端分配物理下行共享信道（Physical Downlink Shared Channel，PDSCH）或物理上行共享信道（Physical Uplink Shared Channel，PUSCH）上的资源（时域、频域、空域资源），用于系统消息或用户数据传输。而时隙调度的基本时域单位就是单个时隙，这意味着 gNodeB 每隔一个时隙即可为终端分配相关资源。

2. 工作原理

4G 系统中，基站的调度周期为每个子帧，也就是 TTI 为 1ms，调度的基本资源单位为 PRB 对，即频域中的 12 个子载波，时域中的两个时隙。

5G 系统中，基站的调度周期为每个时隙。由于 5G 的子载波带宽是可变的，大小等于 $15kHz \times 2^{\mu}$，μ参数的取值为 0～4，因此，每个子帧包含的时隙数等于 2^{μ}个时隙，如表 3-2 所示。当 μ等于 2 时，每个子帧包含 4 个时隙，每个时隙时长 0.25ms，即 TTI 为 0.25ms，同时调度的基本单位变成了 PRB，即频域中的 12 个子载波，时域中的单个时隙。所以相比于 4G 系统，5G 系统的调度时间更短。

表 3-2　不同子载波带宽对应的时隙数

子载波配置 /μ	子载波宽度 /kHz	循环前缀	每时隙符号数 /Symbol	每帧时隙数 /Slot	每子帧时隙数 /Slot
0	15	Normal	14	10	1
1	30	Normal	14	20	2
2	60	Normal	14	40	4
3	120	Normal	14	80	8
4	240	Normal	14	160	16
2	60	Extended	12	40	4

除此之外，在今后的 uRLLC 场景中，5G 可能会采用基于符号的调度，即基于 Mini-Slot 的调度方式。单个 Mini-Slot 包含 2 个、4 个或 7 个符号，5G 的调度周期会更短，空口时延会更低。

3. 增益

4G 系统采用的是基于子帧的调度方式，5G 系统采用的是基于时隙的调度方式，当参数 μ的取值大于等于 1 时，单个时隙的时长小于等于 0.5ms，此时，5G 的空口调度时延始终小于 4G 的调度时延，从而更好地支撑今后的低时延业务。

3.3.2 免调度

为了支持 5G 系统中的 uRLLC 场景，3GPP 标准制定者提出了免调度的概念，并将于 R16 版本中冻结。下面将从免调度的定义、工作原理及增益 3 个维度展开介绍。

1. 定义

4G 系统中，UE 要发送数据给网络，需要先向基站发起调度申请，基站再给 UE 发送调度授权，最后 UE 才能把数据放到相应的资源块中发送给网络。这个过程存在环回时间。

5G 系统中，针对 uRLLC 场景定义了免调度技术，如果终端有数据要发送给网络，则可以不用向网络申请，直接发送即可，因而免除了 RTT 造成的时延，如图 3-16 所示。

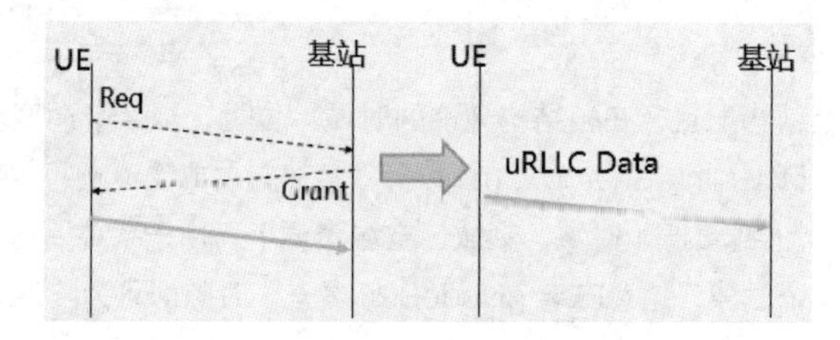

图 3-16 正常调度与免调度方式的对比

2. 工作原理

在 uRLLC 场景中，gNodeB 侧可以开启免调度特性，配置相关免调度资源，并通过下行控制信息（Downlink Control Information，DCI）激活 UE 的免调度资源；当 UE 获得免调度资源后，如果 UE 有 uRLLC 数据需要发送，则可以在免调度资源上直接发送 PUSCH 数据，而无须先向 gNodeB 发送调度请求。

3. 增益

相比于正常的调度流程，免调度省去了调度申请和调度授权过程，没有了 RTT 时延，时延更短，能够满足今后 uRLLC 场景的业务需求。

3.3.3 D2D

D2D 指的是两个终端之间直接通信的技术。典型的 D2D 应用有蓝牙、对讲机、Wi-Fi-Direct 等。在 LTE 系统中，终端之间的所有通信都必须通过网络的完整路径来实现。而 D2D 的理想目标是在终端之间直接建立通路，没有任何媒介的参与。该技术将于 R16 版本中冻结。下面将从 D2D 的定义、工作原理及增益 3 个维度展开介绍。

1. 定义

D2D 即设备和设备直接通信，5G 网络的 D2D 指在蜂窝网络的辅助下使用运营商的频谱实现终端与终端之间数据面的直接传输。相比于蓝牙和 Wi-Fi-Direct，D2D 覆盖距离较远，最远可达 1km 以上，是运营商进入社交或者近距离通信的一种技术。

2. 工作原理

相比于蓝牙和 Wi-Fi-Direct 采用的非授权频谱通信，D2D 的两个终端采用了运营商的授权频谱进行通信，如图 3-17 所示，右边圆圈中的两个 D2D 终端可以使用当前小区的剩余频谱资源或者复用当前小区的上下行频谱资源进行通信。在通信过程中，为了降低 D2D 对蜂窝用户造成的干扰，基站需要对 D2D 终端进行适当的功率控制。

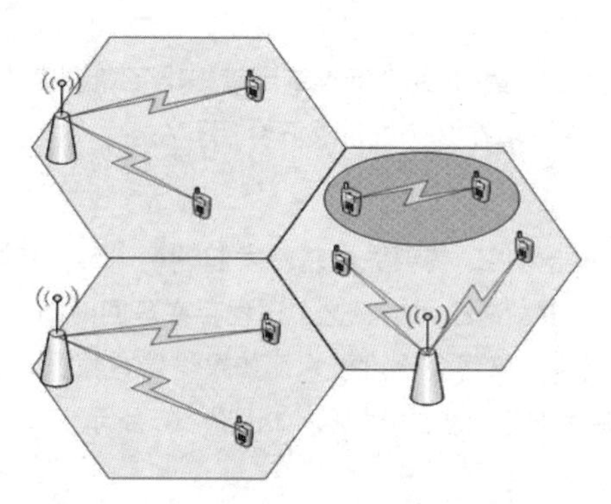

图 3-17 D2D 通信

3. 增益

相比于正常的蜂窝网络通信，D2D 通信具有如下优点。

（1）降低了基站和回传网络压力，缩短了网络时延。

（2）降低了终端发射功率，提升了待机时长。

（3）提升了频谱效率，解决了无线频谱资源匮乏的问题。

（4）方便获取位置信息，以提供位置信息用于社交。

（5）本地数据可用于紧急通信、公共安全、物联网等应用场景。

3.4 提升覆盖技术

5G 系统中，C-Band（如 3.5GHz 频段）拥有大带宽，是构建 5G eMBB 的黄金频段。目前，全球多数运营商已经将 C-Band 作为 5G 的首选频段。但是，5G 上下行时隙配比不均及 5G 基站发射功率远大于终端的发射功率等问题，导致 C-Band 上下行覆盖不平衡，上行覆盖受限成为 5G 网络的瓶颈。同时，随着波束赋形、CRS Free 等技术的引入，下行干扰会减小，C-Band 的上下行覆盖差距将进一步加大。本节将重点介绍用于提升 5G 上行覆盖效果的上下行解耦、演进的通用陆基无线接入及新空口的双连接模式（E-UTRA-NR Dual Connectivity，EN-DC）技术。

V3-3 提升覆盖技术

3.4.1 上下行解耦技术

为了解决 5G 上行覆盖瓶颈问题，华为提出了上下行解耦技术，并在 3GPP R15 版本中冻结。下面将从上下行解耦的定义、工作原理及增益 3 个维度展开介绍。

1. 定义

上下行解耦定义了新的频谱配对方式。如图 3-18 所示，当终端位于小区近点区域，上行覆盖良好时，使上下行数据都在 C-Band 上传输，以保证最大小区容量；当终端位于小区远点区域，上行覆盖受限时，使下行数据在 C-Band 上传输，上行数据在 Sub3G（3GHz 以内频段，如 1.8GHz）上传输，从而实现提升上行覆盖的效果。

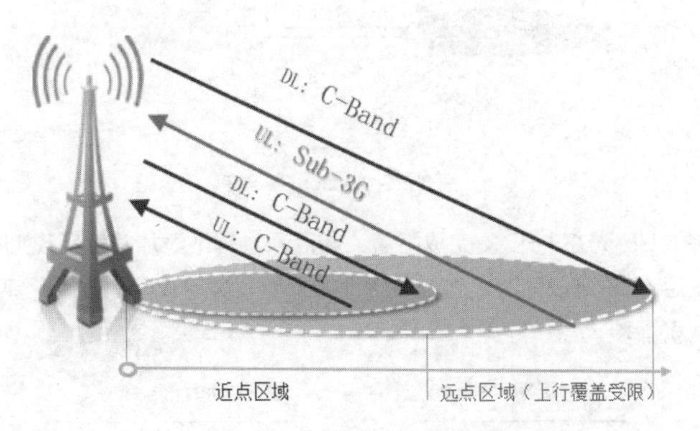

图 3-18　近点/远点区域上下行解耦方式

2. 工作原理

上下行解耦技术是通过用户上报的 C-Band 下行 RSRP 电平值指示用户在合适的上行载波发起初始接

入。如图 3-19 所示，在非独立组网场景中，4G 基站为 5G 终端下发 B1 测量配置，指示 5G 终端去测量 5G 小区电平值。一旦满足 B1 门限，终端就会上报测量报告，最终该测量报告（包含 5G 小区电平值）会被 4G 基站中转给 5G 基站，5G 基站根据测量结果，为终端选择合适的上行载波（C Band 或者 Sub3G）。选择结果通过 LTE 基站转发给 5G 终端，最终 5G 终端在合适的上行载波上发起随机接入流程。

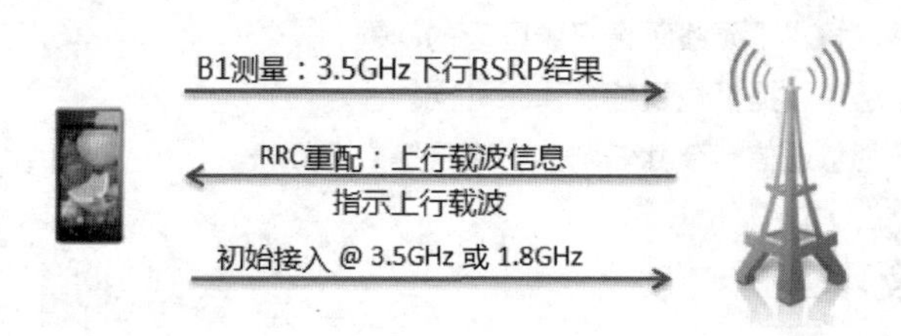

图 3-19 上下行解耦工作原理

3. 增益

由于在小区远点区域中，5G 终端切换到 Sub3G 频段发送上行数据，提升了上行覆盖的范围，因此可以有效提高小区边缘用户的业务体验。

3.4.2 EN-DC 技术

EN-DC 作为提升 5G 上行覆盖的另一种技术，在 3GPP R15 版本中已经冻结。下面将从 EN-DC 的定义、工作原理及增益 3 个维度展开介绍。

1. 定义

EN-DC 是 LTE 和 NR 之间的双连接技术。如图 3-20 所示，Option 3x 就是当前现网中采用最多的一种 EN-DC 方案。在该方案中，LTE 站点为主站，负责信令锚定，5G 终端通过 LTE 站点与核心网建立控制面通信；NR 站点为辅站，负责业务数据分流。

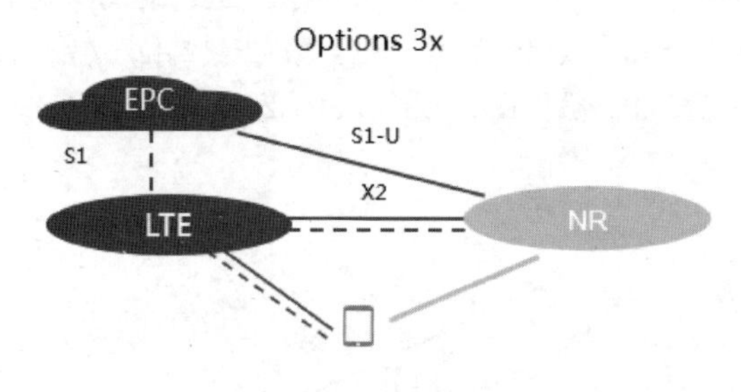

图 3-20 Option 3x 方案

在 EN-DC 场景中，UE 先在 LTE 侧完成附着，随后通过辅站添加功能实现 UE 接入 NR。如图 3-21 所示，完成辅站添加以后，UE 可以同时接入 LTE 和 NR 小区，并可以同时在两个系统中进行上下行数据传输，从而提高用户的业务体验。

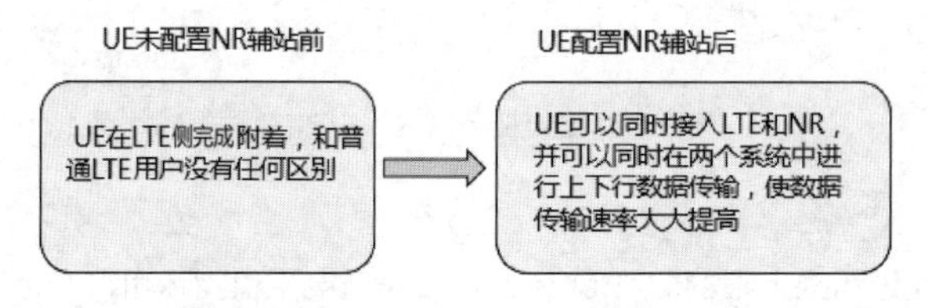

图 3-21 EN-DC 场景中 UE 配置 NR 辅站前后

2. 工作原理

EN-DC 场景中，终端在移动过程中，可能会产生各种移动性管理流程，如图 3-22 所示，包括 SgNB Addition（辅站添加）、SgNB Change（辅站变更）、MeNB HO（主站切换）和 SgNB Release（辅站释放）等流程，其中，辅站释放流程可以体现出 EN-DC 的覆盖增强效果。

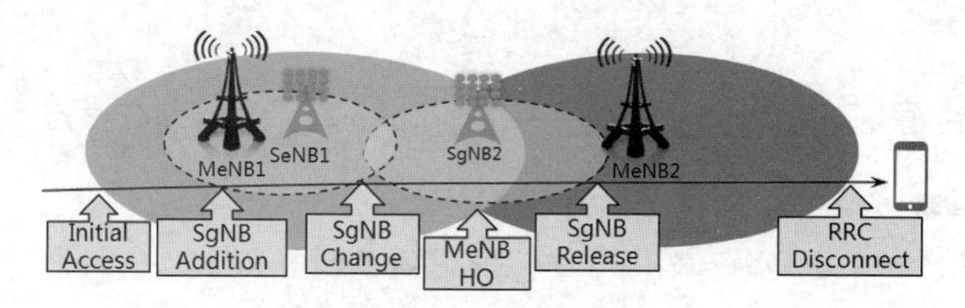

图 3-22 EN-DC 移动性管理流程

当终端位于 5G 覆盖区域中时，核心网下发的业务数据流通过 5G 基站进行分流转发，如图 3-23（a）所示，此时 5G 用户面承载位于 gNodeB 基站和 EPC 之间；当终端离开 5G 覆盖区域时，系统会触发辅站释放流程，并伴随着用户面承载的迁移（从 5G 基站侧迁移到 4G 基站侧），如图 3-23（b）所示，此时核心网下发的业务数据流直接通过 4G 基站下发给终端，保证终端业务不中断。

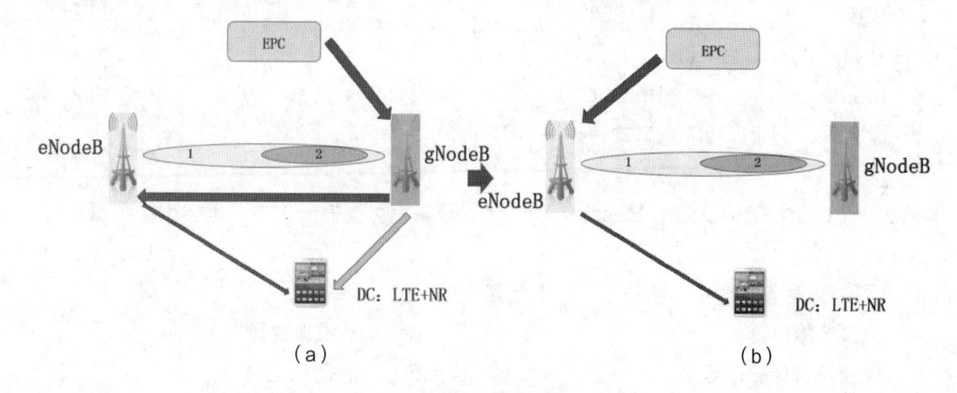

图 3-23 辅站释放流程

3. 增益

EN-DC 技术主要有如下增益。

（1）在 5G 没有独立核心网的情况下，UE 仍然可以使用 5G 的资源。

（2）通过 DC 可以使 4G 和 5G 速率叠加，进一步提升速率。

（3）充分利用 4G 覆盖优势，提升 5G 上行覆盖效果。

当然，现网中要部署 EN-DC，需要满足以下几个前提条件。

（1）UE 需在 5G 网络中开户。

（2）终端需支持 EN-DC 特性。

（3）4G 网络和 5G 网络有重叠覆盖区域。

本章小结

本章先介绍了 5G 关键技术的分类，又分别介绍了具体的提高速率技术、降低时延技术、提升覆盖技术。

通过本章的学习，读者应该掌握提升速率、降低时延和提升覆盖分别包含哪些关键技术，以及这些技术的工作原理。

课后练习

1. 选择题

（1）同样条件下，256QAM 相比于 64QAM，理论峰值频谱效率可以提升（　　）。

A. 20%　　B. 33%　　C. 50%　　D. 100%

（2）在 5G eMBB 场景下，控制信道采用的主要编码方案是（　　）。

A. 卷积码　　B. Turbo　　C. Polar　　D. LDPC

（3）5G 终端 CPE 的天线方案采用的是（　　）。

A. 2T2R　　B. 2T4R　　C. 4T4R　　D. 4T8R

（4）当子载波带宽为 15kHz 的时候，载波带宽利用率为（　　）。

A. 90%　　B. 95%　　C. 97.2%　　D. 98.28%

（5）5G 空口的 TTI 长度为（　　）。

A. Frame　　B. Subframe　　C. Slot　　D. Mini-Slot

（6）当 μ 为（　　）时，5G 空口支持扩展 CP。

A. 1　　B. 2　　C. 3　　D. 4

（7）相比于 LTE 的 8T8R 天线，Massive MIMO 下行最大可以提升（　　）倍小区容量。

A. 2　　B. 4　　C. 8　　D. 16

（8）在端到端的业务时延中，通常（　　）是最大的。

A. 空口传输时延　　B. 承载设备处理时延

C. 地面接口传输时延　　D. 服务器处理时延

（9）Massive MIMO 可以实现的增益包括（　　）。

A. 提升小区容量　　B. 降低小区内的干扰

C. 增强小区覆盖　　D. 提升单用户峰值速率

2. 简答题

（1）请画出免调度和传统调度的工作原理对比图，并说明免调度的工作原理。

（2）请画出上下行解耦的工作原理图，并描述上下行解耦的工作原理。

（3）请画出 Option 3x 方案的 DC 组网图。

（4）现网部署 Massive MIMO 技术时，需要考虑哪些因素?

（5）相比于传统的 D2D 技术，5G 网络的 D2D 具备哪些优势？增益有哪些?

（6）简要描述 256QAM 的原理及增益。

Communication

Chapter

4

第 4 章 5G 空中接口

5G 空中接口简称“空口”，用于终端 UE 与基站 gNodeB 之间的通信。和 LTE 一样，这个接口被命名为 Uu 接口，大写字母 U 表示用户网络接口（User to Network Interface，UNI），小写字母 u 则表示通用的（Universal）。

本章主要介绍 5G 空口协议栈的组成和每一层的功能、5G 空口的帧结构和物理资源、5G 上行和下行物理信道，以及相关的物理信号。

课堂学习目标

- 掌握 5G 空口协议栈
- 掌握 5G 空口帧结构及物理资源
- 掌握 5G 空口物理信道
- 了解 5G 空口物理信号

4.1 5G 空口协议栈

UE 与 gNodeB 之间通过 Uu 接口连接。在逻辑上，Uu 接口可以分为控制面和用户面，如图 4-1 所示。控制面有两个：第一个控制面由无线资源控制（Radio Resource Control，RRC）提供，用于承载 UE 和 gNodeB 之间的信令；第二个控制面用于承载非接入层（Non Access Stratum，NAS）信令消息，并通过 RRC 传送到移动性管理实体（Access and Mobility Management Function，AMF）中。用户面主要用于在 UE 和下一代核心（Next Generation Core，NGC）网之间传送 IP 数据包。这里的 NGC 网指的是用户面功能（User Plane Function，UPF）。

控制面和用户面的底层协议是相同的。它们都使用分组数据汇聚协议（Packet Data Convergence Protocol，PDCP）层、无线链路控制（Radio Link Control，RLC）层、媒体接入控制（Medium Access Control，MAC）层和物理（Physical，PHY）层。从图 4-1 中可以看出，NAS 信令使用 RRC 承载，并映射到 PDCP 层。在用户面上，IP 数据包在经过业务数据适配协议（Service Data Adaptation Protocol，SDAP）层处理之后，也映射到 PDCP 层。关于各层的详细功能介绍如下。

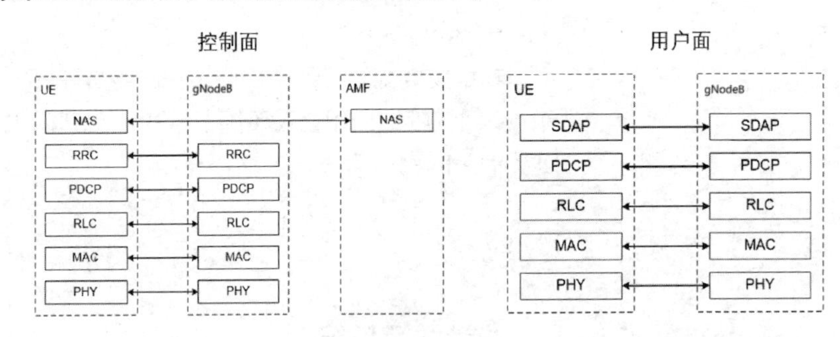

图 4-1　Uu 接口的控制面和用户面

（1）NAS 是接入层（Access Stratum，AS）的上层。接入层定义了与射频接入网（Radio Access Network，RAN）相关的信令流程和协议。NAS 主要包含两部分：上层信令和用户数据。NAS 信令指的是在 UE 和 AMF 之间传送的控制面消息，包括移动性管理（Mobility Management，MM）消息和会话管理（Session Management，SM）消息。

（2）RRC 是 5G 空口控制面的主要功能层。UE 与 gNodeB 之间传送的 RRC 消息依赖于 PDCP 层、RLC 层、MAC 层和 PHY 层的服务。RRC 处理 UE 与 5G RAN 之间的所有信令，包括 UE 与核心网之间的信令，即由专用 RRC 消息携带的 NAS 信令。携带 NAS 信令的 RRC 消息不改变信令内容，只提供转发机制。

（3）SDAP 层是 5G 空口用户面的协议栈新增功能层（对应 LTE 空口新增的用户面功能层）。SDAP 层位于 PDCP 层之上，直接承载 IP 数据包，只用于用户面，主要负责服务质量（Quality of Service，QoS）数据流与数据无线承载（Data Radio Bearer，DRB）之间的映射，也用于为数据包添加 QoS 流标识（QoS Flow Identifier，QFI）。

（4）PDCP 层位于 RLC 层之上、SDAP 层或 RRC 层之下。5G 在用户面和控制面均使用 PDCP 层。这主要是因为 PDCP 层在 5G 系统中承担了安全功能，即进行加/解密和完整性校验。用户面的 IP 数据包还采用了 IP 头压缩技术以提高系统性能和效率。同时，PDCP 层支持排序和复制检测功能。另外，在 NSA 双连接组网中，PDCP 层还可用于路由和复制。

（5）RLC 层是 UE 和 gNodeB 之间的协议层。顾名思义，它主要提供无线链路控制功能。RLC 最基本的功能是向高层提供如下 3 种模式。

① 透明模式（Transparent Mode，TM）：该模式可以认为是空的 RLC 层，因为该模式下只提供数据的透传功能，不会对数据做任何加工处理，也不会添加 RLC 层头信息，通常用于某些空口信道，如广播信道和寻呼信道，为信令提供无连接服务。

② 非确认模式（Unacknowledged Mode，UM）：该模式不会对接收到的数据进行确认，即不会向发送端反馈 ACK/NACK，故该模式提供了一种不可靠的传输服务。

③ 确认模式（Acknowledged Mode，AM）：通过出错检测和重传，该模式提供了一种可靠的传输服务，还提供了 RLC 层的所有功能，包括检错与纠错、分段与重组、重复报检测等。

（6）MAC 层的主要功能如下。

① 映射：MAC 层负责将从 5G 逻辑信道接收到的信息映射到 5G 传输信道上。

② 复用、解复用：将来自不同逻辑信道的数据复用到同一个 MAC 协议数据单元（Protocol Data Unit，PDU）中，或者将来自同一个 MAC PDU 的数据解复用到多个不同的逻辑信道上。

③ 混合自动重传请求（Hybrid Automatic Repeat Request，HARQ）：MAC 利用 HARQ 技术为空口提供纠错服务。HARQ 的实现需要 MAC 层与 PHY 层的紧密配合。

④ 无线资源分配：MAC 层提供了基于 QoS 的业务数据和用户信令的调度。

⑤ 级联：在 NR 中，RLC 层移除了 RLC 业务数据单元（Service Data Unit，SDU）的串联功能，而由 MAC 层负责对 RLC PDU 进行串联。

MAC 层和 PHY 层需要互相传递无线链路质量的各种指示信息及 HARQ 运行情况的反馈信息。

（7）5G 的物理层提供了一系列灵活的物理信道。PHY 层提供的主要功能是信道编码、加扰、调制、层映射及预编码等。

4.2　5G 空口帧结构及物理资源

由于 5G 支持的业务类型多样，5G 的空口帧结构相比于 4G 有较多的变化，主要的变化点有系统参数（Numerology）、部分带宽（Bandwidth Part，BWP）、控制资源集合（Control Resource Set，CORESET）等。

4.2.1　系统参数

系统参数是 NR 新提出的概念，是 5G 系统的基础参数集合，包含子载波间隔（Subcarrier Spacing，SCS）、循环前缀长度、发送时间间隔长度及系统带宽。各种资源之间的关系如图 4-2 所示。

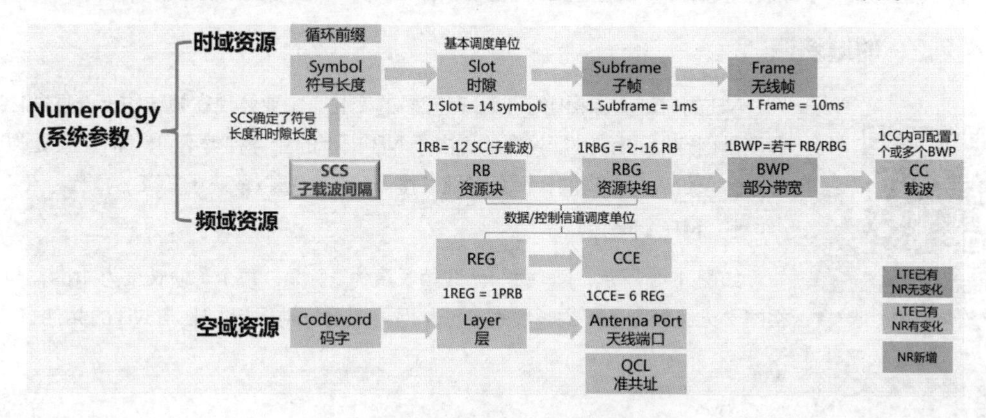

图 4-2　各种资源之间的关系

NR 采用和 LTE 相同的 OFDMA 方式，空口资源的主要描述在维度上基本相同，在频域上新增了部分带宽概念。

5G NR 将采用多个不同的载波间隔类型，也就是说，5G 中的 Numerology 是可变的。NR 的 SCS 是以 LTE 的 15kHz 为基础的，按照 2 的幂次方进行扩展（即 $\Delta f=2^{\mu}\times 15\text{kHz}$），得到一系列的 SCS，以适应不同业务需求和信道特征。

5G NR 将采用 μ 参数来表述载波间隔，例如，$\mu=0$ 等同于 LTE 的 15kHz，各项配置如表 4-1 所示。

表 4-1 各项配置

μ 取值	子载波间隔/kHz	循环前缀
0	15	Normal
1	30	Normal
2	60	Normal
3	120	Normal
4	240	Normal
2	60	Extended

根据协议的规定，灵活 Numerology 支持的子载波间隔有 15kHz、30kHz、60kHz、120kHz、240kHz，其中，240kHz 子载波间隔只用于下行同步信号的发送。各频段支持的子载波间隔如表 4-2 所示。

表 4-2 各频段支持的子载波间隔

频段	支持的子载波间隔
小于 1GHz	15kHz，30kHz
1~6GHz	15kHz，30kHz，60kHz
24~52.6GHz	60kHz，120kHz

灵活 Numerology 主要应用于如下场景。

（1）时延场景：不同时延需求业务可以采用不同的子载波间隔。子载波间隔越大，对应的时隙长度越短，可以缩短系统的时延。

（2）移动场景：不同的移动速度产生的多普勒频偏不同，更高的移动速度产生更大的多普勒频偏。通过增大子载波间隔，可以提升系统对频偏的鲁棒性。

（3）覆盖场景：子载波间隔越小，对应的 CP 长度越大，支持的小区覆盖半径也就越大。

4.2.2 时域资源

V4-1 5G 空口时域资源

NR 的时域资源相比于 LTE 有较多的变化，主要体现在帧结构上，原先 LTE 的调度是固定以 1ms 进行处理的，由于 NR 支持的业务种类不同，NR 调度是以 1 个时隙为单位进行处理的，而且时隙长度不确定，所以取决于 SCS 的配置。

1. NR 帧结构

如图 4-3 所示，NR 每个无线帧长度为 10ms，每个子帧长度为 1ms，与 LTE 相同，无线帧和子帧的长度固定，从而可以更好地保持 LTE 与 NR 的共存。

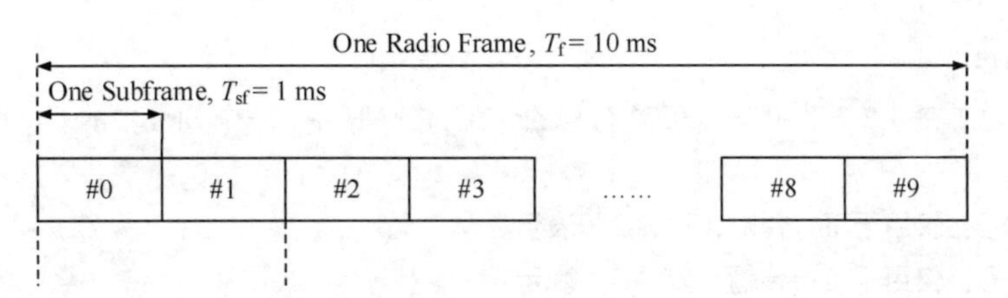

图 4-3　NR 帧结构

不同的是，5G NR 定义了灵活的子构架，时隙和符号长度可根据子载波间隔进行灵活定义，如表 4-3 所示。当 μ 取值不同时，对应的每个子帧包含的时隙数不相同，同样呈现 2 的幂次方增长规律。每个时隙对应的符号数在普通循环前缀情况下为 14 个符号，扩展循环前缀情况下为 12 个符号。当前协议版本仅在 μ 取值为 2 时，才能支持扩展循环前缀。

表 4-3　NR 帧子架构

μ 取值	子载波间隔/kHz	每帧时隙数/Slot	每子帧时隙数/Slot	每时隙符号数/Symbol
0	15	10	1	14
1	30	20	2	14
2	60	40	4	14
3	120	80	8	14
4	240	160	16	14
2	60	40	4	12

以 SCS=30kHz 和 120kHz 为例，帧结构框架如图 4-4 所示。

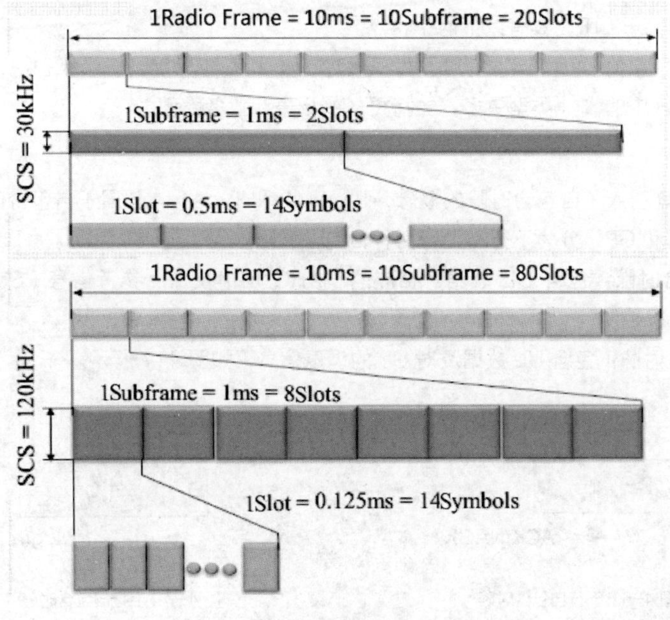

图 4-4　帧结构框架

从图 4-4 可以看出，SCS 越大，每子帧包含的时隙数越多，对应的时隙长度和符号长度越短。除此之外，无线帧长度和子帧长度保持不变。

2. 时隙结构

协议 TS38.211 在 4.3.2 节中有 OFDM 符号的介绍，在 NR 中，一个 Slot 中的 OFDM 符号分为以下 3 类。

（1）下行符号：仅用于下行传输，以“D”表示。

（2）上行符号：仅用于上行传输，以“U”表示。

（3）灵活符号：既可用于下行传输，又可用于上行传输，或者用作保护间隔（Guard Period，GP），但不能同时用于上下行传输，以“X”表示。

根据一个 Slot 中用于上行符号、下行符号及灵活符号的 OFDM 符号数的不同，Slot 分为以下 4 种类型，具体示例如图 4-5 所示。

（1）Type 1：全下行时隙（DL-only Slot）。

（2）Type 2：全上行时隙（UL-only Slot）。

（3）Type 3：全灵活资源时隙（Flexible-only Slot）。

（4）Type 4：混合时隙（Mixed Slot），至少一个上行或下行符号，其余灵活配置。

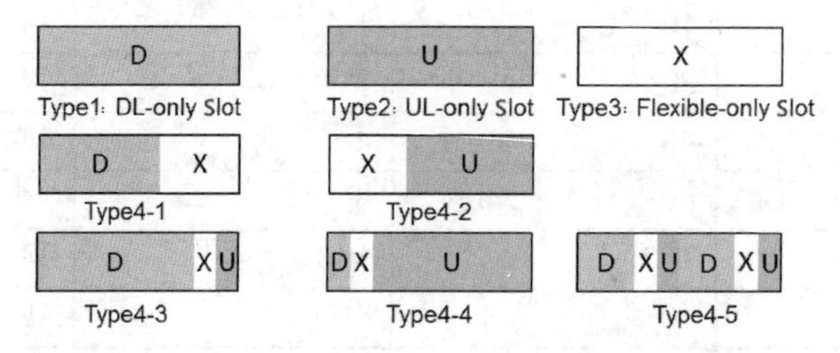

图 4-5 不同类型 Slot 具体示例

Slot 格式设计相比于 LTE，具有以下两个特点。

（1）灵活性：NR 中的 DL 和 UL 的分配可符号级变化，LTE 中只能到子帧级别。

（2）多样性：NR 中的 Slot 类型更多，支持更多的场景和业务类型。

3. 特殊时隙

在 3GPP 中，NR 引入了自包含时隙的概念，Type4-3 和 Type4-4 都属于自包含时隙。其特点是同一时隙内包含 DL、UL 和 GP，分为下行和上行两种自包含时隙。

（1）下行自包含时隙：包含 DL 数据、相应的 HARQ 反馈及探测参考信号（Sounding Reference Signal，SRS）等上行控制信息，如图 4-6 所示。

（2）上行自包含时隙：包含 UL 数据及对 UL 的调度信息，如图 4-7 所示。

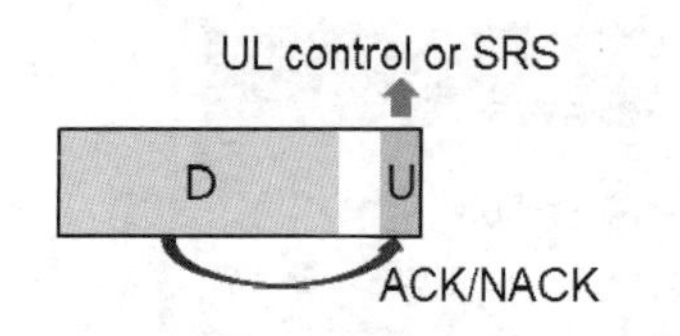

图 4-6 下行自包含时隙

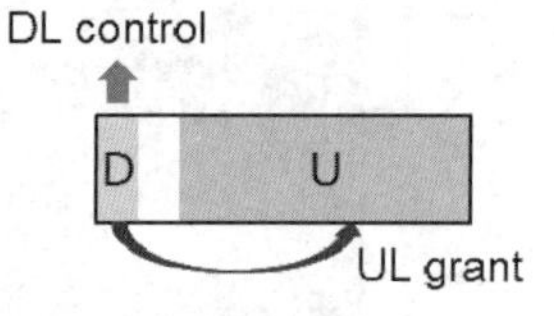

图 4-7 上行自包含时隙

NR 设计自包含时隙主要有以下两个目的。

（1）更快的下行 HARQ 反馈和上行数据调度：降低 RTT 时延。

（2）更小的 SRS 发送周期：跟踪信道快速变化，提升 MIMO 性能。

自包含时隙结构虽然可降低RAN侧的RTT时延，但在实际应用中，其会面临以下几个问题。

（1）较小的GP限制了小区覆盖范围。

（2）对终端硬件处理时延要求高。

（3）频繁地上下行切换带来的GP开销大。

4. 时隙配比

在LTE TDD模式中，定义了7种上下行子帧配比格式（每帧内），不同于LTE的子帧配比，NR提供的是更灵活的时隙配比，协议TS 38.213第11.1节中规定了时隙配置的方案。NR支持多种时隙配比方案，主要包括动态的多层嵌套配置和半静态的独立配置。

（1）多层嵌套配置。

基站可以通过以下几种方式为UE进行配置，从而实现动态的时隙配比调整。和LTE相比，NR增加了UE级配置，灵活性高、资源利用率高。多层嵌套配置示意图如图4-8所示，其一共包含四级时隙配比配置。

① 第一级配置：通过系统消息进行小区级半静态配置。

② 第二级配置：通过RRC消息进行特定用户类级配置。

③ 第三级配置：通过下行控制信息（Downlink Control Information，DCI）中的时隙格式指示（Slot Format Indicator，SFI）进行用户组级配置（符号级配比）。

④ 第四级配置：通过DCI进行单用户级配置（符号级配比）。

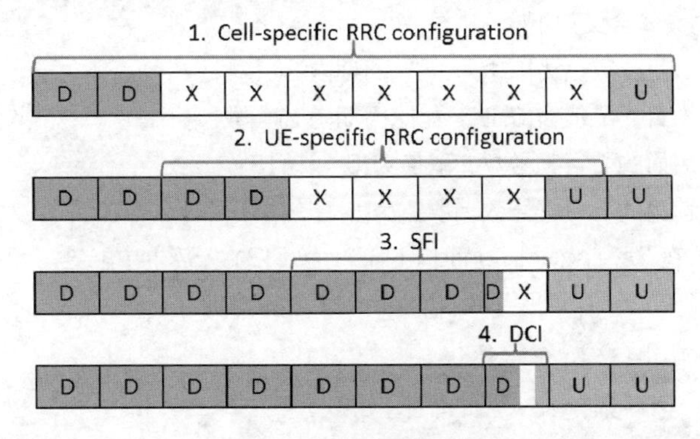

图4-8 多层嵌套配置示意图

（2）独立配置。

不同于多层嵌套的四级配置，独立配置采用命令方式进行小区级半静态配置，并通过系统消息通知UE。独立配置示意图如图4-9所示。

图4-9 独立配置示意图

小区级半静态配置支持有限的配比周期选项，通过RRC信令可实现DL/UL资源的灵活静态配置。配置参数由系统消息SIB1携带，其格式如下。

UL-DL-configuration-common:{X,x1,x2,y1,y2}

UL-DL-configuration-common-Set2:{Y,x3,x4,y3,y4}

X/Y：配比周期，取值为{0.5,0.625,1,1.25,2,2.5,5,10}，其中，0.625ms仅用于120kHz SCS，1.25ms

用于 60kHz 以上 SCS，2.5ms 用于 30kHz 以上 SCS。

小区级半静态配置支持单周期和双周期配置，单周期配置示意图如图 4-10 所示。

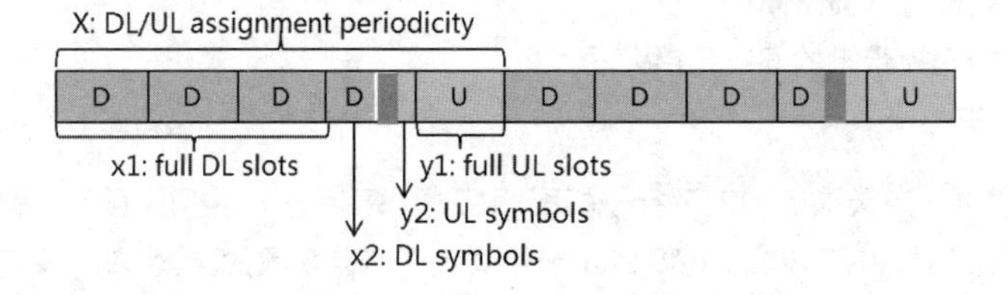

图 4-10　单周期配置示意图

双周期配置示意图如图 4-11 所示。

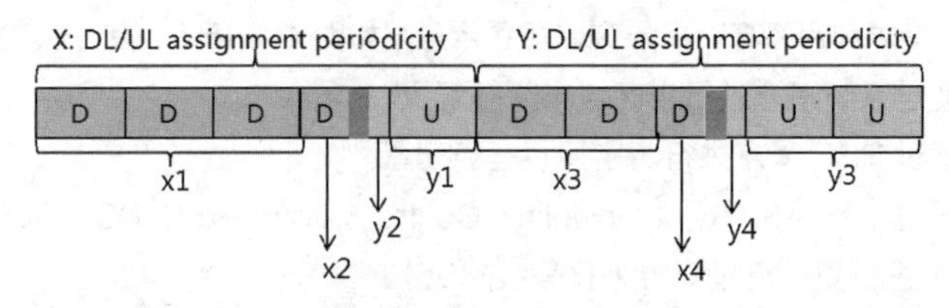

图 4-11　双周期配置示意图

图 4-11 中各参数的具体含义如下。

x1/x3：全下行 Slot 数目，取值为{0,1,…,配比周期内 Slot 数}。

y1/y3：全上行 Slot 数目，取值为{0,1,…,配比周期内 Slot 数}。

x2/x4：全下行 Slot 后面的下行符号数，取值为{0,1,…,13}。

y2/y4：全上行 Slot 前面的上行符号数，取值为{0,1,…,13}。

这种半静态时隙格式在 ServingCellConfig（NSA）和 SIB1（SA）中配置。图 4-12 所示为 TDD 上下行时隙配置，其中包含了 TDD-UL-DL-ConfigCommon 配置信息。

```
TDD-UL-DL-ConfigCommon ::=          SEQUENCE {
    referenceSubcarrierSpacing          SubcarrierSpacing,
    pattern1                            TDD-UL-DL-Pattern,
    pattern2                            TDD-UL-DL-Pattern

    ...
}

TDD-UL-DL-Pattern ::=               SEQUENCE {
    dl-UL-TransmissionPeriodicity       ENUMERATED {ms0p5, ms0p625, ms1, ms1p25, ms2, ms2p5, ms5, ms10},
    nrofDownlinkSlots                   INTEGER (0..maxNrofSlots),
    nrofDownlinkSymbols                 INTEGER (0..maxNrofSymbols-1),
    nrofUplinkSlots                     INTEGER (0..maxNrofSlots),
    nrofUplinkSymbols                   INTEGER (0..maxNrofSymbols-1),
    ...,
    [[
    dl-UL-TransmissionPeriodicity-v1530     ENUMERATED {ms3, ms4}
    ]]
}
```

图 4-12　TDD 上下行时隙配置

4.2.3　频域资源

NR 频域资源相比于 LTE，除了采用了更高的频段资源以外，其最主要的区别在于新引入了 BWP 的概念。下面将分别介绍 5G 中的频段信息、频域资源基本概念及 BWP。

1. 频段信息

根据香农定理，增加载波带宽是提升系统容量和传输速率最直接的方法。未来 5G 最大带宽将可能达到 1GHz，考虑到目前频率占用情况，5G 将不得不使用高频进行通信，如图 4-13 所示。

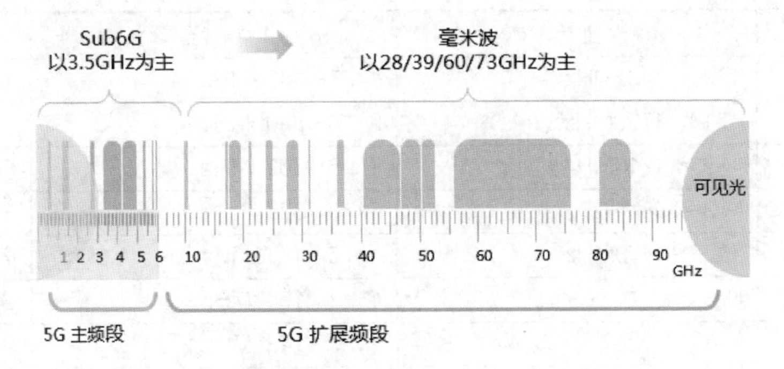

图 4-13　5G 频谱资源

在 3GPP R15 协议中，5G 的总体频域资源可以分为以下两个频率范围（Frequency Range，FR）。

（1）FR1：Sub6G 频段，即低频频段，是 5G 的主用频段；其中，3GHz 以下的频率被称为 Sub3G，其余频段被称为 C-Band。

（2）FR2：毫米波，即高频频段，为 5G 的扩展频段，频谱资源丰富。

FR1 和 FR2 对应的频率范围如表 4-4 所示，参考 3GPP 38101。现阶段国内的 5G 网络主要采用 FR1 频谱资源进行部署。

表 4-4　FR1 和 FR2 对应的频率范围

频率分类	对应的频率范围
FR1	450～6000 MHz
FR2	24250～52600 MHz

不同的频率范围对应的具体频段不同，使用场景也不同。不同频段对应不同的频率范围和双工模式。

FR1 频段信息如表 4-5 所示，双工模式除了常见的 FDD 和 TDD 之外，NR 新增了补充下行（Supplemental Downlink，SDL）和补充上行（Supplemental Uplink，SUL）模式，用于特殊场景中，可提高上下行系统容量。

表 4-5　FR1 频段信息

NR 频段	上行	下行	双工
n1	1920～1980MHz	2110～2170MHz	FDD
n2	1850～1910MHz	1930～1990MHz	FDD
n3	1710～1785MHz	1805～1880MHz	FDD
n5	824～849MHz	869～894MHz	FDD
n7	2500～2570MHz	2620～2690MHz	FDD
n8	880～915MHz	925～960MHz	FDD
n20	832～862MHz	791～821MHz	FDD
n28	703～748MHz	758～803MHz	FDD
n38	2570～2620MHz	2570～2620MHz	TDD
n41	2496～2690MHz	2496～2690MHz	TDD
n50	1432～1517MHz	1432～1517MHz	TDD

续表

NR 频段	上行	下行	双工
n51	1427～1432MHz	1427～1432MHz	TDD
n66	1710～1780MHz	2110～2200MHz	FDD
n70	1695～1710MHz	1995～2020MHz	FDD
n71	663～698MHz	617～652MHz	FDD
n74	1427～1470MHz	1475～1518MHz	FDD
n75	N/A	1432～1517MHz	SDL
n76	N/A	1427～1432MHz	SDL
n77	3.3MHz～4.2GHz	3.3MHz～4.2GHz	TDD
n78	3.3MHz～3.8GHz	3.3MHz～3.8GHz	TDD
n79	4.4MHz～5.0GHz	4.4MHz～5.0GHz	TDD
n80	1710～1785MHz	N/A	SUL
n81	880～915MHz	N/A	SUL
n82	832～862MHz	N/A	SUL
n83	703～748MHz	N/A	SUL
n84	1920～1980MHz	N/A	SUL

FR2 频段信息如表 4-6 所示，考虑到毫米波大带宽的特征，FR2 双工模式全部为 TDD 模式。

表 4-6 FR2 频段信息

NR 频段	频率范围	双工模式
n257	26500～29500 MHz	TDD
n258	24250～27500 MHz	TDD
n260	37000～40000 MHz	TDD
n261	27500～28350 MHz	TDD

2. 频域资源基本概念

（1）资源网格（Resource Grid，RG）：上下行分别定义（每个 Numerology 都有对应的 RG 定义）。时域占用 1 个子帧，频域占用传输带宽内可用的 RB 资源。

（2）资源粒子（Resource Element，RE）：物理层资源的最小粒度。时域占用 1 个 OFDM 符号，频域占用 1 个子载波。

（3）资源块（Resource Block，RB）：数据信道资源分配基本调度单位，用于资源分配 type1。频域占用 12 个连续子载波。

（4）资源块组（Resource Block Group，RBG）：数据信道资源分配基本调度单位，用于资源分配 type0，降低控制信道开销。频域占用{2，4，8，16}个 RB。

（5）资源单元组（Resource Element Group，REG）：控制信道资源分配基本组成单位。时域占用 1 个 OFDM 符号，频域占用 12 个子载波（1RB）。

（6）控制信道元素（Control Channel Element，CCE）：控制信道资源分配基本调度单位。频域：1CCE=6REG=6PRB。

3. BWP

BWP 是 NR 标准提出的新概念，是网络侧为 UE 分配的一段连续的带宽资源，可实现网络侧和 UE 侧传输带宽的灵活配置。每个 BWP 对应一个特定的 Numerology，是 5G UE 接入 NR 网络的必备配置。

BWP 是 UE 级的概念，不同 UE 可配置不同 BWP，UE 不需要知道 gNodeB 侧的传输带宽，只需要支持配置给 UE 的 BWP 信息即可。

BWP 主要有以下 3 类应用场景。

（1）Scenario1：应用于小带宽能力 UE 接入大带宽网络。

（2）Scenario2：UE 在 BWP 间进行切换，实现省电的目的。

（3）Scenario3：不同 BWP 配置不同 Numerology，承载不同业务。

BWP 分为以下 4 类。

（1）Initial BWP：UE 初始接入阶段使用的 BWP。

（2）Dedicated BWP：UE 在 RRC 连接态配置的 BWP。协议规定，一个 UE 最多可以通过 RRC 信令配置 4 个 Dedicated BWP。

（3）Active BWP：UE 在 RRC 连接态某一时刻激活的 BWP，是 Dedicated BWP 中的一个。协议规定，UE 在 RRC 连接态中，某一时刻只能激活一个配置的 Dedicated BWP 作为其当前时刻的 Active BWP。UE 只在 Active 的下行 BWP 中接收 PDCCH、PDSCH、CSI-RS，在工作的上行 BWP 中发送 SRS、PUCCH、PUSCH。

（4）Default BWP：在 RRC 连接态中，当 UE 的 BWP Inactivity Timer 超时后 UE 所工作的 BWP，也是 Dedicated BWP 中的一个，通过 RRC 信令指示配置某个 Dedicated BWP 作为 Default BWP。

4.3 5G 物理信道

5G 物理信道分为上行物理信道和下行物理信道两大类。上行物理信道用于承载终端发送给基站的消息，下行物理信道用于承载基站发送给终端的消息。

4.3.1 5G 下行物理信道

5G 的下行物理信道主要由物理广播信道（Physical Broadcast Channel，PBCH）、物理下行控制信道（Physical Downlink Control Channel，PDCCH）及物理下行共享信道（Physical Downlink Shared Channel，PDSCH）3 个信道组成，相比于 LTE，其减少了物理控制格式指示信道（Physical Control Format Indicator Channel，PCFICH）和物理 HARQ 指示信道（Physical HARQ Indicator Channel，PHICH）。

V4-2 5G 空口下行信道

1. PBCH

物理广播信道用于承载系统消息的主信息块（Master Information Block，MIB），其中包含用户接入网中的必要信息，如系统帧号、子载波带宽及 SIB1 消息的位置等。与 LTE 不同，5G 的 PBCH 和主同步信号（Primary Synchronization Signal，PSS）/辅同步信号（Secondary Synchronization Signal，SSS）组合在一起，在时域中占用连续 4 个符号，频域中占用 20 个 RB（240 个 RE），组成一个 SS/PBCH Block，简称 SSB，如图 4-14 所示。

PSS 和 SSS 占用 4 个 OFDM 符号中的符号 0 和符号 2，并且只占用 240 个子载波中的连续的 127 个

RE。PBCH 占用符号 1 和符号 3 的 240 个 RE，以及符号 2 所含 240 个 RE 中的 0～47 和 192～239，剩余的 RE 为预留的 RE。

PBCH 的每个 RB 中包含 3 个 RE 的解调参考信号（Demodulation Reference Signal，DMRS）导频，为避免小区间 PBCH DMRS 干扰，3GPP 中定义 PBCH 的 DMRS 在频域中根据小区 ID 错开。也就是说，DMRS 在 PBCH 中的位置为{0+v，4+v，8+v……}，v 为 PCI mod 4 的值。

每个 SSB 都能够独立解码，当 UE 解析出一个 SSB 之后，可以获取小区 ID、系统帧号（System Frame Number，SFN）、SSB Index（类似于波束 ID）等信息。对于 Sub3G，系统定义了最大 4 个 SSB（TDD 系统的 2.4～6GHz 也可以配置 8 个 SSB）；对于 Sub3G～Sub6G，系统定义了最大 8 个 SSB；对于 Above 6G，系统定义了最大 64 个 SSB。每个 SSB 都有一个唯一的编号（SSB Index），对于低频，这个编号信息（0～7）直接从 PBCH 的导频信号中获取；对于高频，这个编号信息（0～63）的低 3bit 从 PBCH 导频信号中获取，高 3bit 从 MIB 中获取。

NR 的 SSB 采用窄波束发送，为 *N* 个方向固定的窄波束，如图 4-15 所示。相对于 LTE TDD 用一个宽的广播波束覆盖整个小区，NR 通过在不同时刻发送不同方向的窄波束完成小区的广播波束扫描。UE 通过扫描每个窄波束获得最优波束，完成同步和系统消息解调。广播波束的扫描范围可以通过参数进行配置，以适配不同的覆盖场景。

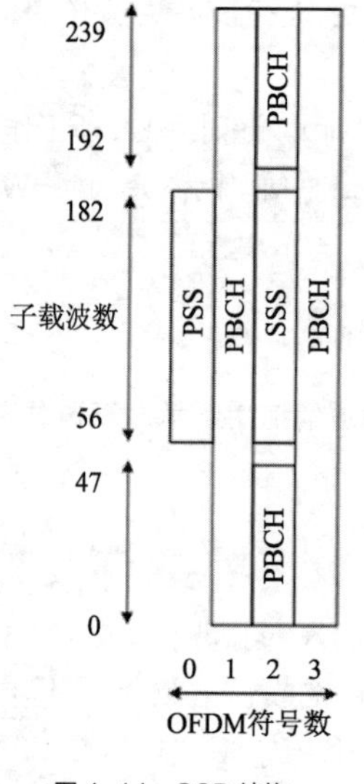

图 4-14 SSB 结构

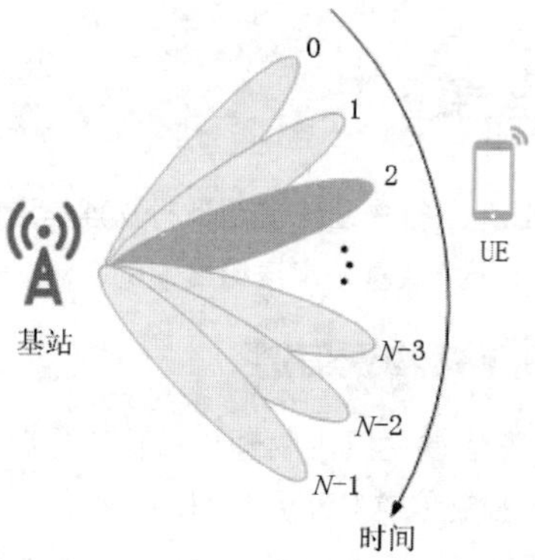

图 4-15 广播波束扫描

网络可以通过 SIB1 配置 SSB 的广播周期，周期支持 5ms、10ms、20ms、40ms、80ms 和 160ms。

2. PDCCH

PDCCH 用于传输来自 L1/L2 的下行控制信息，主要包括以下 3 类信息。

（1）下行调度（DL Assignments）信息，以便 UE 接收 PDSCH。

（2）上行调度（UL Grants）信息，以便 UE 发送 PUSCH。

（3）指示 SFI、抢占指示（Preemption Indicator，PI）和功控命令等信息，辅助 UE 接收和发送数据。

PDCCH 传输的信息为 DCI，不同内容的 DCI 采用不同的无线网络临时标识（Radio Network Temporary Identifier，RNTI）来进行 CRC 加扰，UE 通过盲检测来解调 PDCCH。小区 PDCCH 在时域中占据 1 个 Slot 的前几个符号，最多为 3 个符号。图 4-16 所示为 PDCCH 信道示意图，最左边的灰色代表 PDCCH，其中，每个方格表示一个 RE，X 代表 PDCCH DMRS 信号（固定占用 1、5、9 号子载波）。

CCE 是 PDCCH 传输的最小资源单位，控制信道就是由 CCE 聚合而成的。聚合等级表示一个 PDCCH 占用的连续的 CCE 个数，R15 支持 CCE 聚合等级{1,2,4,8,16}，其中，16 为 NR 新增的 CCE 级别。当 CCE 的聚合等级为 1 时，包含的 CCE 个数为 1，以此类推，如表 4-7 所示。gNodeB 根据信道质量等因素来确定某个 PDCCH 使用的聚合等级。

图 4-16　PDCCH 信道示意图

表 4-7　PDCCH 聚合等级

聚合等级	CCE 数量
1	1
2	2
4	4
8	8
16	16

LTE 中的 PDCCH 资源相对固定，频域为整个带宽，时域为 1～3 个符号，而 NR 中的 PDCCH 时域和频域的资源都是灵活的，因此 NR 中引入了 CORESET 的概念来定义 PDCCH 的资源。CORESET 主要指示 PDCCH 占用符号数、RB 数、Slot 周期及偏置等。在频域中，CORESET 包含若干个 PRB，最小为 6 个；在时域中，符号数为 1～3。每个小区可以配置多个 CORESET（0～11），其中 CORESET0 固定用于剩余最小系统消息（Remaining Minimum SI，RMSI）的调度，也就是说，SIB1 的调度信息由 CORESET0 承载。CORESET 必须包含在对应的 BWP 中，一个 CORESET 可以包含多个 CCE。

3. PDSCH

PDSCH 用于承载多种传输信道，如 PCH 和 DL-SCH，用于传输寻呼消息、系统消息（SIB）、UE 空口控制面信令及用户面数据等内容，其在时隙结构中的位置如图 4-17 所示。

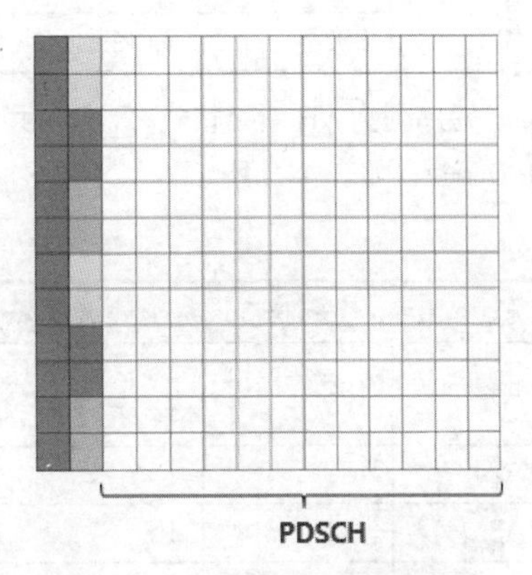

图 4-17　PDSCH 在时隙结构中的位置

PDSCH 物理层处理过程如图 4-18 所示，主要包括以下几个步骤。

（1）加扰：进行信息比特随机化，以利用信道编码的译码性能。扰码 ID 由高层参数 dataScramblingIdentityPDSCH 进行用户级配置，不配置时，默认值为小区 ID。

（2）调制：对加扰后的码字进行调制，生成复数值的调制符号。调制编码方式由高层参数 mcs-Table 进行用户级配置，指示最高阶 64QAM 或 256QAM。

（3）层映射：将复数调制符号映射到一个或多个发射层中。单码字映射 1～4 层，双码字映射 5～8 层。

（4）预编码/天线端口映射：对待发送的数据进行加权处理，并将每个发射层中的调制符号映射到相应的天线端口上。加权方式包括基于 SRS 互易性的动态权、基于反馈的 PMI 权及或开环静态权。

（5）资源映射：将每个天线端口的复数调制符号映射到相应的 RE 上。

（6）OFDM 符号生成：每个天线端口信号生成 OFDM 信号。

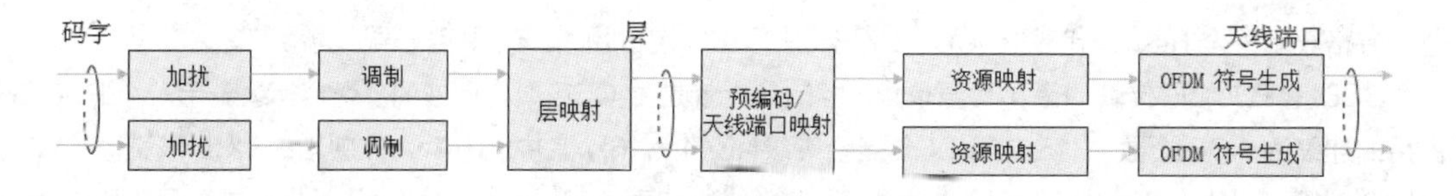

图 4-18　PDSCH 物理层处理过程

4.3.2　5G 上行物理信道

V4-3 5G 空口上行信道

5G 的上行物理信道由物理随机接入信道(Physical Random Access Channel，PRACH)、物理上行共享信道（Physical Uplink Shared Channel，PUSCH）和物理上行控制信道（Physical Uplink Control Channel，PUCCH）组成。

1. PRACH

随机接入信号主要用于 UE 发送随机接入前导，从而与基站完成上行同步，并请求基站分配资源。随机接入过程适用于各种场景，如初始接入、切换和重建等。同其他 3GPP 系统一样，随机接入提供了基于竞争和基于非竞争的接入。物理随机接入信道传送的信号是 ZC 序列生成的随机接入前导。按照前导序列长度，可分为长序列和短序列两类。长序列沿用 LTE 设计方案，共 4 种格式，不同格式下支持的最大小区半径和典型场景如表 4-8 所示。

表 4-8　PRACH 长序列

Format	序列长度	子载波间隔	时域总长	占用带宽	最大小区半径	典型场景
0	839	1.25kHz	1.0ms	1.08MHz	14.5km	低速&高速 常规半径
1	839	1.25kHz	3.0ms	1.08MHz	100.1km	超远覆盖
2	839	1.25kHz	3.5ms	1.08MHz	21.9km	弱覆盖
3	839	5.0kHz	1.0ms	4.32MHz	14.5km	超高速

短序列为 NR 新增格式，R15 中共 9 种格式，子载波间隔 Sub6G 支持{15，30}kHz，Above6G 支持{60，120}kHz，如表 4-9 所示。

表 4-9　PRACH 短序列

Format	序列长度	子载波间隔	时域总长	占用带宽	最大小区半径	典型场景
A1	139	$15\cdot 2\mu$(μ=0、1、2、3)	$0.14/22\mu$ms	$2.16\cdot 2\mu$MHz	$0.937/2\mu$km	微小区
A2	139	$15\cdot 2\mu$	$0.29/2\mu$ms	$2.16\cdot 2\mu$MHz	$2.109/2\mu$km	正常小区
A3	139	$15\cdot 2\mu$	$0.43/2\mu$ms	$2.16\cdot 2\mu$MHz	$3.515/2\mu$km	正常小区
B1	139	$15\cdot 2\mu$	$0.14/2\mu$ms	$2.16\cdot 2\mu$MHz	$0.585/2\mu$km	微小区
B2	139	$15\cdot 2\mu$	$0.29/2\mu$ms	$2.16\cdot 2\mu$MHz	$1.054/2\mu$km	正常小区
B3	139	$15\cdot 2\mu$	$0.43/2\mu$ms	$2.16\cdot 2\mu$MHz	$1.757/2\mu$km	正常小区
B4	139	$15\cdot 2\mu$	$0.86/2\mu$ms	$2.16\cdot 2\mu$MHz	$3.867/2\mu$km	正常小区
C0	139	$15\cdot 2\mu$	$0.14/2\mu$ms	$2.16\cdot 2\mu$MHz	$5.351/2\mu$km	正常小区
C2	139	$15\cdot 2\mu$	$0.43/2\mu$ms	$2.16\cdot 2\mu$MHz	$9.297/2\mu$km	正常小区

2. PUCCH

和 LTE 类似，NR 中的 PUCCH 用来发送上行控制信息（Uplink Control Information，UCI）以支持上下行数据传输。主要包括以下 3 类信息。

（1）调度请求（Scheduling Request，SR）：用于上行 UL-SCH 资源请求。

（2）HARQ ACK/NACK：用于 PDSCH 中发送数据的 HARQ 反馈。

（3）信道状态信息（Channel State Information，CSI）：信道状态反馈，包括信道质量信息（Channel Quality Information，CQI）、预编码矩阵指示（Precoding Matrix Indication，PMI）、秩指示（Rank Indication，RI）、层指示（Layer Indication，LI）。

与下行控制信息（Downlink Control Information，DCI）相比，UCI 内携带的信息内容较少（只需要通知 gNodeB 不知道的信息即可）；DCI 只能在 PDCCH 中传输，UCI 可在 PUCCH 或 PUSCH 中传输。

NR 支持 5 种格式的 PUCCH，根据信道占用时域符号长度，PUCCH 可分为以下两种。

（1）短 PUCCH：1～2 个符号，PUCCH format 0，PUCCH format 2。

（2）长 PUCCH：4～14 个符号，PUCCH format 1，PUCCH format 3，PUCCH format 4。

格式 0 和格式 1 只能传送 2bit 以下的数据，因此只能用于 SR 和 HARQ 反馈，并且支持 SR 和 HARQ 的循环位移复用。格式 2～格式 4 所携带的位数比较多，因此主要用于 CSI 的上报，包括 CQI、PMI 及 RI 等，但也可以用于 SR 和 HARQ 的上报。

同一小区的多个 UE 可以共享同一个 RB pair 来发送各自的 PUCCH，可采用循环移位或正交序列来实现，其中，格式 2 和格式 3 不支持复用，其余支持时域或者频域的复用。

3. PUSCH

物理上行共享信道是承载上层传输信道的重要物理信道，主要用于 UE 空口的信令及用户面数据的传输等。和 PDSCH 不同的是，PUSCH 可支持以下两种波形。

（1）CP-OFDM：多载波波形，支持多流 MIMO，对应的物理层处理过程如图 4-19 所示。

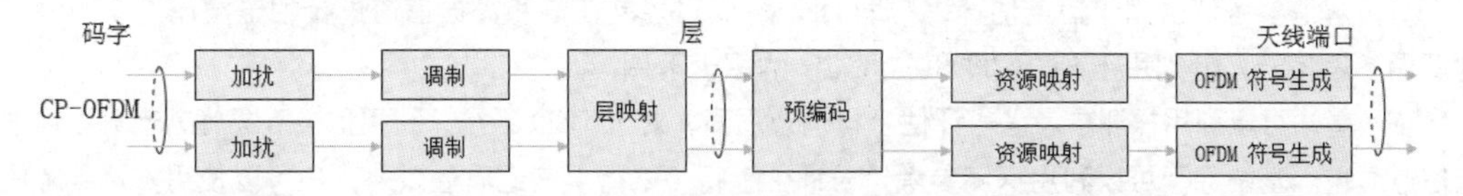

图 4-19　CP-OFDM 对应的物理层处理过程

（2）DFT-S-OFDM：单载波波形，仅支持单流，提升覆盖性能，对应的物理层处理过程如图 4-20 所示。

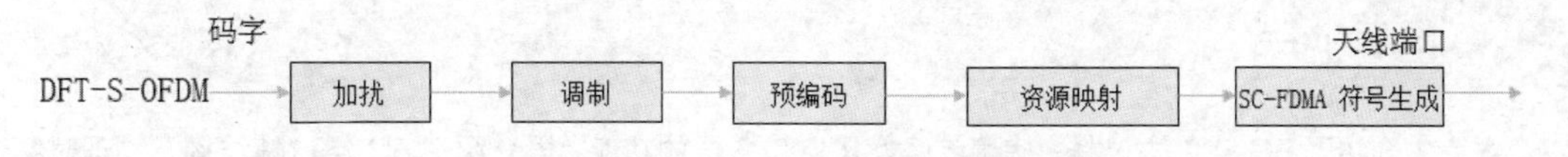

图 4-20　DFT-S-OFDM 对应的物理层处理过程

4.4 5G 物理信号

5G 物理信号分为上行物理信号和下行物理信号两种，上行物理信号主要用于上行信道估计等功能，下行物理信号用于下行信道估计、时频同步等功能。

4.4.1 5G 下行物理信号

5G 的下行物理信号由同步信号、解调参考信号、信道状态指示参考信号及相位跟踪参考信号 4 部分组成。

（1）同步信号分为主同步信号和辅同步信号两种，用于 UE 进行下行同步，包括时钟同步、帧同步及符号同步。另外，UE 可通过读取 PSS 和 SSS，获取物理小区标识（Physical Cell Identifier，PCI）。NR 中 PCI 取值为 0～1007，分为 336 组，每组 3 个取值。其中，组内编号从 PSS 中获取（3 选 1，对应 3 个 PSS 序列），小组编号从 SSS 中获取（336 选 1，对应 336 个 SSS 序列）。

（2）解调参考信号用于信道估计，帮助 UE 对控制信道和数据信道进行相干解调。有 3 种不同的解调参考信号，分别用于 PBCH、PDCCH 和 PDSCH 的相干解调。

（3）信道状态指示参考信号（Channel-State Information Reference Signal，CSI-RS）用于信道质量测量和时频偏移追踪，对提升无线系统总体性能非常重要。通过 CSI-RS 的测量，UE 可以进行 CSI 上报，基站获得 CSI 信息后，可以根据信道质量调度调制编码方案（Modulation and Coding Scheme，MCS）进行 RB 资源分配；可以进行波束赋形，提高速率；还可以进行多用户复用 MU-MIMO，提升整体小区的吞吐量等。

（4）相位跟踪参考信号（Phase Tracking Reference Signal，PTRS），是 5G 新引入的参考信号，用于跟踪相位噪声的变化，主要用于高频段。

在高频段中，由于参考时钟源的倍频次数大幅增加以及器件工艺水平和功耗等原因，相位噪声相比低频大幅增加，造成接收端 SINR 恶化，解调大量误码，从而直接限制高阶调制方式的使用，严重影响系统容量。通过引入相位噪声跟踪参考信号 PT-RS 以及相位估计补偿算法，可以有效降低高频相位噪声带来的影响。

4.4.2 5G 上行物理信号

5G 的上行物理信号由解调参考信号、探测参考信号及相位跟踪参考信号 3 部分组成。

（1）解调参考信号用于信道估计，帮助 gNodeB 对控制信道和数据信道进行相干解调。有两种不同的解调参考信号，分别用于 PUSCH 和 PUCCH 的相干解调。

（2）基站可以利用探测参考信号评估上行信道质量，对于 TDD 系统，利用信道互易性，也可以评估下行信道质量。基站除了可以利用探测参考信号评估上行（下行）信道质量以外，还可以使用探测参考信号进行上行波束的管理，包括波束训练、波束切换等。

（3）相位跟踪参考信号，详见下行 PTRS 介绍。

本章小结

本章先介绍了 5G 空口协议栈，使读者了解了空口各层的功能，再介绍了 5G 空口帧结构及物理时频资源，最后介绍了 5G 物理信道及物理信号，分别从上行和下行角度阐述了各个信道和信号的功能。

通过本章的学习，读者应该掌握 5G 空口协议栈的结构、帧结构及时频资源、上下行物理信道的名称及功能，并对 5G 物理信号有一定的了解。

课后练习

1. 选择题

（1）NR 空口协议栈新增的协议层是（　　）。

A. RRC 层　B. SDAP 层　C. PDCP 层　D. MAC 层

（2）以下不属于 NR 中 RRC 层功能的是（　　）。

A. 广播消息下发　B. 空闲态移动性管理

C. 调度　D. 无线资源管理

（3）在 5G 空口协议栈中，PDCP 层功能不包括（　　）。

A. 加/解密和完整性保护　B. 路由和复制

C. 重排序　D. 分段重组

（4）对于 mMTC 业务，更适合部署的 SCS 是（　　）。

A. 15kHz　B. 30kHz　C. 60kHz　D. 120kHz

（5）以下不是 5G 相比于 LTE 新增的空口概念的是（　　）。

A. BWP　B. Numerology　C. CCE　D. CORESET

（6）5G 的 1 个 CCE 包含（　　）个 RE。

A. 72　B. 6　C. 36　D. 16

（7）以下不会由 PDCCH 传送的信息是（　　）。

A. PDSCH 的资源指示信息　B. PUSCH 的资源指示信息

C. PDSCH 编码调制方式　D. PMI 信息

（8）NR 3GPP R15 序列长度为 139 的 PRACH 格式一共有（　　）种。

A. 4　B. 6　C. 8　D. 9

2. 简答题

（1）请简述 RB、RE、CCE 的定义，以及其在物理信道中的应用。

（2）请简述动态时隙配比的原理，相比于半静态时隙配比，其优势是什么?

（3）请描述 5G 下行信道有哪些，并详细说明每个下行物理信道的功能。

（4）相比于 LTE，NR 新引入的物理信号是什么? 应用场景是什么?

Communication

Chapter

5

第 5 章 5G 信令流程

信令是一种消息机制。这种机制可以在用户终端与各个业务节点之间交换各自的状态信息，还能提出对其他设备的接续要求，从而使网络作为一个整体运行。

信令系统是通信网的“神经系统”，是通信网必不可少、非常重要的组成部分。本章主要介绍了 5G 信令流程基础，NSA 和 SA 组网接入流程、移动性管理流程和释放流程。在介绍具体信令流程的时候，本章对其中每条信令的步骤进行了解读，进而使读者加深对 NR 工作原理的理解。

课堂学习目标

- 掌握 5G 信令流程基础知识
- 掌握 5G 接入信令流程
- 掌握 5G 移动性管理流程
- 掌握 5G 释放信令流程

5.1 5G 信令流程基础

本章主要介绍5G信令流程的基础知识，内容包含5G网络的基本架构和NR用户标识。

5.1.1 5G 网络的基本架构

相比于4G，5G网络架构的控制面与用户面的分离更为彻底，5G整体网络架构如图5-1所示。

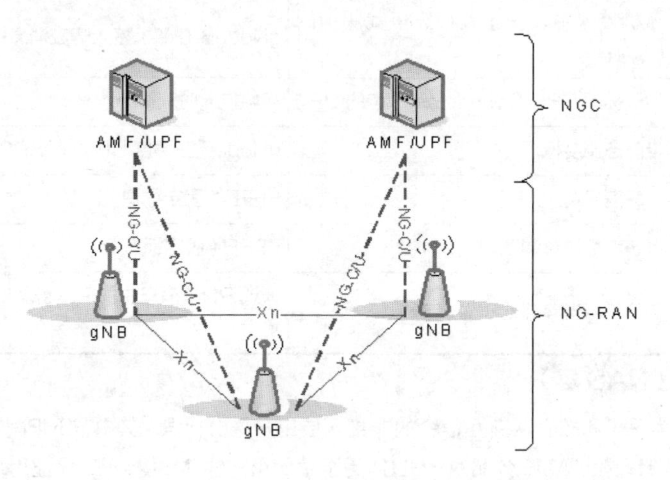

图5-1 5G整体网络架构

5G的无线网络被称为NR-RAN，对应的网元是gNodeB，主要功能和eNodeB基本类似，包括无线资源管理、无线承载控制、无线准入控制、移动性控制及调度等，5G的核心网被称为5GC，其包含AMF、UPF及SMF等网元，具体网元的功能如下。

（1）AMF：注册管理、连接管理、可达性管理、移动性管理、接入鉴权、合法监听及转发UE和SMF间会话管理的消息。

（2）SMF：会话管理、UE IP地址分配和管理、选择和控制UPF、配置UPF的流量定向、转发至合适的目的网络中、策略控制和QoS、合法监听、计费数据搜集及下行数据到达通知。

（3）UPF：数据面锚点、连接数据网络的PDU会话点、报文路由和转发、报文解析和策略执行、流量使用量上报及合法监听。

（4）UDM：签约数据管理、用户服务NF注册管理、产生3GPP AKA鉴权参数、基于签约数据的接入授权及保证业务/会话连续性。

（5）AUSF：支持鉴权服务功能。

（6）PCF：支持统一策略管理网络行为、提供策略规则给控制面功能，访问UDR中与策略决策相关的签约信息。

5.1.2 NR 用户标识

1. UE 标识（AS 层）

表5-1所示为无线网络临时标识（Radio Network Temporary Identifier，RNTI），是无线侧RRC连接中用户的临时身份标识，长度固定为32bit。其中，RA-RNTI和Temporary CRNTI是随机接入过程中的

临时标识，当手机进入RRC Connect状态后，临时标识变为C-RNTI，该标识实际值等于Temporary CRNTI，P-RNTI 和 SI-RNTI 固定用于寻呼和系统广播消息调度，在全网范围内拥有固定值。

表 5-1　无线网络临时标识

标识类型	应用场景	获得方式
RA-RNTI	随机接入中，用于指示接收随机接入响应消息	根据 PRACH 时频资源位置获取
Temporary CRNTI	随机接入中，没有进行竞争裁决前的 CRNTI	gNodeB 在随机接入响应消息中下发给终端
C-RNTI	用于标识 RRC Connected 状态的 UE	初始接入时获得
CS-CRNTI	半静态调度标识	gNodeB 在调度 UE 进入 SPS 时由 RRC 分配
P-RNTI	寻呼消息调度	FFFE（固定标识）
SI-RNTI	系统广播消息调度	FFFF（固定标识）
SP-CSI-RNTI	用于指示半静态 CSI 的资源	通过 RRC 消息中的 PhysicalCellGroupConfig 信元携带

2. UE 标识（NAS 层）

如表 5-2 所示为手机和核心网交互信令的非接入层用户身份标识。其中，SUPI 和 SUCI 都是手机的私有身份标识；5G-GUTI 是由 AMF 分配的。GUTI 用于替代用户的 IMSI 标识，保证用户私有信息的安全性。

表 5-2　非接入层用户身份标识

用户标识	名称	来源	作用
SUPI	Subscription Permanent Identifier	SIM 卡	作为用户的身份标识，类似于 4G 的 IMSI，当前协议定义的格式主要有两种：取值 0 表示 IMSI，取值 1 表示 NAI（Network Access Identifier），如 SIP 地址
SUCI	Subscription Concealed Identifier	SIM 卡	用于隐藏 SUPI 的一种临时标识，可对 SUPI 加密而避免 SUPI 在空口中传输，用于鉴权过程
PEI	Permanent Equipment Identifier	终端	国际移动台设备标识，唯一标识 UE 设备，类似于 4G 的 IMEI，当前 R15 协议仅支持 IMEI 格式的 PEI
5G-GUTI	5G Globally Unique Temporary Identifier	由 AMF 分配	取代 IMSI 作为用户的临时 ID，提升安全性

5.2 NR 接入流程

V5-1 NSA 组网接入流程

接入流程是 5G 流程中最基础的部分，终端开机之后需要通过该流程与网络侧取得联系，接入流程包括终端与网络侧的下行同步、上行同步及注册等子流程。

5.2.1 NSA 组网接入流程

如图 5-2 所示，NSA 组网的接入流程主要包含 4 个流程：4G 初始接入流程、5G 邻区测量流程、5G 辅站添加流程及路径转换流程。

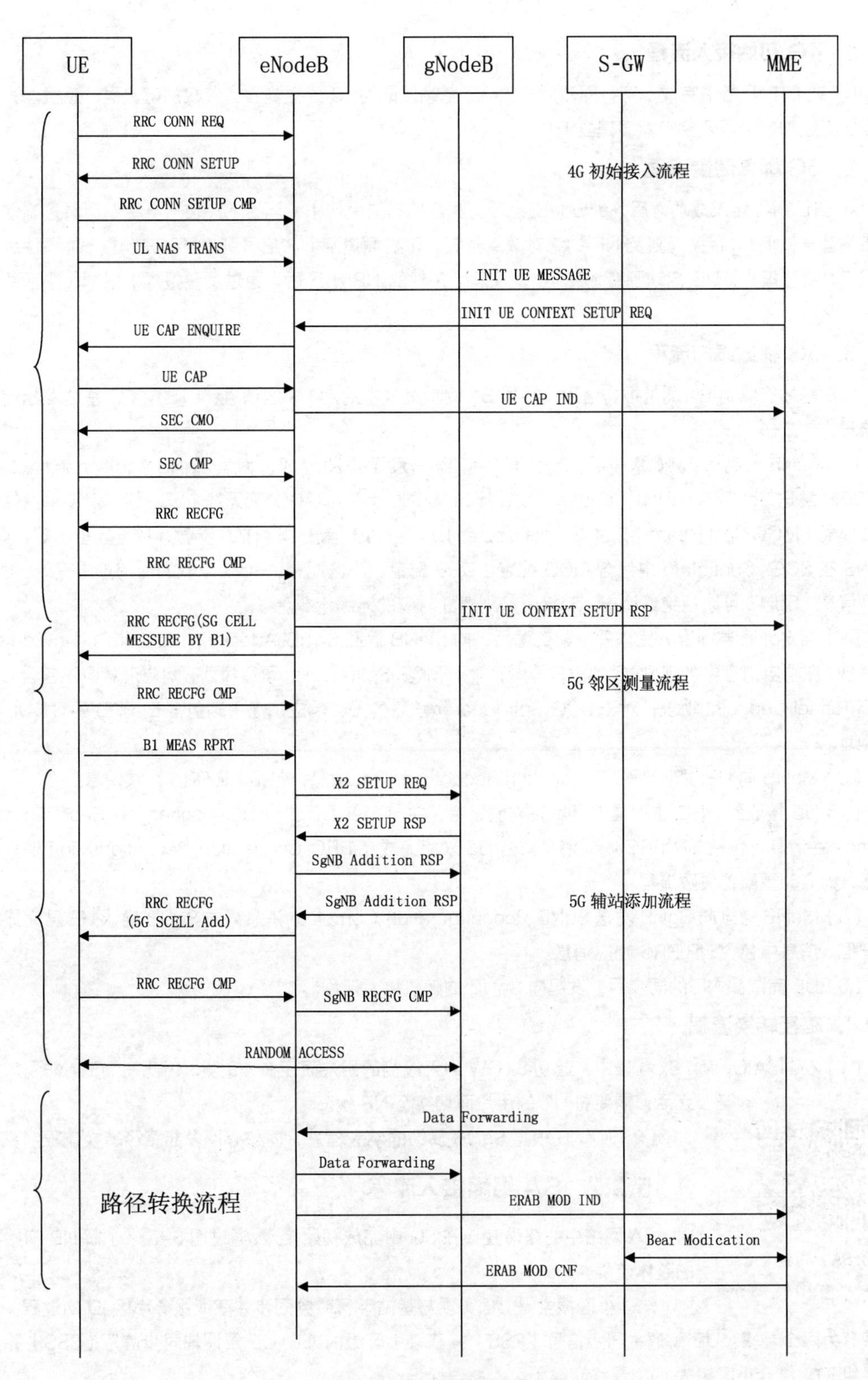

图5-2 NSA组网的接入流程

1. 4G初始接入流程

UE在LTE网络中完成上下行同步后，向4G基站发起RRC建立流程、鉴权加密流程、手机能力查询流程、无线加密流程及空口承载建立流程。

2. 5G邻区测量流程

在LTE网络接入成功之后，eNodeB会发送测量控制信令使手机测量NR信号电平，测量控制信令中携带测量事件B1、相关门限及NR的绝对频点号等，手机测量到NR信号满足异系统测量B1事件后，会上报B1测量报告，UE启动测量NR，当发现满足条件的NR小区后，通过测量报告上报NR小区的PCI及RSRP。

3. 5G辅站添加流程

LTE基站在收到B1测量报告之后，根据B1测量报告中的5G邻区消息，LTE向5G基站发起辅站添加流程。

（1）MeNB收到B1测量报告后，选择报告中RSRP最强的NR小区，触发SgNB Addition流程。MeNB向SgNB发送SgNB Addition Request消息，请求SgNB为E-RAB分配无线资源。请求消息中携带分流承载模式（MCG Split Bearer或SCG Split Bearer）、E-RAB信息（E-RAB参数，传输地址）等；此外，MeNB在SCG-ConfigInfo中包含MCG配置（DRB配置、小区配置、SCG承载的加密算法等）、UE能力等信息。SgNB可以拒绝该请求，若接受，则建立对应的无线承载。

（2）当SgNB判断准入完成并分配资源后，向MeNB返回SgNB Addition Request Acknowledge响应消息。在响应消息中携带SCG的空口配置，对于MCG Split Bearer承载模式，响应消息中还包含SgNB GTP Tunnel Endpoint地址；对于SCG Split Bearer承载模式，响应消息中则包含E-RAB的S1 DL传输IP地址。

（3）MeNB向UE发送RRC Connection Reconfiguration消息，包括NR RRC配置消息。

（4）UE接收到RRC重配置消息后完成重配置，并向MeNB反馈RRC Connection Reconfiguration Complete消息，包括NR RRC响应消息。若UE未能完成在RRC Connection Reconfiguration消息中的配置，则启动重配置失败流程。

（5）MeNB通过向SgNB发送SgNB Reconfiguration Complete消息，向SgNB确认UE已完成重配置流程，消息中包含NR RRC响应消息。

（6）UE完成和NR的同步后，发起向SgNB的随机接入流程。

4. 路径转换流程

（1）在NSA Option 3x场景中，起初S-GW到无线侧的用户面还在4G侧，因此在5G辅站添加成功之后，需要将UE的用户面切换至NR侧。

（2）MeNB根据SgNB反馈的响应信息，向核心网发起路径转换流程。

V5-2 SA组网接入流程

5.2.2 SA组网接入流程

SA网络中的终端直接在5G中完成初始接入，通过图5-3来了解NR初始接入的整体流程。

（1）小区搜索是UE实现与基站下行时频同步并获取服务小区ID的过程。小区搜索分为两个步骤：UE解调主同步信号（PSS）并获取小区组内ID；UE解调辅同步信号（SSS）并获取小区组ID，结合小区组内ID，最终获得小区的物理标识。

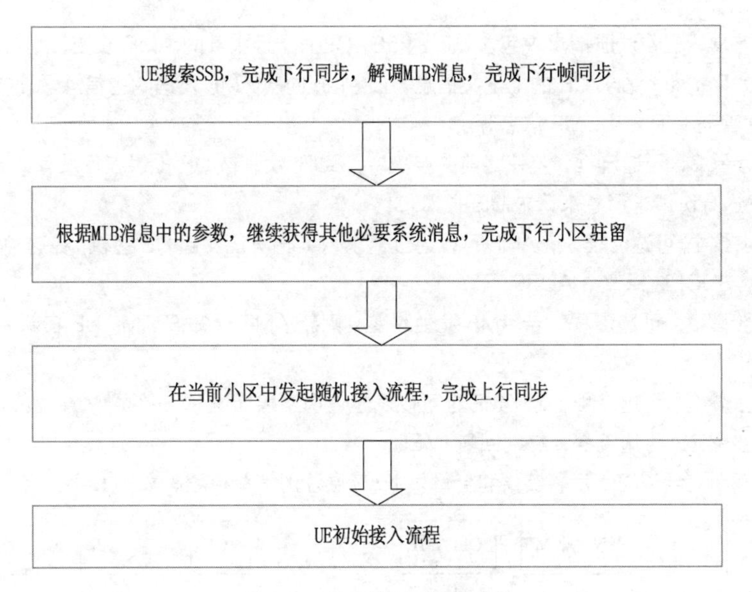

图5-3 NR初始接入的整体流程

（2）通过搜索SSB，读取PBCH，获得MIB消息；通过读取PDSCH，获得系统消息。从这些系统消息中获取到终端接入网络的必要信息，如小区接入最小电平等参数，从而完成下行小区驻留。

（3）UE通过随机接入流程建立或恢复上行同步，新开机UE、空闲态UE、失步态UE及切换入UE都通过随机接入完成与基站的上行同步，而进入同步态。

（4）对于SA场景，完成随机接入之后，终端随即进入初始接入流程。

在完成随机接入流程时，将会进入空口RRC建立阶段，RRC建立过程参考NSA RRC建立过程，完成后终端将会触发到核心网的NAS层注册流程，NAS层会对用户的合法性和安全性进行验证。SA组网的接入流程如图5-4所示。

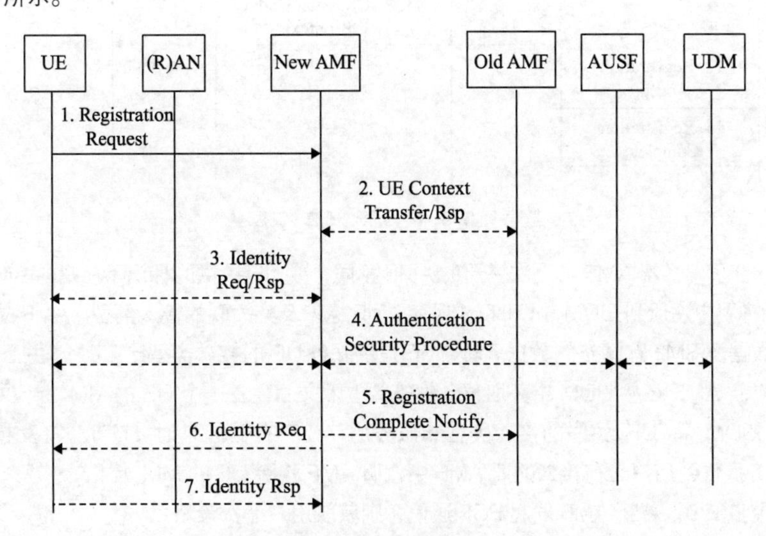

图5-4 SA组网接入流程

（1）见图中步骤1，UE向新AMF发送RM-NAS注册请求，注册请求包括注册类型、SUCI或SUPI或5G-GUTI、安全参数、Requested NSSAI及UE的5GC能力等。

（2）见图中步骤 2，若注册请求中包含 UE 的 5G-GUTI，且服务的 AMF 改变，则新 AMF 向旧 AMF 发送 UE Context Transfer 请求 UE 的上下文信息，旧 AMF 向新 AMF 发送响应信息，该响应信息包含 UE 的 SUPI、移动性管理上下文及 SMF 信息等。

（3）见图中步骤 3，可选流程，若在之前的步骤中，SUPI 没有被 UE 提供，且没有从旧 AMF 取回，则新 AMF 向 UE 发送身份请求消息来请求 UE 的 SUCI。

（4）见图中步骤 4，可选流程，新 AMF 可以通过请求 AUSF 决定发起 UE 鉴权。在这种情况中，新 AMF 需要根据 SUPI 或 SUCI 选择一个 AUSF。

（5）见图中步骤 5，可选流程，若 AMF 发生改变，则新 AMF 通知旧 AMF UE 在新 AMF 中的注册已完成。

（6）见图中步骤 6，可选流程，新 AMF 也可以发起查询终端标识 IMEI 的合法性的请求。

（7）见图中步骤 7，可选流程，终端回复 IMEI。

完成身份验证和安全流程之后，终端将会触发 NAS 层注册信令流程，如图 5-5 所示。

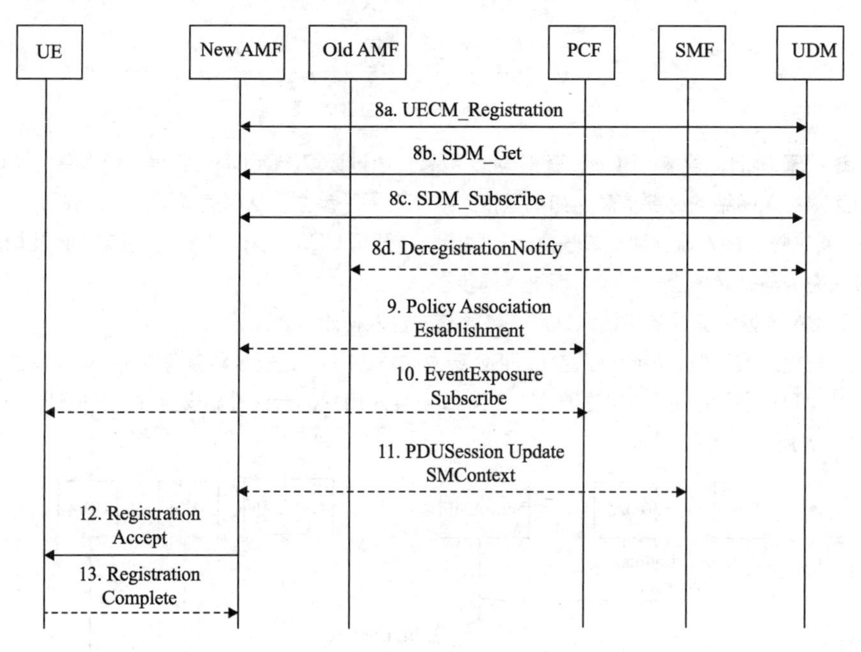

图 5-5 NAS 层注册信令流程

（8）见图中步骤 8，若 AMF 与上次注册的 AMF 不同，或 UE 提供的标识不能指向 AMF 中的有效上下文，则新 AMF 将用户注册到 UDM 中，UDM 保存 AMF 标识及其关联的接入类型。AMF 从 UDM 取回接入和移动性签约数据及 SMF 选择签约数据。新 AMF 提供服务 UE 的接入类型给 UDM，并且接入类型被设置为 3GPP 接入。新 AMF 在从 UDM 中获取移动性签约上下文后建立一个 UE 的 MM 上下文并向 UDM 订阅相关状态。当 UDM 将 UE 关联的接入类型和服务的 AMF 存储起来时，UDM 将发起 Deregistration Notification 服务操作到用户之前接入的旧 AMF 中，旧 AMF 移除 UE 的 MM 上下文。

（9）见图中步骤 9，若新 AMF 发起 PCF 通信，则获取用户计费策略。

（10）见图中步骤 10，PCF 可能请求 UE 事件订阅。

（11）见图中步骤 11，可选流程，若注册请求中包含“需要被唤醒的 PDU 会话”，则新 AMF 请求 PDU 会话相关的 SMF，以激活 PDU 会话的用户面连接。

（12）见图中步骤 12，新 AMF 向 UE 发送注册接收消息（5G-GUTI、注册区域、移动性限制、PDU 会话状态、Allowed NSSAI、周期性注册计时器、IMS 语音在 PS 会话支持上的指示、紧急服务支持指示），通知 UE 注册请求被接收。

（13）见图中步骤 13，可选流程，若新的 5G-GUTI 被分配了，则 UE 发送注册完成消息到新 AMF 中以进行确认。

5.3 NR 移动性管理流程

移动性管理流程是 UE 在连接态下的切换流程，切换是指 UE 在连接状态下，在不同的小区间移动，完成 UE 上下文的更新的过程。

5.3.1 NSA 组网移动性管理流程

NSA 组网中的移动性管理流程可分为 6 种场景，如图 5-6 所示。

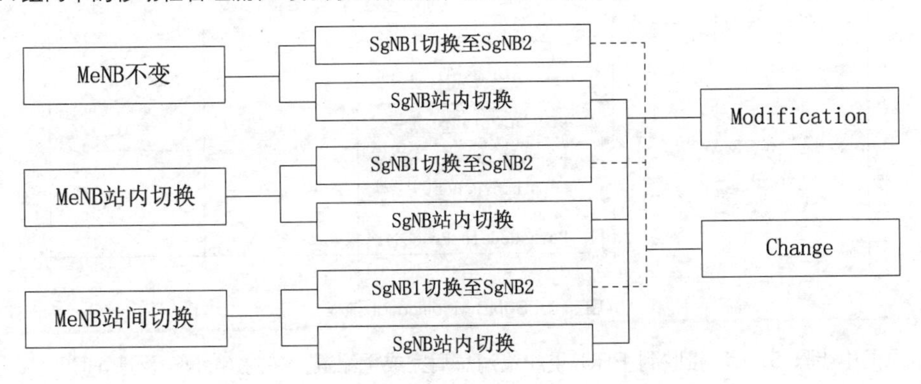

图 5-6　NSA 组网中移动性管理流程的 6 种场景

SgNB 站内切换被称为 SgNB Modification，SgNB 站间切换被称为 SgNB Change。切换用到的切换事件主要是事件 A3，事件 A3 表示邻区信号质量比服务小区信号质量好，满足 A3 事件的条件为 Mn+Ofn+Ocn-Hys>Mp+Ofp+Ocp+Off，其中，Mn 表示邻区测量结果，Mp 表示服务小区测量结果，Ofp 和 Ofn 分别表示服务小区的频率偏置和其他频点对应的频率偏置，Ocp 表示服务小区偏置，Ocn 表示邻小区偏移量，Hys 表示同频切换幅度迟滞，5G 小区之间切换时，可以通过调整以上参数来控制切换的难易程度。

1. SgNB Modification 流程

当终端测量到邻区 5G 信号和当前服务小区的 5G 信号满足事件 A3 后，终端会上报 A3 测量报告给 4G 基站，再由 4G 基站将 A3 测量报告转交给 5G 基站，当 5G 基站识别目标 5G 小区为当前 SgNB 基站内的小区时，触发站内小区变更流程，如图 5-7 所示。

（1）见图中步骤 1，SgNB 根据 MeNB 的 A3 测量报告，向 MeNB 发送 SgNB Modification Required 消息，消息中携带目标 5G 小区标识和 NR RRC 配置消息等。

（2）见图中步骤 2，若 MeNB 决定重配 MCG Bearer，则 MeNB 会触发 SgNB Modification 流程。

（3）见图中步骤 3，SgNB 确认后，会反馈 SgNB Modification Request Acknowledge 消息。

（4）见图中步骤 4，MeNB 向 UE 发送 RRC Connection Reconfiguration 消息，包括 NR RRC 配置消息。

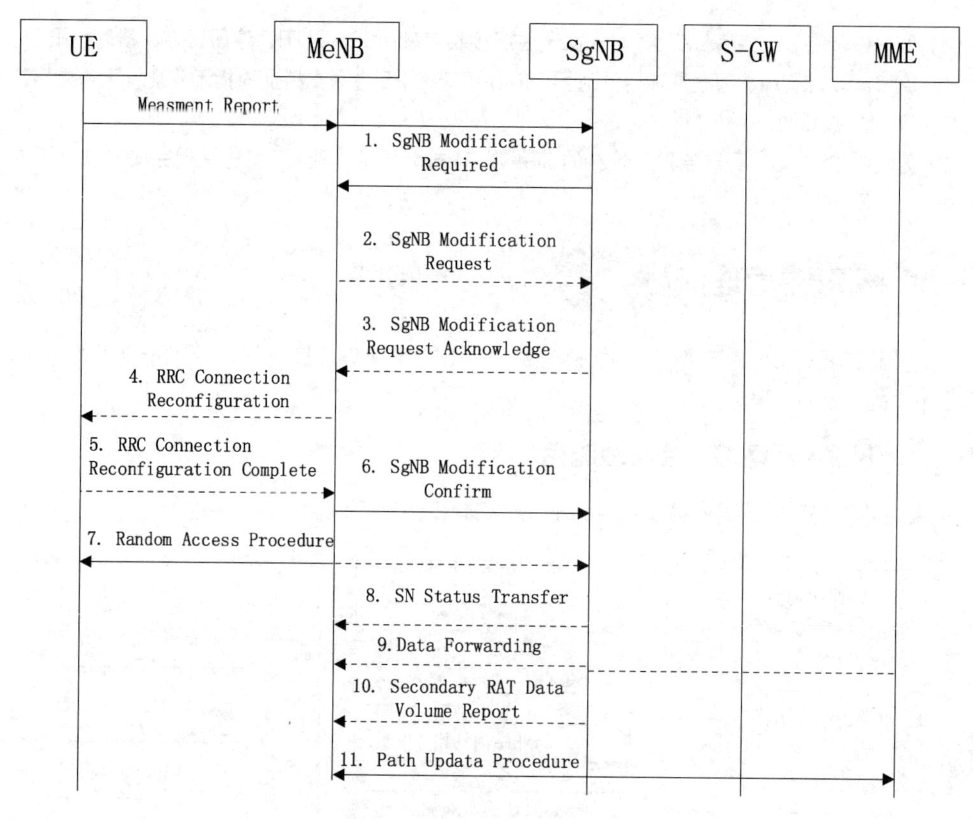

图5-7 SgNB Modification 流程

（5）见图中步骤 5，UE 接收到 RRC 重配置消息后完成重配置，并向 MeNB 反馈 RRC Connection Reconfiguration Complete 消息，包括 NR RRC 响应消息。

（6）见图中步骤6，UE 成功完成重配置后，MeNB 向 SgNB 发送 SgNB Modification Confirm 消息。

（7）见图中步骤7，UE 执行到 SgNB 的同步时，发起向 SgNB 的随机接入流程。

（8）见图中步骤 8，可选流程，对于承载类型变更场景，为减少当前服务中断时间，需要进行 MeNB 和 SgNB 间的数据转发操作。

（9）见图中步骤9，数据转发。

（10）见图中步骤 10，可选流程，SgNB 上报 NR 流量给 MeNB。

（11）见图中步骤 11，可选流程，当分流模式变更时，执行 SgNB 和 EPC 之间的用户面路径更新操作，即通过 E-RAB Modification Indication 指示核心网将 E-RAB 的 S1-U 接口切换到 SgNB。

2. SgNB Change 流程

当 NR 小区的覆盖变差时，根据 A3 测量门限选择相邻基站的小区进行切换。相比于站内切换流程，Change 流程的主要过程一致，辅站切换过程中增加了目标辅站添加（SgNB Addition Request）和目标辅站重配置确认（RRC Connection Reconfiguration Complete），如图 5-8 所示。

（1）见图中步骤 1，当 SgNB 收到 A3 测量报告后，选择报告中 RSRP 最强 NR 小区作为目标 NR 切换小区；源 SgNB 通过向 MeNB 发送 SgNB Change Required 消息触发 SgNB Change 流程，消息中包括目标 SgNB ID 信息和测量结果等。

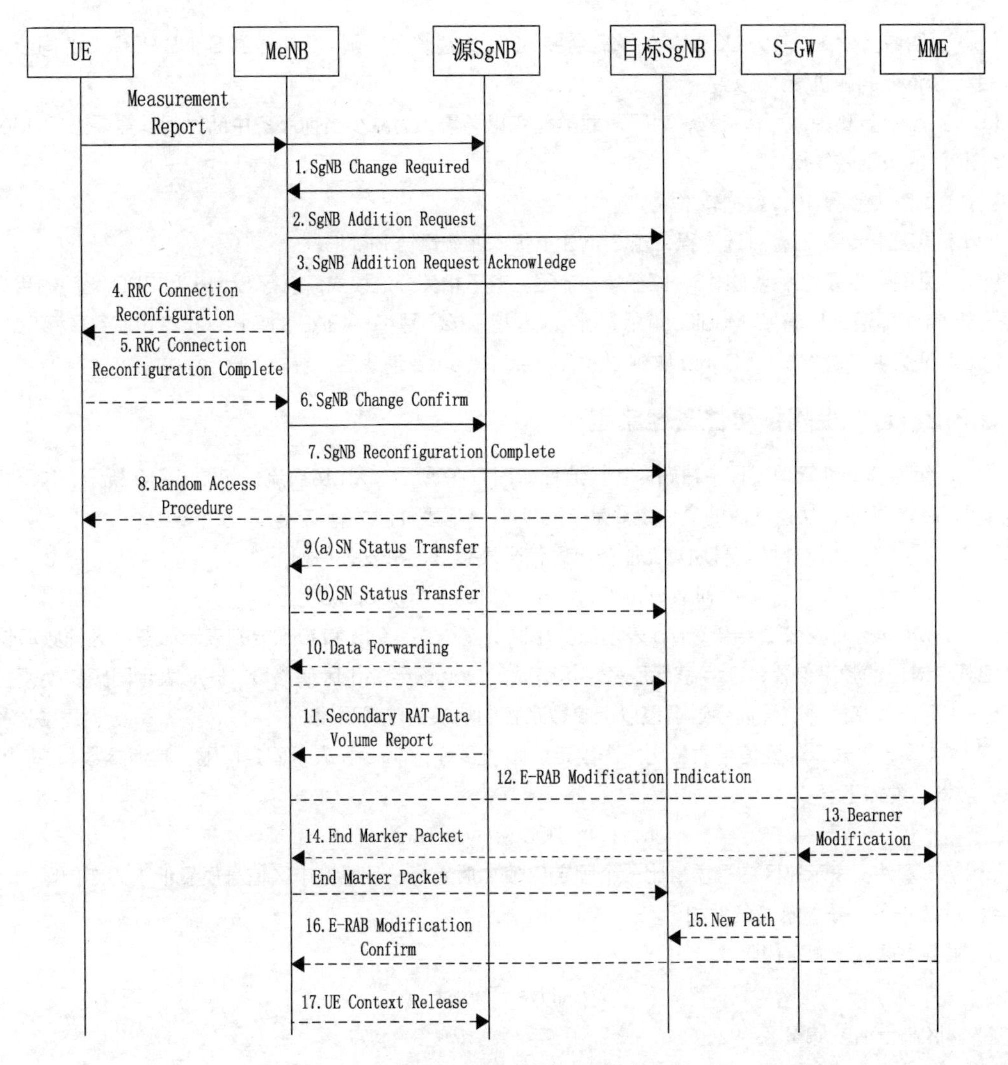

图5-8 SgNB Change流程

（2）见图中步骤2，MeNB通过向目标SgNB发送SgNB Addition Request消息，向目标SgNB请求为UE分配资源，消息中包括源SgNB测量得到的目标SgNB的测量结果。

（3）见图中步骤3，目标SgNB对MeNB的请求进行响应，在响应消息中携带和承载及接入相关的RRC配置信息。

（4）见图中步骤4，MeNB向UE发送RRC Connection Reconfiguration消息，包括NR RRC配置消息。

（5）见图中步骤5，UE接收到RRC重配置消息后完成重配置，并向MeNB反馈RRC Connection Reconfiguration Complete消息，包括NR RRC响应消息。若UE未能完成包括在RRC Connection Reconfiguration消息中的配置，则启动重配置失败流程。

（6）见图中步骤6，若目标SgNB成功分配资源，则MeNB确认源SgNB资源的释放，向源SgNB发送SgNB Change Confirm消息。

（7）见图中步骤7，若RRC连接重配置流程完成，则MeNB通过向目标SgNB发送SgNB Reconfiguration Complete消息确认重配置完成。

（8）见图中步骤 8，若为 UE 配置的承载需要 SCG 无线资源，则 UE 执行到 SgNB PSCell 的同步，发起向目标 SgNB 的随机接入流程。

（9）见图中步骤 9，可选流程，对于承载类型变更场景，为减少当前服务中断时间，需要进行 MeNB 和 SgNB 间的数据转发操作。

（10）见图中步骤 10，数据转发。

（11）见图中步骤 11，可选流程，源 SgNB 上报 NR 流量给 MeNB。

（12）见图中步骤 12～步骤 16，路径转换流程，对于相关分流模式，执行 SgNB 和 EPC 之间的用户面路径更新操作，即通过 E-RAB Modification Indication 指示核心网将 E-RAB 的 S1-U 接口切换到目标 SgNB。

（13）见图中步骤 17，源 SgNB 收到 UE Context Release 消息后，释放 UE 上下文。

5.3.2 SA 组网移动性管理流程

在 SA 组网移动性管理流程中，站内切换流程如图 5-9 所示，Xn 切换流程如图 5-10 所示，NG 切换流程如图 5-11 所示，切换使用的事件主要是 A3、A4、A5 事件。

（1）A3 事件：表示邻区信号质量比服务小区信号质量好，触发条件如下。

$$Mn+Ofn+Ocn-Hys>Mp+Ofp+Ocp+Off$$

其中，Mn 表示邻区测量结果，Mp 表示服务小区测量结果，Ofp 和 Ofn 分别表示服务小区的频率偏置和其他频点对应的频率偏置，Ocp 表示服务小区偏置，Ocn 表示邻小区偏移量，Hys 表示同频切换幅度迟滞，5G 小区之间切换时，可以通过调整以上参数来控制切换的难易程度。

（2）A4 事件：表示邻区信号质量比一个固定门限质量好，Thresh 表示固定门限，其他参数和 A3 事件一致，触发条件如下。

$$Mn+Ofn+Ocn-Hys>Thresh$$

（3）A5 事件：表示邻区信号质量比一个固定门限 2 质量好，且服务小区信号质量低于固定门限 1，其他参数和 A3 事件一致，触发条件如下。

① 服务小区低于固定门限 1。

$$Mp+Hys<Thresh1$$

② 邻区高于信号质量 2。

$$Mn+Ofn+Ocn-Hys<Thresh2$$

1. 站内切换流程

站内切换流程如图 5-9 所示。

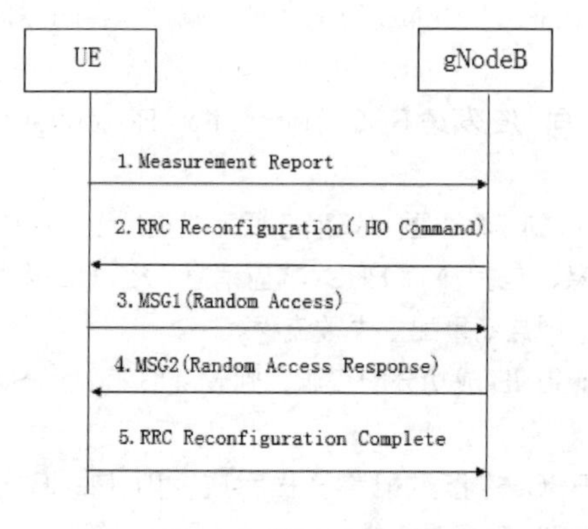

图 5-9　站内切换流程

（1）见图中步骤1，UE上报邻区测量报告。

（2）见图中步骤2，gNodeB根据测量报告携带的PCI，判断切换的目标小区与服务小区同属一个gNodeB并启动站内切换流程，基站下发切换命令。

（3）见图中步骤3，UE在目标小区发起非竞争的随机接入MSG1请求，携带专用preamble。

（4）见图中步骤4，gNodeB-DU侧回复MSG2 RAR消息。

（5）见图中步骤5，UE为gNodeB回复RRC Reconfiguration Complete消息，UE接入目标小区。

2. Xn切换流程

Xn切换流程如图5-10所示。

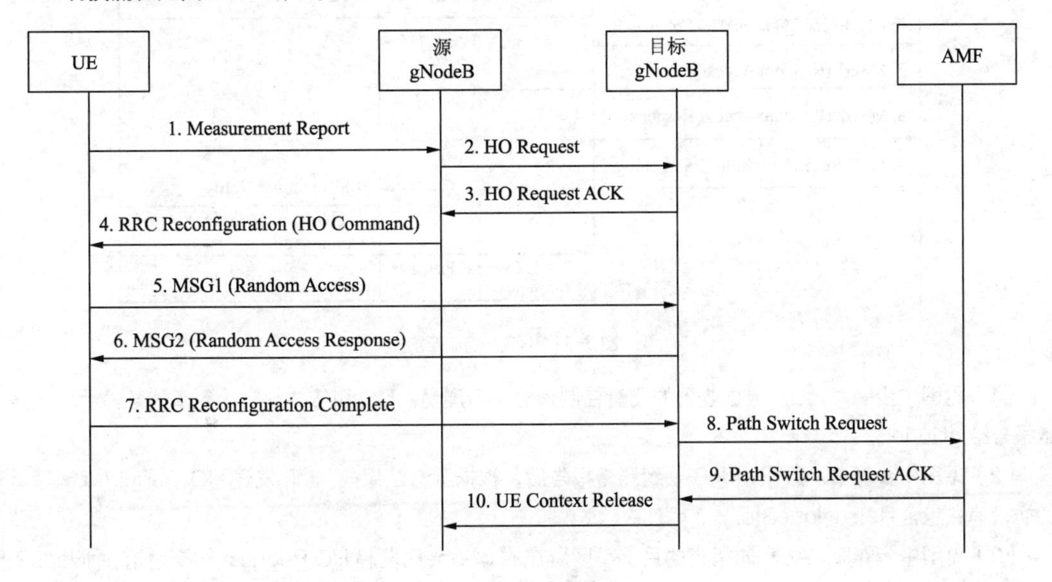

图5-10 Xn切换流程

（1）见图中步骤1，UE测量邻区并判定达到判决事件条件后，上报测量报告给源gNodeB。

（2）见图中步骤2，源gNodeB收到测量报告后，根据测量结果向选择的目标小区所在的gNodeB发起切换请求。

（3）见图中步骤3，目标gNodeB收到切换请求后，进行准入控制，允许准入后分配UE资源并回复HO Request ACK给源gNodeB，允许切换。

（4）见图中步骤4，源gNodeB发送RRC Reconfiguration给UE，要求UE执行切换到目标小区操作。

（5）见图中步骤5，UE在目标小区中发起随机接入MSG1请求。

（6）见图中步骤6，目标小区回复随机接入响应MSG2消息，为UE分配资源。

（7）见图中步骤7，UE发送RRC Reconfiguration Complete给目标gNodeB，完成UE空口切换到目标小区操作。

（8）见图中步骤8，目标gNodeB向AMF发送Path Switch Request消息通知UE已经改变小区，核心网收到消息后，更新下行GTPU数据面，将RAN侧的GTPU地址修改为目标gNodeB。

（9）见图中步骤9，AMF向目标gNodeB响应Path Switch Request ACK消息。

（10）见图中步骤10，目标gNodeB向源gNodeB发送UE Context Release消息，源gNodeB释放已切换的用户。

3. NG 切换流程

NG 切换流程如图 5-11 所示。

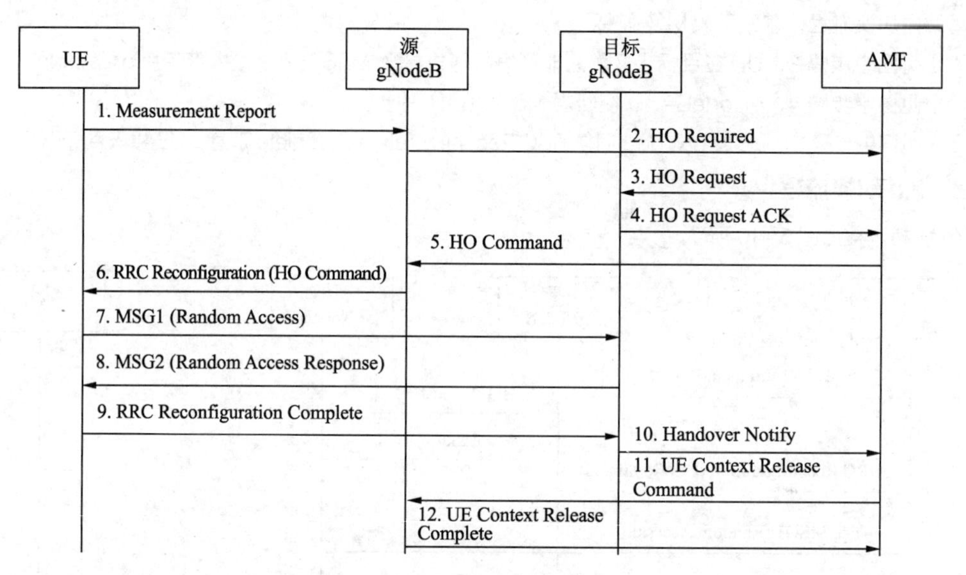

图 5-11 NG 切换流程

（1）见图中步骤 1，UE 根据收到的测量控制消息执行测量。UE 测量并判定达到事件条件后，上报测量报告给 gNodeB。

（2）见图中步骤 2，源 gNodeB 收到测量报告后，根据测量结果向 AMF 发送 HO Required 消息请求切换，消息包含目标 gNodeBId。

（3）见图中步骤 3，AMF 向指定的目标小区所在的 gNodeB 发起 HO Request 切换请求，gNodeB 根据消息中的 TraceID、SPID 识别用户。

（4）见图中步骤 4，目标 gNodeB 回复 HO Request ACK 给 AMF，允许切换。

（5）见图中步骤 5，AMF 向源 gNodeB 发送 HO Command 消息，消息中包含地址和用于转发的 TEID 列表，包含需要释放的承载列表。

（6）见图中步骤 6，源 gNodeB 发送 RRC Reconfiguration 消息给 UE，要求 UE 执行切换到目标小区操作。

（7）见图中步骤 7，UE 在目标小区中发起随机接入 MSG1 请求。

（8）见图中步骤 8，目标小区回复随机接入响应 MSG2 消息，为 UE 分配资源。

（9）见图中步骤 9，UE 发送 RRC Reconfiguration Complete 消息给目标 gNodeB，完成 UE 空口切换到目标小区操作。

（10）见图中步骤 10，目标 gNodeB 发送 Handover Notify 消息给 AMF，通知 UE 已经接入到目标小区中，基于 NG 的切换已经完成。

（11）见图中步骤 11，AMF 向源 gNodeB 发送 UE Context Release Command 消息，源 gNodeB 释放切换的用户。

（12）见图中步骤 12，源 gNodeB 向 AMF 回复 UE Context Release Complete，切换流程完成。

5.4 NR 释放流程

终端离开 5G 网络时会触发 NR 释放流程，基于网络架构的不同，NR 释放流程分为 NSA 组网辅站释放流程和 SA 组网释放流程。

5.4.1 NSA 组网辅站释放流程

1. MeNB 触发的 SgNB 释放

MeNB 触发的 SgNB 释放流程如图 5-12 所示，可能触发的原因如下。

（1）锚点 eNodeB（MeNB）切换到非锚点 eNodeB。

（2）SCG 链路故障。

（3）GTPU 控制面数据丢包。

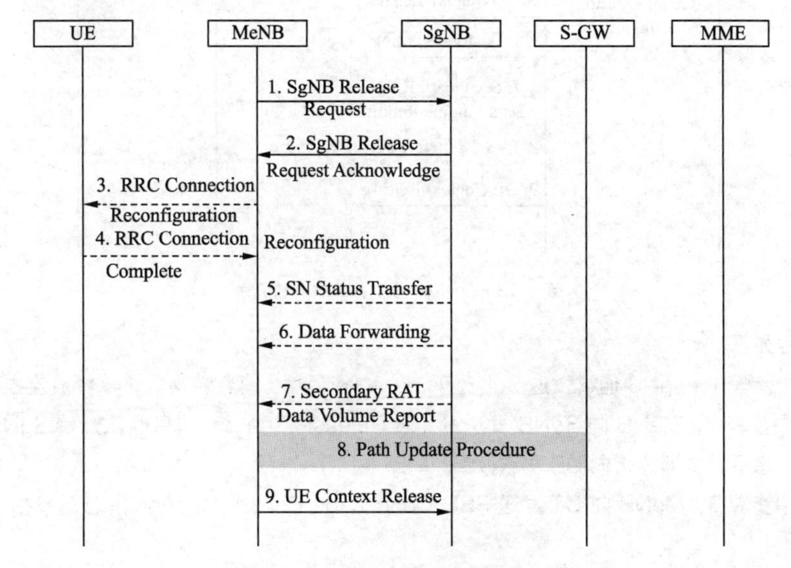

图 5-12　MeNB 触发的 SgNB 释放流程

其具体流程如下。

（1）见图中步骤 1，MeNB 通过发送 SgNB Release Request 消息触发 SgNB 释放流程。

（2）见图中步骤 2，SgNB 向 MeNB 发送 SgNB Release Request Acknowledge 消息确认开始 SgNB 释放流程。

（3）见图中步骤 3，MeNB 向 UE 发送 RRC Connection Reconfiguration 消息，包括 NR RRC 配置消息。

（4）见图中步骤 4，UE 接收到 RRC 重配置消息后完成重配置，并向 MeNB 反馈 RRC Connection Reconfiguration Complete 消息，包括 NR RRC 响应消息。若 UE 未能完成包含在 RRC Connection Reconfiguration 消息中的配置，则启动重配置失败流程。

（5）见图中步骤 5 和步骤 6，对于承载类型变更场景，为减少当前服务中断时间，需要进行 MeNB 和 SgNB 间的数据转发操作。

（6）见图中步骤 7，SgNB 上报 NR 流量给 MeNB。

（7）见图中步骤 8，启动路径更新过程，核心网需要进行路径更新操作。

（8）见图中步骤 9，SgNB 收到 UE Context Release 消息后，释放 UE 上下文。

2. SgNB 触发的 SgNB 释放

SgNB 触发的 SgNB 释放流程如图 5-13 所示，可能触发的原因如下。

（1）当 PSCell 的信号质量持续下降，且没有合适的邻区进行 PSCell 的切换时，根据 A2 测量事件删除 PSCell。

（2）GTPU 控制面数据丢包。

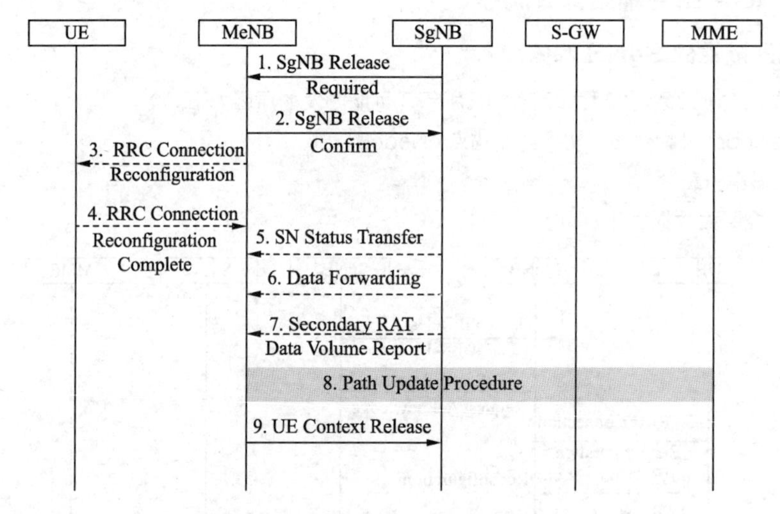

图 5-13 SgNB 触发的 SgNB 释放流程

其具体流程如下。

（1）见图中步骤 1，SgNB 通过发送 SgNB Release Required 消息触发 SgNB 释放流程。

（2）见图中步骤 2，MeNB 向 SgNB 发送 SgNB Release Confirm 消息确认开始 SgNB 释放流程；SgNB 收到该消息后，立即停止向 UE 发送数据。

（3）见图中步骤 3，MeNB 向 UE 发送 RRC Connection Reconfiguration 消息，包括 NR RRC 配置消息。

（4）见图中步骤 4，UE 接收到 RRC 重配置消息后完成重配置，并向 MeNB 反馈 RRC Connection Reconfiguration Complete 消息，包括 NR RRC 响应消息。若 UE 未能完成包含在 RRC Connection Reconfiguration 消息中的配置，则启动重配置失败流程。

（5）见图中步骤 5 和步骤 6，对于承载类型变更场景，为减少当前服务中断时间，需要进行 MeNB 和 SgNB 间的数据转发操作。

（6）见图中步骤 7，SgNB 上报 NR 流量给 MeNB。

（7）见图中步骤 8，启动路径更新过程，核心网需要进行路径更新操作。

（8）见图中步骤 9，SgNB 收到 UE Context Release 消息后，释放 UE 上下文。

5.4.2 SA 组网释放流程

信令连接的释放包括 NG-C 连接释放和 RRC 连接释放。RRC 连接释放包含 UE 和 gNodeB 之间的信令连接及全部无线承载的释放。SA 组网中的 NR 释放流程如图 5-14 所示。

启动信令连接释放有以下两种情况。

① gNodeB 触发：当 gNodeB 检测到 UE 连接异常（如检测到 UE 不活动）时，向 AMF 发送 UeContextReleaseReq 消息，请求释放信令连接。

② AMF 触发：当 AMF 决定终止该 UE 的业务，或者 UE 决定终止该项业务并通过 NAS 信令通知 AMF 时，AMF 向 gNodeB 发送 UeContextReleaseCmd 消息，触发信令连接释放。

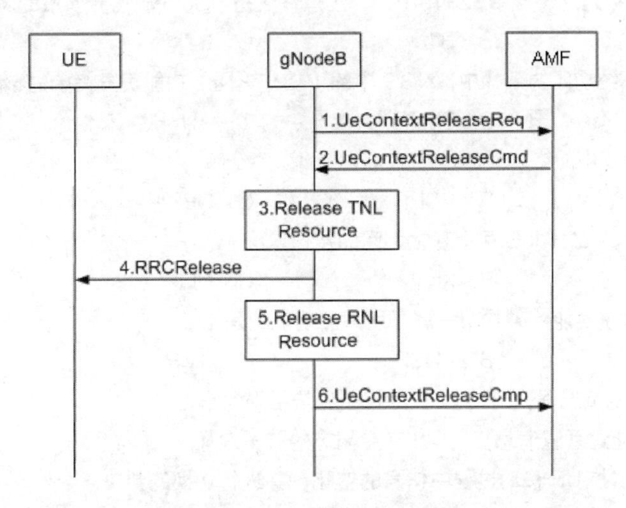

图5-14　SA 组网中的 NR 释放流程

（1）见图中步骤 1，gNodeB 检测到 UE 连接异常，向 AMF 发送 UeContextReleaseReq 消息，请求释放信令连接。

（2）见图中步骤 2，AMF 决定终止该 UE 的业务，AMF 向 gNodeB 发送 UeContextReleaseCmd 消息，触发信令连接释放。

（3）见图中步骤 3，gNodeB 释放传输资源。

（4）见图中步骤 4，gNodeB 向 UE 发送 RRCRelease 消息，通知 UE 释放 RRC 连接。

（5）见图中步骤 5，gNodeB 释放无线资源。

（6）见图中步骤 6，gNodeB 向 AMF 发送 UeContextReleaseCmp 消息，表示资源释放完成。AMF 接收到该消息后，释放 UE 对应的 NAS 层上下文信息。同时，gNodeB 释放 UE 对应的 AS 层上下文信息。至此，UE 从连接态转换为空闲态。

本章小结

本章先介绍了5G网络架构及相关用户标识和终端标识，包含AS层标识RNTI和NAS层标识5G-GUTI、IMSI、IMEI，又讲解了 5G 接入信令流程，包括 NSA 和 SA 组网接入流程，最后重点讲解了 NSA 和 SA 组网模式下的移动性管理流程和释放流程，包括站内切换流程、Xn 切换流程、NG 切换流程、NSA 组网中的辅站释放流程、SA 组网中的释放流程。

通过本章的学习，读者应该对 5G 信令流程有一定的了解，能够充分理解接入信令和移动性信令的触发场景和流程，掌握 NSA 和 SA 组网中信令流程的区别。

课后练习

1. 选择题

（1）在 NSA 双连接建立过程中，采用（　　）事件进行 gNodeB 信号质量的测量。

A. A4　　B. B1　　C. B2　　D. A5

（2）在 5G 基于系统功能的架构中，NGC 中的（　　）网络功能负责终端的移动性管理。

A. AMF　　B. SMF　　C. AUSF　　D. UPF

（3）以下属于 NGC 中网络功能的是（　　）。

A. AMF　　B. PCRF　　C. UPF　　D. SMF

（4）5G 和 eLTE 的 eNodeB 两个基站之间的接口是（　　）。

A. X2　　B. Xn　　C. NG　　D. S1

（5）在 5G 基于系统功能的架构中，属于用户面功能的是（　　）。

A. AMF　　B. AUSF　　C. SMF　　D. UPF

（6）在 NSA 组网的情况下，NR 对 UE 的控制说法正确的是（　　）。

A. NR 可以通过系统消息控制 UE 在空闲态的驻留选择

B. NR 可以监控 UE 移动过程中信号的变化，并进行切换的判决

C. NR 可以通过 LTE 向 UE 发送执行切换的消息

D. 所有与 UE 交互的信令只能通过 LTE 转发

（7）以下属于 AMF 的功能是（　　）。

A. NAS 信令安全　　B. UE 位置区管理

C. 会话管理　　D. UE IP 地址分配

2. 简答题

（1）请描述 NSA 组网初始接入的重要步骤及相关信令流程。

（2）请描述 SA 组网中站内切换的流程。

（3）请描述 SgNB 触发的 SgNB 释放流程。

Communication

Chapter

6

第 6 章
5G 基站原理及部署

gNodeB 是面向 5G 演进的新一代基站，基站是 5G 网络的一个重要组成部分，为了实现 5G 网络的高带宽、低时延、大连接，5G 基站硬件的性能需要不断提升。

本章主要介绍 gNodeB 的硬件结构和 5G 站点部署方案等。

课堂学习目标

- 掌握 gNodeB 的硬件结构
- 掌握 5G 站点部署方案

6.1 5G 基站系统

5G 基站主要由基带单元和射频单元两部分组成，利用 CPRI 或 eCPRI 完成基带单元和射频单元之间的连接，如图 6-1 所示。2019 年是 5G 建网的初期，主要以室外宏基站为主，利用宏基站的覆盖优势快速实现广覆盖，宏基站主要由 BBU 和 AAU 组成，下面重点介绍 BBU 和 AAU 的硬件结构。

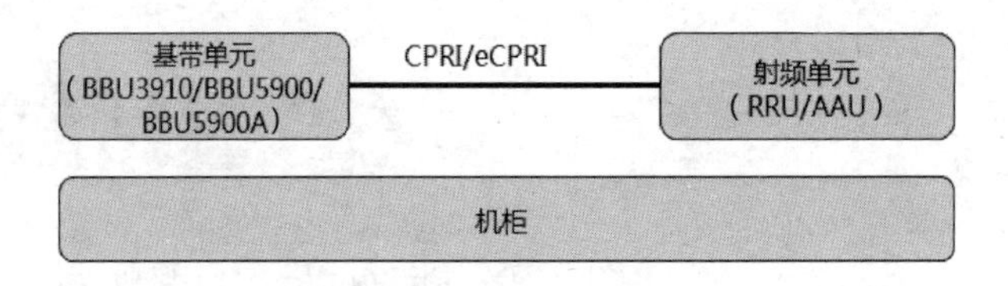

图 6-1 5G 基站的组成

5G 产品 gNodeB 采用模块化架构，基带单元与射频单元之间通过光纤相连，现网规范要求采用单模光纤连接。

5G 基站组网采用分布式架构，传统的集中式组网方式（BBU 配合载频板的模式）在 5G 基站上不再采用。相对于传统的集中式组网，分布式组网具有以下优点。

（1）组网灵活。BBU 和 RRU/AAU 之间采用光纤互联，单跳可以拉远 10km，现网规范要求最大 4 跳，也就是 RRU 4 级级联，特别适用于高速、高铁场景覆盖，AAU 不支持级联。

（2）信号衰减小。在传统集中式基站中，射频板（RFU）位于机房机柜中，RFU 通过馈线连接到天馈，馈线属于同轴电缆，每千米的损耗都在 40dB 以上，信号衰减较大。相比之下，光纤的损耗则小得多，传输 1.31μm 的光，每千米损耗在 0.35dB 以下，若传输 1.55μm 的光，则每千米损耗更小，可达 0.2dB 以下。这比同轴电缆的功率损耗小得多，使其能传输的距离更远。

（3）成本低廉。相对于馈线，光纤单位长度的成本低很多，且 BBU 到 RRU 之间只需要使用一对光纤进行传输，RRU 与天线之间需要使用多根馈线连接，如果采用传统集中式方案，则成本更高。

（4）施工简单。传统集中式组网方案采用的是馈线连接，每条馈线都需要制作馈头，做好防水措施，施工工艺不好，容易造成驻波告警等问题，而在分布式组网方案中，光纤通过光模块连接，不需要额外施工。

（5）抗干扰能力强。因为光纤的基本成分是石英，只传光、不导电，在其中传输的光信号不受电磁场的影响，故光纤传输对电磁干扰、工业干扰有很强的抵御能力。也正因为如此，在光纤中传输的信号不易被窃听，利于保密。

gNodeB 的组成除了基带单元和射频单元两个模块之外，还包括一些辅助设备，如机柜、机框、天馈系统及 GPS 时钟等。

gNodeB 具有以下几个功能。

（1）无线资源管理。

① 无线承载控制包括无线承载的建立、保持、释放，可对无线承载相关的资源进行配置。

② 准入控制包括允许和拒绝建立新的无线承载请求。

③ 移动性管理包括对空闲模式和连接模式下的无线资源进行管理。

④ 动态资源分配包括分配和释放控制面及用户面数据包的无线资源，如缓冲区、进程资源、资源块。

（2）数据包压缩与加密。

① 采用压缩算法对下行数据包的头部进行压缩，对上行数据包的头部进行解压。

② 对数据包采用加密算法进行加密和解密。

（3）用户面数据包路由。

gNodeB 提供到 UPF 的用户面数据包的路由。

（4）AMF 选择。

① 在 UE 初始接入网络时，gNodeB 为 UE 选择一个 AMF 进行附着。

② 在 UE 连接期间，gNodeB 为 UE 选择 AMF。

③ 在无路由信息利用时，gNodeB 根据 UE 提供的信息来间接确定到达 AMF 的路径。

（5）消息调度和传输。

① 接收来自 AMF 的寻呼消息、系统广播消息及操作维护中心的操作维护消息。

② 根据一定的调度原则向 Uu（用户和网络之间的接口，即空口）接口发送寻呼消息、系统广播消息及操作维护消息。

V6-1 5G BBU 介绍

6.1.1 基站 BBU 结构

BBU 容量指标指单个 BBU 最大支持小区数、最大吞吐量、最大 RRC 连接用户数及最大数据无线承载数，如表 6-1 所示。

表 6-1　BBU 容量指标

项　　目	规　　格
最大支持小区数	配置 3 块 UBBPfw1+2 块 UMPTe： ① NR（FDD）-Sub3G（18 个小区，4T4R，20MHz）； ② NR（TDD）-Sub6G（9 个小区，32T32R，100MHz）； ③ NR（TDD）-Sub6G（9 个小区，64T64R，100MHz）
最大吞吐量	DL+UL：20Gbit/s
最大 RRC 连接用户数	3600
最大数据无线承载数	10800

1. BBU5900 物理结构

与 BBU3900/3910 相比，BBU5900 增强了背板交换能力：BBU5900 每两个互通槽位之间的交换速率约为 50Gbit/s，满足了 5G 的高带宽的需求。

（1）外观：BBU5900 的外观如图 6-2 所示。

（2）尺寸：86mm×442mm×310mm（H×W×D）。

（3）重量：≤18kg。

（4）BBU 的左侧挂耳上面贴有 BBU 电子序列号（Eletronic Serial Number，ESN），它是基站盲启开站过程中，BBU 的合法身份标识。

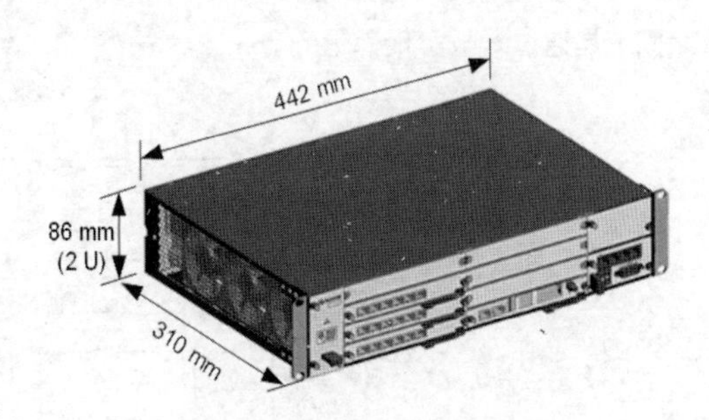

图 6-2　BBU5900 的外观

2. BBU5900 逻辑结构

BBU5900 采用模块化设计，可按逻辑功能划分为 7 个子系统：基带子系统、整机子系统、传输子系统、互联子系统、主控子系统、监控子系统及时钟子系统。

（1）基带子系统。

① 基带子系统由上行处理模块和下行处理模块组成，完成空口用户面协议栈处理，包括上下行调度和上下行数据处理。

② 上行处理模块按照上行调度结果的指示完成各上行信道的解调译码接收和组包，并对上行信道进行各种测量，将上行信道接收的数据包通过传输子系统发往核心网。

③ 下行处理模块按照下行调度结果的指示完成各下行信道的数据组包、编码调制、多天线处理、组帧和发射处理，它接收来自传输子系统的业务数据，并将处理后的信号送至 CPRI/eCPRI 处理模块。

（2）整机子系统。

整机子系统主要包含背板、风扇及电源模块，用于实现框内数据交换、散热和供电等。

（3）传输子系统。

传输子系统提供了 gNodeB 与其他网元之间的物理接口，以便信息交互，并提供了 BBU 与操作维护系统连接的维护通道。

（4）互联子系统。

互联子系统可以实现 BBU 框间互联。

（5）主控子系统。

① 主控子系统集中管理整个 gNodeB，提供操作维护管理和信令处理功能。

② 操作维护管理包括配置管理、故障管理、性能管理及安全管理等。

③ 信令处理包括空口信令、Ng 接口信令及 X2/Xn 接口信令的处理。

（6）监控子系统。

监控子系统用于实现对外部环境告警的监控，提供 RS485 信号接口和干接点信号接口。

（7）时钟子系统。

时钟支持全球定位系统（Global Positioning System，GPS）时钟、同步以太网时钟及 Clock Over IP 时钟。

BBU 内部及外部的连接情况如图 6-3 所示，和外部网元的连接主要是通过主控传输单元完成的，如与网管、核心网、LMT、BBU、时钟源等互联；时钟星卡单元不是一个必配单元，只有当时钟源不能连接到主控传输单元时才会使用时钟星卡单元；外部的环境告警一般通过电源模块接入；监控单元也可以实现外部环境告警的接入，但是它不是一个必配单元，只有当电源模块告警接口不够用的时候才考虑使用监控单元；RRU 和基带处理单元之间通过 CPRI 或 eCPRI 连接，BBU 内部（如基带处理单元之间，主控传输单元之间）是通过背板实现通信的。

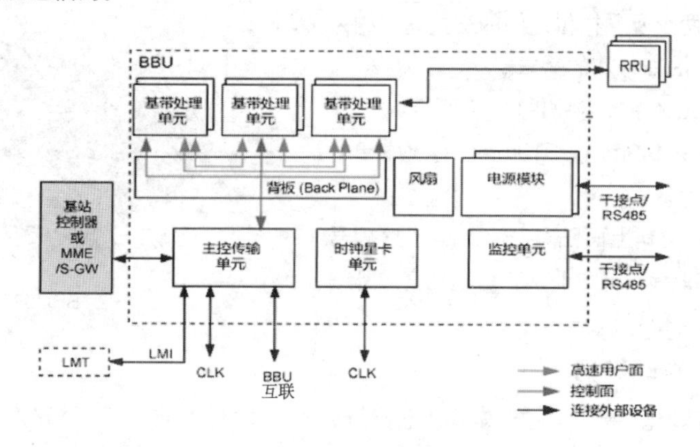

图 6-3 BBU 内部及外部的连接情况

3. BBU5900 槽位

BBU5900 槽位结构如图 6-4 所示，与传统的 BBU3900/BBU3910 不同，中间的 0～8 槽位采用先由左到右，再由上到下的分布方式。任意左右相邻两个槽位（如 SLOT0 和 SLOT1、SLOT2 和 SLOT3、SLOT4 和 SLOT5）可以合并成一个全宽槽位，用于支持全宽基带板（UBBPfw1）的配置。

<table>
<tr><td rowspan="4">SLOT16
FAN</td><td>SLOT0</td><td>SLOT1</td><td rowspan="2">SLOT18
UPEU</td></tr>
<tr><td>SLOT2</td><td>SLOT3</td></tr>
<tr><td>SLOT4</td><td>SLOT5</td><td rowspan="2">SLOT19
UPEU</td></tr>
<tr><td>SLOT6（主控）</td><td>SLOT7（主控）</td></tr>
</table>

图 6-4　BBU 面板槽位结构

（1）BBU 必配单板如表 6-2 所示。

表 6-2　BBU 必配单板

单板	硬件类型	规格	功能
UMPT	UMPTe	DL/UL 吞吐量（单板能力）：10Gbit/s。 最大用户连接数：5G NR 5400。 传输接口：2×FE/GE（电），2×10GE（光）	5G NR 主控板，支持 GPS 和北斗双模星卡，5G NR 场景配套 SRAN13.1 及以上版本，支持 LTE-FDD/LTE-TDD/NB-IoT/NR
UBBP	UBBPfw1	6 个接口，3 个 SFP 口，最大接口速率为 25Gbit/s，3 个 QSFP 口，最大接口速率为 100Gbit/s，1 个 HEI 互联口。 5G NR：3×100MHz，64T64R+3×20MHz，4R	5G NR 全宽基带板，实现 NR 基带信号处理功能。最大功耗为 500W
UPEU	UPEUe	功率：1PCS 1100W，2PCS 2000W（均流模式） 每块单板采用双路电源输入，占用两个配电口 支持 8 路干接点告警，2 路 RS485 告警	电源和监控板，支持电源均流，把 −48V DC 转换成+12V DC
FAN	FANf	最大散热功率：2100W	BBU5900 中的风扇板

① 通用主控传输单元：当前版本的 5G 主控传输单元采用的是 UMPTe。该单板可以配置在 SLOT6 和 SLOT7 槽位上。

② 通用基带处理单元：UBBPfw1 是 5G 当前版本的基带处理单元，UBBPfw1 是全宽板，仅可以配置在 BBU5900 中；最多可以配置 3 块，配置在 SLOT0、SLOT2、SLOT4 槽位上。后续的 UBBPg 是半宽板，可以配置在 BBU3910 或 BBU5900 中；可以配置在 SLOT0、SLOT1、SLOT2、SLOT3、SLOT4、SLOT5 槽位上。

③ 风扇模块：该单板配置在 SLOT16 槽位上。

④ 通用电源环境接口单元：该单板可以配置在 SLOT18、SLOT19 槽位上。

（2）BBU 选配单板。

① 通用环境接口单元。

② 通用传输处理单元。

③ 通用星卡时钟单元。

4. BBU5900 单板

（1）UMPT 单板。

① 槽位：必配，最多 2 块，配置在 SLOT6 或 SLOT7 槽位上，工作模式为主备模式。

② 型号：当前设备版本为 UMPTe。

③ 功能。

a. 完成基站的配置管理、设备管理、性能监视及信令处理等。

b. 为 BBU 内其他单板提供信令处理和资源管理功能。

c. 提供 USB 接口、传输接口、维护接口，完成信号传输、软件自动升级、在 LMT 或 U2000 上维护 BBU 的功能。

④ 外观：UMPT 单板的外观如图 6-5 所示。

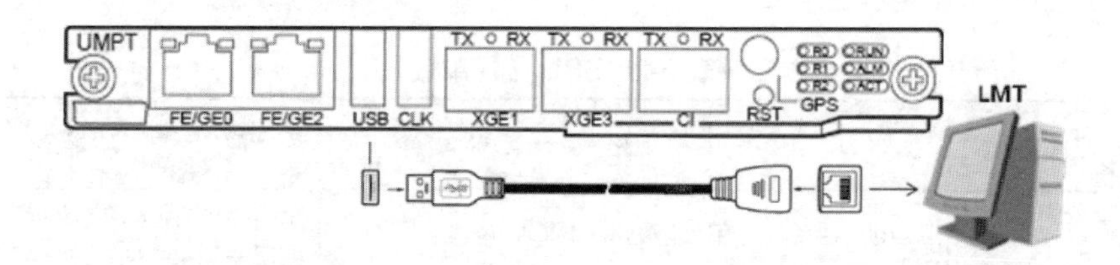

图 6-5 UMPT 单板的外观

⑤ 接口：UMPT 单板的接口如表 6-3 所示。

表 6-3 UMPT 单板的接口

面板标识	连接器类型	说明
FE/GE0、FE/GE1 电口	RJ45 连接器	10Mbit/s/100Mbit/s/1000Mbit/s 模式自适应以太网传输电信号接口，用于以太网传输业务数据及信令
USB 接口	USB 连接器	标有“USB”丝印的 USB 接口用于传输数据，可以插入 USB 闪存盘对基站进行软件升级，与调试网口复用，本地维护 IP 地址为 192.168.0.49
CLK	USB 连接器	接收 TOD 信号。 时钟测试接口，用于输出时钟信号
XGE1、XGE3 光口	SFP 母型连接器	10GE 光信号传输接口，最大传输速率为 10000Mbit/s
GPS 接口	SMA	用于传输天线接收的射频信息给星卡
CI	SFP 连接器	用于 BBU 互联
RST	—	复位开关

（2）UBBP 单板。

① 槽位：必配，全宽板最多 3 块，全宽板槽位配置顺序为 SLOT0 > SLOT2 > SLOT4。

② 型号：当前设备版本为 UBBPfw1。

③ 功能。

a. 完成上下行数据基带处理。

b. 提供与 RRU 通信的 CPRI/eCPRI。

c. 实现跨BBU基带资源的共享。

④ 外观：UBBP单板的外观如图6-6所示。

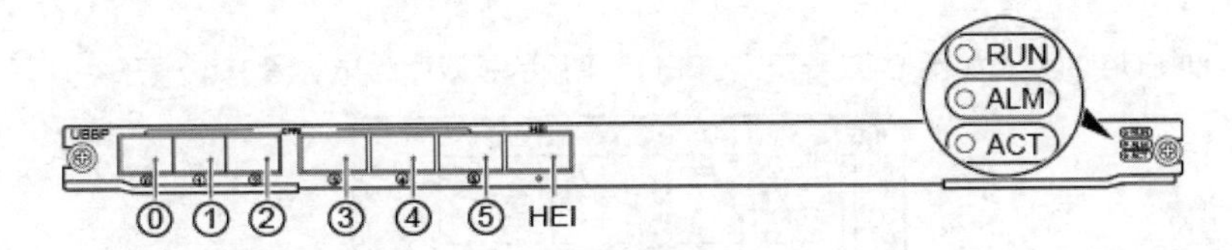

图6-6 UBBP单板的外观

⑤ 接口：UBBP单板的接口如表6-4所示。

表6-4 UBBP单板的接口

面板标识	连接器类型	接口数量	说明
CPRI0~CPRI2	SFP母型连接器	3	BBU与射频单元互联的数据传输接口，支持光、电传输信号的输入、输出
CPRI0~CPRI2	QSFP母型连接器	3	BBU与射频单元互联的数据传输接口，支持光、电传输信号的输入、输出
HEI	QSFP连接器	1	基带互联接口，实现基带间数据通信

⑥ 性能：UBBP单板的性能如表6-5所示。

表6-5 UBBP单板的性能

单板名称	支持的小区数	支持的小区带宽	支持的天线配置
UBBPfw1	6	40MHz/60MHz/80MHz/100MHz	40MHz/60MHz/80MHz/100MHz，8T8R
	3	40MHz/60MHz/80MHz/100MHz	40MHz/60MHz/80MHz/100MHz，32T32R
	3	40MHz/60MHz/80MHz/100MHz	40MHz/60MHz/80MHz/100MHz，64T64R

（3）FAN单板。

①槽位：必配，固定配置在SLOT16槽位。

② 型号：当前版本使用的风扇型号为FANf，最大散热功率为2100W。

③ 功能。

a. 为BBU内其他单板提供散热功能。

b. 控制风扇转速，监控风扇温度，并向主控板上报风扇状态、风扇温度值及风扇在位信号。

c. 支持电子标签读写功能。

④ 外观：FANf的外观如图6-7所示。

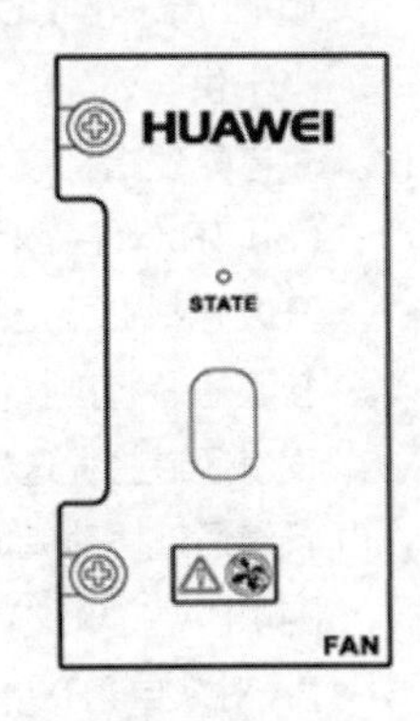

图6-7 FANf的外观

（4）UPEU单板。

① 槽位：必配，最多2块，在SLOT19 UPEU（默认）/SLOT18 UPEU槽位。

② 型号：当前设备版本为UPEUe，一块UPEUe输出功率为1100W，两块UPEUe的输出功率为2000W。

③ 功能。

a. UPEUe 用于将-48V 直流输入电源转换为+12V 直流输出电源。

b. 提供 2 路 RS485 信号接口和 8 路开关量信号接口，开关量只支持干接点和开集（Open Collector，OC）输入。

④ 外观：UPEUe 的外观如图 6-8 所示，UPEUe 采用的是双路供电，没有电源开关。

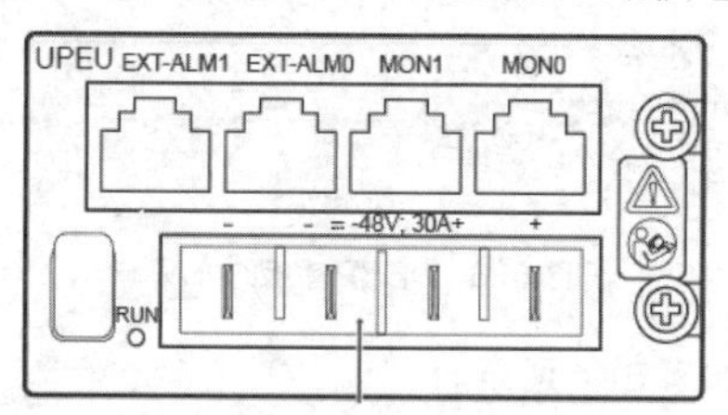

图 6-8 UPEUe 的外观

6.1.2 基站射频单元结构

1. RRU 逻辑结构

RRU 采用模块化设计，根据功能分为 CPRI 处理、供电处理、TRX、功率放大器（Power Amplifier，PA）、低噪声放大器（Low Noise Amplifier，LNA）及双工器或收发开关。其逻辑结构如图 6-9 所示。

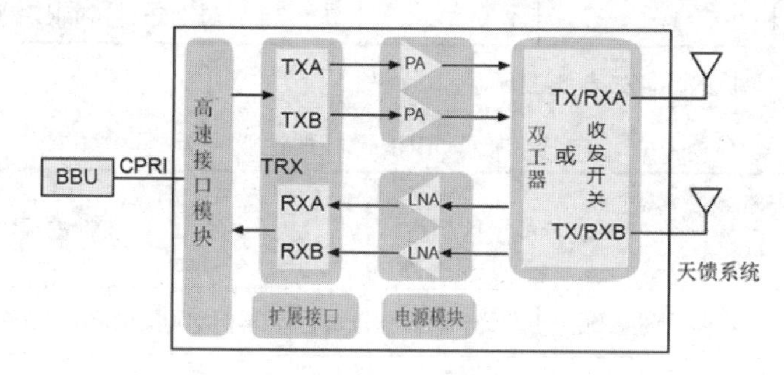

图 6-9 RRU 逻辑结构

（1）CPRI 处理。

CPRI 用于接收 BBU 发送的下行基带数据，并向 BBU 发送上行基带数据，实现 RRU 与 BBU 的通信。

（2）供电处理。

供电处理指将输入的-48V 电源电压转换为 RRU 各模块需要的电源电压。

（3）TRX（以 2T2R 为例）。

TRX 包括 2 路上行射频接收通道、2 路下行射频发射通道和 1 路反馈通道。

接收通道将接收信号下变频至中频信号，并进行放大处理、模/数转换操作。

发射通道将发送信号滤波，并进行模/数转换、将射频信号上变频至发射频段处理。

反馈通道协助完成下行功率控制、数字预失真及驻波测量。

（4）PA。

PA 对来自 TRX 的小功率射频信号进行放大。

（5）LNA。

LNA 对来自天线接收的有用信号进行放大。

（6）双工器或收发开关。

FDD RRU 采用频分双工工作模式，双工器用于实现上下行信号的同时收发。

TDD RRU 采用时分双工工作模式，收发开关用于射频信号的上下行模式切换。

2. RRU 典型型号

当前版本 RRU 仅应用于 1.8GHz 上下行解耦场景中，常用于支持上下行解耦的 RRU 型号有 RRU3971、RRU5901 及 RRU3959。

RRU3971 的相关知识如下。

① 频段：下行 1805～1880MHz，上行 1710～1785MHz。

② 应用场景：室外宏站。

③ 通道数：4 通道。

④ 输出功率：4×40W。

⑤ 配置场景：LTE（FDD）总载波数 3×20MHz 小区，NR（SUL）总载波数 3×20MHz/15MHz 小区。

⑥ 外观：RRU3971 的外观如图 6-10 所示。

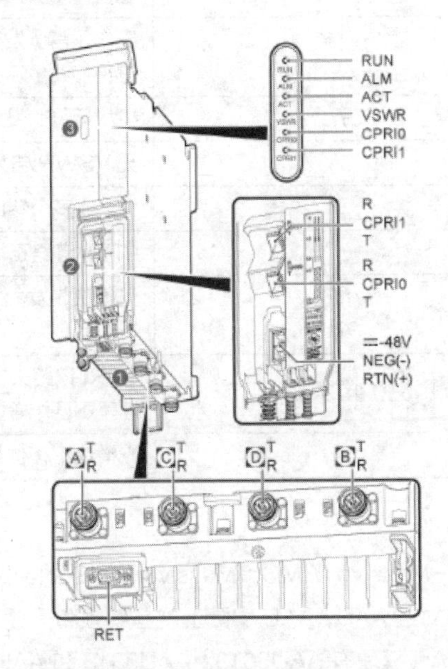

图 6-10 RRU3971 的外观

⑦ 接口：RRU3971 的接口如表 6-6 所示。

表 6-6 RRU3971 的接口

项　目	接口标识	说　明
底部接口	A T/R、B T/R	发送/接收射频接口 A、B，支持传输电调信号，接口类型为 DIN 型母型连接头
	C T/R、D T/R	发送/接收射频接口 C、D，接口类型为 DIN 型母型连接头
	RET	电调天线通信接口，支持传输电调信号
配线腔接口	CPRI0	光接口 0，用于连接 BBU 或上级 RRU
	CPRI1	光接口 1，用于连接下级 RRU 或 BBU
	RTN（+）	电源输入接口
	NEG（-）	

⑧ 指示灯：RRU3971 的指示灯如表 6-7 所示。

表 6-7 RRU3971 的指示灯

标识	颜色	状态	含义
RUN	绿色	常亮	有电源输入，模块故障
		常灭	无电源输入，或者模块故障
		慢闪（1s 亮，1s 灭）	模块正常运行
		快闪（0.125s 亮，0.125s 灭）	模块正在加载软件或者模块未运行
ALM	红色	常亮	告警状态，需要更换模块
		慢闪（1s 亮，1s 灭）	告警状态，不能确定是否需要更换模块，可能是相关模块或接口等故障引起的告警
		常灭	无告警
ACT	红绿双色	常亮	工作正常（发射通道打开或软件在未开工状态下进行加载）
		慢闪（1s 亮，1s 灭）	模块运行（发射通道关闭）
VSWR	红色	常灭	无 VSWR 告警
		常亮	1 个或多个端口有 VSWR 告警
CPRI0 CPRI1	红绿双色	绿灯常亮	CPRI 链路正常
		红灯常亮	光模块收发异常（可能原因：光模块故障、光纤折断等）
		红灯慢闪（1s 亮，1s 灭）	CPRI 链路失锁（可能原因：双模时钟互锁、CPRI 速率不匹配等）
		常灭	光模块不在位或光模块电源下电

3. AAU 模块

5G 中运用了一种关键技术——Massive MIMO，Massive MIMO 的天线通道多达 32 或 64 个，传统的 RRU 显然不再适用，当前 5G 采用的是 AAU，AAU 实际上就是射频和天线高度集成在一起的设备，它既是射频单元又是天线。目前主流的 AAU 模块有 AAU5613、AAU5313 和 AAU5619。

（1）AAU5613。

① 频段。

a. 3.5GHz：3400～3600MHz。

b. 3.7GHz：3600～3800MHz。

c. 4.9GHz：4800～5000MHz。

② 应用场景：室外宏站。

③ 通道数：64 通道。

④ 输出功率：200W。

⑤ 配置场景：2×100MHz 小区。

⑥ 尺寸：795mm×395mm×220mm

⑦ 外观：AAU5613 的外观如图 6-11 所示。

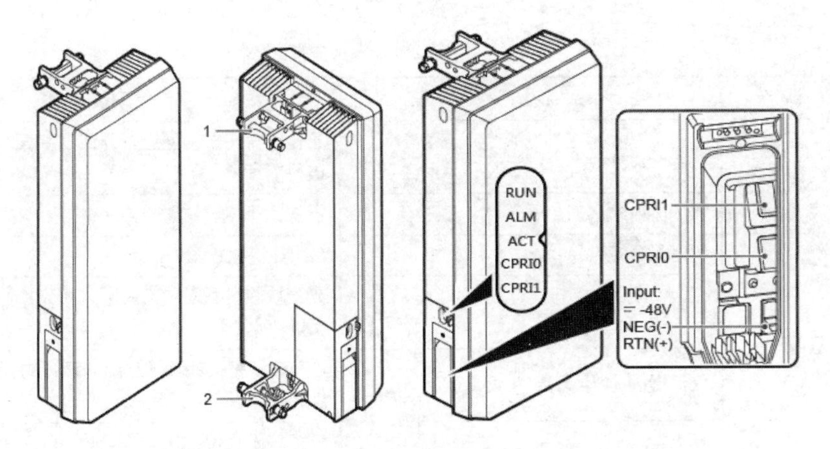

图 6-11　AAU5613、AAU5313 和 AAU5619 的外观

⑧ 部件：AAU5613 的部件如表 6-8 所示。

表 6-8　AAU5613、AAU5313 和 AAU5619 的部件

序号	部件	最大配置数	备注
1	上把手	1	上把手为 AAU 的安装件
2	下把手	1	下把手为 AAU 的安装件

⑨ 接口：AAU5613 的接口如表 6-9 所示。

表 6-9　AAU5613、AAU5313 和 AAU5619 的接口

序号	接口标识	说明
1	CPRI1	光接口 1，速率为 10.3125Gbit/s 或 25.78125Gbit/s。安装光纤时需要在光接口上插入光模块
2	CPRI0	光接口 0，速率为 10.3125Gbit/s 或 25.78125Gbit/s。安装光纤时需要在光接口上插入光模块
3	Input	−48V 直流电源接口
4	AUX	天线信息感知单元（Antenna Information Sensor Unit，AISU）模块接口，承载 AISG 信号

⑩ 指示灯：AAU5613 的指示灯如表 6-10 所示。

表 6-10　AAU5613、AAU5313 和 AAU5619 的指示灯

标识	颜色	状态	含义
RUN	绿色	常亮	有电源输入，模块故障
		常灭	无电源输入，或者模块故障
		慢闪（1s 亮，1s 灭）	模块正常运行
		快闪（0.125s 亮，0.125s 灭）	模块正在加载软件或者模块未运行
ALM	红色	常亮	告警状态，需要更换模块
		慢闪（1s 亮，1s 灭）	告警状态，不能确定是否需要更换模块，可能是相关模块或接口等故障引起的告警
		常灭	无告警

续表

标识	颜色	状态	含义
ACT	红绿双色	常亮	工作正常（发射通道打开或软件在未开工状态下进行加载）
		慢闪（1s 亮，1s 灭）	模块运行（发射通道关闭）
CPRI0 CPRI1	红绿双色	绿灯常亮	CPRI 链路正常
		红灯常亮	光模块收发异常（可能原因：光模块故障、光纤折断等）
		红灯慢闪（1s 亮，1s 灭）	CPRI 链路失锁（可能原因：双模时钟互锁、CPRI 速率不匹配等）
		常灭	光模块不在位或光模块电源下电

（2）AAU5313。

① 频段。

a. 3.5GHz：3400～3600MHz。

b. 3.7GHz：3600～3800MHz。

② 应用场景：室外宏站。

③ 通道数：32 通道。

④ 输出功率：200W。

⑤ 配置场景：2×100MHz 小区。

⑥ 尺寸：699mm×395mm×220mm

⑦ 外观：AAU5313 的外观如图 6-11 所示。

⑧ 部件：AAU5313 的部件如表 6-8 所示。

⑨ 接口：AAU5313 的接口如表 6-9 所示。

⑩ 指示灯：AAU5313 的指示灯如表 6-10 所示。

（3）AAU5619。

① 频段：2.6GHz 中，2515～2675MHz。

② 应用场景：室外宏站。

③ 通道数：64 通道。

④ 输出功率：240W。

⑤ 配置场景。

a. TDL：最多支持 6 个载波，带宽为 20MHz。

b. NR：最多支持 1 个载波，带宽为 60MHz/80MHz/100MHz。

c. TN：最多支持 1 个 NR 载波和 3 个 TDL 载波。

⑥ 尺寸：965mm×470mm×195mm。

⑦ 外观：AAU5619 的外观如图 6-11 所示。

⑧ 部件：AAU5619 的部件如表 6-8 所示。

⑨ 接口：AAU5619 的接口如表 6-9 所示。

⑩ 指示灯：AAU5619 的指示灯如表 6-10 所示。

4. 室分系统 LampSite

由于 5G 的频段相对比较高，未来主要会利用数字化室分来解决室内覆盖，华为的数字室分系统 LampSite 具有快速部署、易扩容、可远程维护等优点，可以广泛应用于写字楼、商场、酒店等室内场景。LampSite 由 BBU+RHUB+pRRU 3 个部分组成，室分和宏站的基带单元是一样的，这里不再赘述。下面主要介绍 5G 室分场景中用到的 RHUB 和 pRRU。

（1）RHUB5921。

① 功能：RHUB5921 利用高速接口模块与 BBU 的基带单板对接，接收 BBU/DCU 发送的下行数据再转发给各 pRRU，并将多个 pRRU 的上行数据转发给 BBU/DCU。

内置 PoE 供电电路，通过 PoE 向 pRRU 供电。RHUB5921 支持光纤级联，最多 4 级级联。RHUB5921 功能结构如图 6-12 所示。

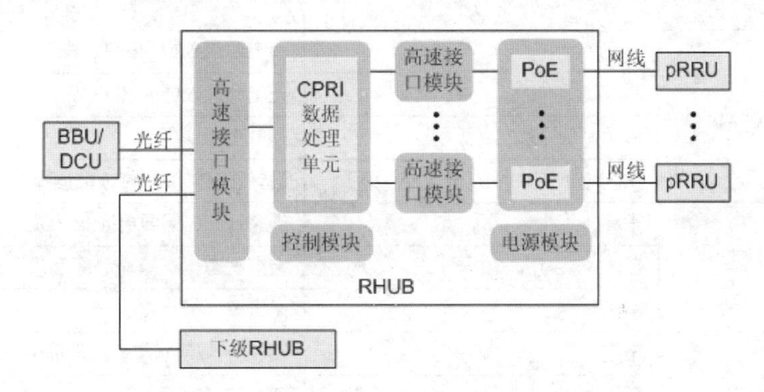

图 6-12　RHUB5921 功能结构

② 外观：RHUB5921 的外观如图 6-13 所示。

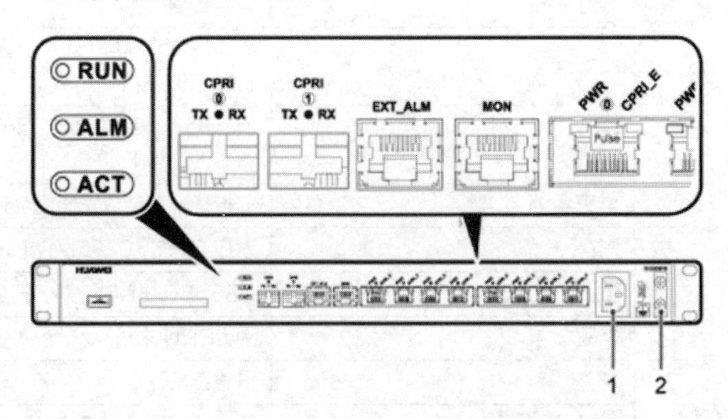

图 6-13　RHUB5921 的外观

③ 接口：RHUB5921 的接口如表 6-11 所示。

表 6-11　RHUB5921 的接口

序号	接口标识	说明
1	CPRI0、CPRI1	光传输接口，用于传输 IR 信号。可连接 BBU/DCU 或级联 RHUB
2	EXT_ALM	告警接口，用于监控外围设备的告警
3	MON	监控接口，用于监控外围配套设备

续表

序号	接口标识	说明
4	PWR0 ~ PWR7/CPRI_E0 ~ CPRI_E7	RHUB 与 pRRU 间的传输供电接口
5	交流输入插座	用于交流电源输入
6	接地螺钉	用于连接保护地线。当保护地线采用单孔 OT 端子时，需连接面板靠下方的接地螺钉

④ 指示灯：RHUB5921 的指示灯如表 6-12 所示。

表 6-12 RHUB5921 的指示灯

标识	颜色	状态	含义
RUN	绿色	常亮	有电源输入或 RHUB 故障
		常灭	无电源输入或 RHUB 故障
		慢闪（1s 亮，1s 灭）	RHUB 正常运行
		快闪（0.125s 亮，0.125s 灭）	设备正在加载软件或数据配置、RHUB 未开工
ALM	红色	常亮	告警状态，需要更换 RHUB
		慢闪（1s 亮，1s 灭）	告警状态，不能确定是否需要更换 RHUB
		常灭	无告警
ACT	绿色	常亮	RHUB 激活状态，正常提供业务
		常灭	RHUB 未激活
		慢闪（1s 亮，1s 灭）	调试状态
CPRI0 CPRI1	红绿双色	绿灯常亮	链路正常
		红灯常亮	光模块收发异常（可能原因：光模块故障、光纤折断等）
		红灯慢闪（1s 亮，1s 灭）	链路失锁（可能原因：双模时钟不同步、接口速率不匹配等）
		常灭	光模块不在位或光模块电源下电
PWR0 ~ PWR7	黄色	常亮	对应 CPRI_E 接口为 pRRU 正常供电
		慢闪（1s 亮，1s 灭）	PSE 正在协商或者 PSE 出现异常
		常灭	对 pRRU 未供电
CPRI_E0 ~ CPRI_E7	绿色	常亮	链路正常
		常灭	失锁或断链，网线未连接或者 PHY 故障
		快闪（0.125s 亮，0.125s 灭）	链路物理层已连接，但是线路不稳定

（2）RHUB5923。

① 功能：RHUB5923 利用高速接口模块与 BBU 的基站单板对接，接收 BBU/DCU 发送的下行数据再转发给各 pRRU，并将多个 pRRU 的上行数据转发给 BBU/DCU。

其内置 DC 供电电路向 pRRU 供电。RHUB5923 同样支持光纤级联，最多 4 级级联。RHUB5923 功能结构如图 6-14 所示。

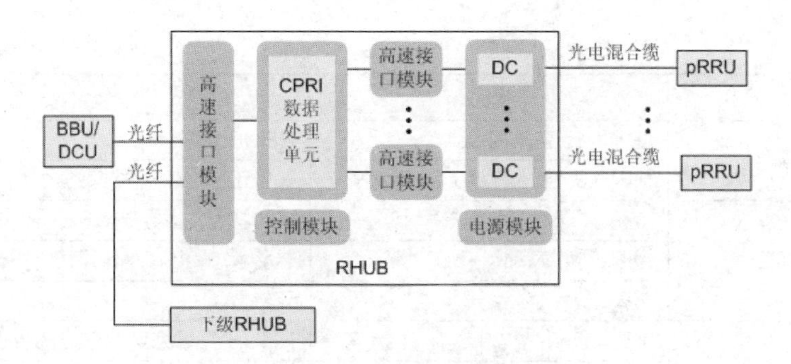

图 6-14　RHUB5923 功能结构

② 外观：RHUB5923 的外观如图 6-15 所示。

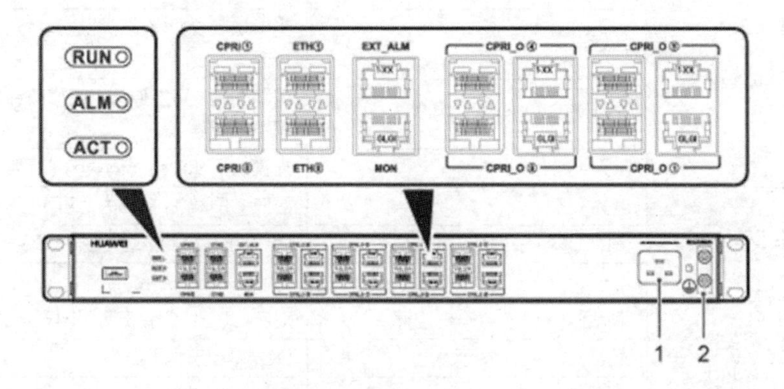

图 6-15　RHUB5923 的外观

③ 接口：RHUB5923 的接口如表 6-13 所示。

表 6-13　RHUB5923 的接口

序号	接口标识	说明
1	CPRI0、CPRI1	光传输接口，用于传输 IR 信号。可连接 BBU/DCU 或级联 RHUB
2	ETH0、ETH1	RHUB 与交换机间的传输光接口
3	EXT_ALM	告警接口，用于监控外围设备的告警
4	MON	监控接口，用于监控外围配套设备
5	CPRI_O0 ~ CPRI_O7	RHUB5923 与 pRRU 间的传输和供电接口
6	交流输入插座	用于交流电源输入
7	接地螺钉	用于连接保护地线。当保护地线采用单孔 OT 端子时，需连接面板靠下方的接地螺钉

④ 指示灯：RHUB5923 的指示灯如表 6-14 所示。

表 6-14　RHUB5923 的指示灯

标识	颜色	状态	含义
RUN	绿色	常亮	有电源输入或 RHUB 故障
		常灭	无电源输入或 RHUB 故障

续表

标识	颜色	状态	含义
RUN	绿色	慢闪（1s 亮，1s 灭）	RHUB 正常运行
		快闪（0.125s 亮，0.125s 灭）	设备正在加载软件或数据配置、RHUB 未开工
ALM	红色	常亮	告警状态，需要更换 RHUB
		慢闪（1s 亮，1s 灭）	告警状态，不能确定是否需要更换 RHUB
		常灭	无告警
ACT	绿色	常亮	RHUB 激活状态，正常提供业务
		常灭	RHUB 未激活
		慢闪（1s 亮，1s 灭）	调试状态
CPRI0 CPRI1	红绿双色	绿灯常亮	链路正常
		红灯常亮	光模块收发异常（可能原因：光模块故障、光纤折断等）
		红灯慢闪（1s 亮，1s 灭）	链路失锁（可能原因：双模时钟不同步、接口速率不匹配等）
		常灭	光模块不在位或光模块电源下电
PWR0 ~ PWR7	黄色	常亮	对应 CPRI_E 接口为 pRRU 正常供电
		慢闪（1s 亮，1s 灭）	PSE 正在协商或者 PSE 出现异常
		常灭	对 pRRU 未供电
CPRI_O0 ~ CPRI_O7	黄色 （RJ45）	常亮	对应 CPRI_O 接口为 pRRU 正常供电
		慢闪（1s 亮，1s 灭）	DC 供电出现异常
		常灭	对 pRRU 未供电
	红绿双色 （SFP）	绿灯常亮	CPRI 链路正常
		红灯常亮	光模块收发异常（可能原因：光模块故障、光纤折断等）
		红灯慢闪（1s 亮，1s 灭）	CPRI 失锁（可能原因：双模时钟不同步、CPRI 速率协商不上）
		常灭	光模块不在位或者光模块电源下电

（3）pRRU5931。

① 功能：pRRU5931 功能结构如图 6-16 所示。

a. 将基带信号调制到发射频段，经滤波放大后，通过天线发射。

b. 接收通道从天线接收射频信号，经滤波放大后，采用零中频技术将射频信号下变频，经模/数转换为基带信号后发送给 DCU 或 BBU 进行处理。

c. 通过光纤/网线传输 CPRI 数据。

d. 支持内置天线。

e. 支持通过 PoE/DC 供电。

f. 支持多频多模灵活配置。

② 频段。

a. GSM 频段：上行 1710 ~ 1735MHz、下行 1805 ~ 1830MHz。

b. LTE（TDD）频段：2320 ~ 2370MHz，2515 ~ 2675MHz。

c. LTE（FDD）频段：上行 1710 ~ 1735MHz、下行 1805 ~ 1830MHz。

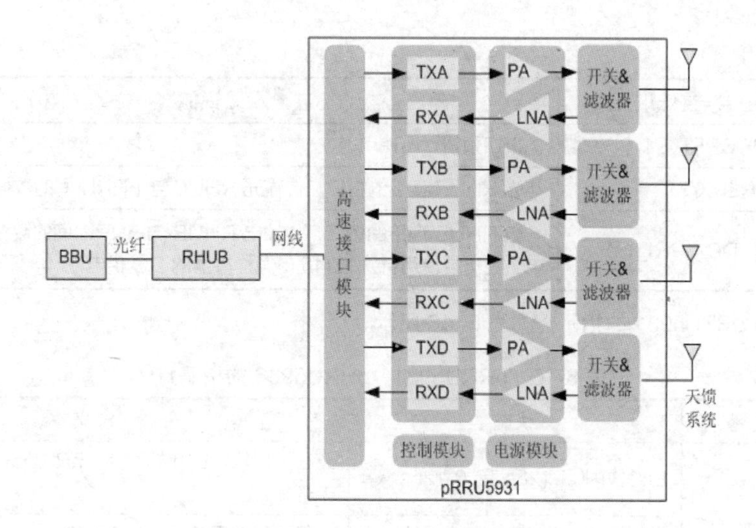

图 6-16　pRRU5931 功能结构

d. NR 频段：2515～2675MHz。

③ 应用场景：业务量较大的室内场景。

④ 通道数：1 通道（GSM），2 通道（LTE），4 通道（NR）。

⑤ 输出功率。

a. GSM：1×250mW。

b. LTE：2×250mW。

c. NR：4×250mW。

⑥ 外观：pRRU5931 的外观如图 6-17 所示。

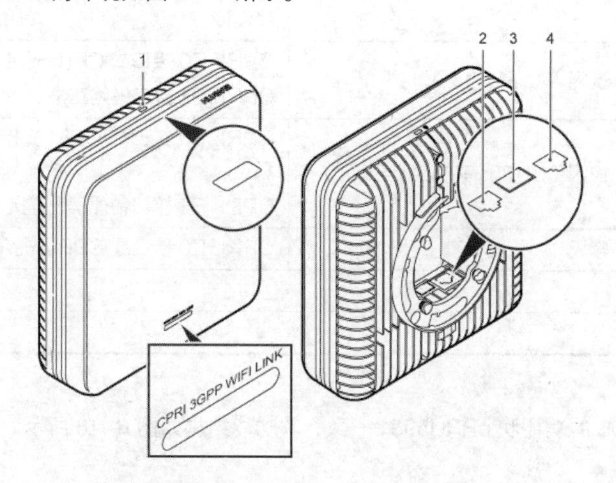

图 6-17　pRRU5931、pRRU5936 的外观

⑦ 接口：pRRU5931 的接口如表 6-15 所示。

表 6-15　pRRU5931、pRRU5936 的接口

序号	接口标识	说明
1	设备锁	设备锁接口，用于保障 pRRU5931/pRRU5936 的安全

续表

序号	接口标识	说明
2	ETH CPRI_E1	本接口预留，不使用
3	CPRI RX/TX	与光 RHUB 连接的接口，传输光 RHUB 与 pRRU 间的数据
4	PoE/DC CPRI_E0	与电 RHUB 连接的接口，传输电 RHUB 与 pRRU 间的数据，支持 PoE 供电，也支持使用特殊 RJ45 电源连接器的 DC 供电

⑧ 指示灯：pRRU5931 的指示灯如表 6-16 所示。

表 6-16　pRRU5931、pRRU5936 的指示灯

标识	颜色	状态	含义
3GPP	白色和橙色	白灯快闪(0.125s 亮，0.125s 灭)	正在加载软件或数据配置、pRRU5931/pRRU5936 未开工
		白灯慢闪（1s 亮，1s 灭）	设备开工，正常运行，未发功
		白灯常亮	小区建立，发功正常
		橙灯常亮	pRRU5931/pRRU5936 硬件故障
		橙灯慢闪（1s 亮，1s 灭）	次要告警
		常灭	pRRU5931/pRRU5936 未上电
		橙灯快闪(0.125s 亮，0.125s 灭)	正在加载软件或数据配置、pRRU5931/pRRU5936 未开工
CPRI	白色	常亮	CPRI_E0 接口或 CPRI 光接口链路正常，且 CPRI_E1 接口无网线连接。 CPRI_E1 接口链路不正常，但 CPRI_E1 接口有网线连接
		慢闪（1s 亮，1s 灭）	CPRI_E0 接口或 CPRI 光接口链路正常。 CPRI_E1 接口链路正常
		快闪（0.125s 亮，0.125s 灭）	CPRI_E0 接口或 CPRI 光接口物理层已连接，但不稳定。 CPRI_E1 接口物理层已连接，但不稳定
		常灭	CPRI_E0 接口或 CPRI 光接口链路不正常
WIFI	预留		
LINK	预留		

（4）pRRU5936。

① 功能：pRRU5936 的功能和 pRRU5931 一致，其功能结构如图 6-18 所示。

② 频段。

a. LTE 频段：上行 1710～1785MHz、下行 1805～1880MHz，上行 1920～1980MHz、下行 2110～2170MHz。

b. NR 频段：3400～3600MHz。

③ 应用场景：业务量较大的室内场景。

④ 通道数：2 通道（LTE），4 通道（NR）。

⑤ 输出功率。

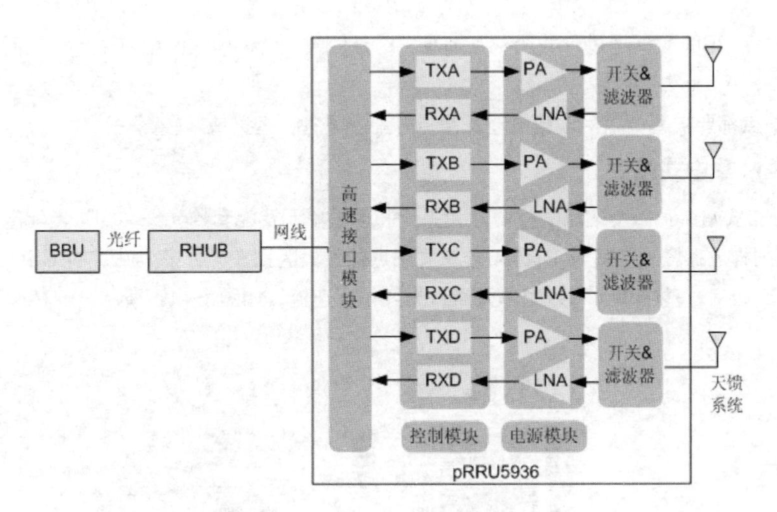

图 6-18　pRRU5936 功能结构

a. LTE：2×100mW。

b. NR：4×250mW。

⑥ 外观：pRRU5936 的外观如图 6-17 所示。

⑦ 接口：pRRU5936 的接口如表 6-15 所示。

⑧ 指示灯：pRRU5936 的指示灯如表 6-16 所示。

6.2 5G 站点部署

在 5G 站点部署的过程中，会基于覆盖场景、现有机房条件等采用不同的站点部署方案，本节将从站点部署场景、室内覆盖方案、站点改造方案及站点拉远方案 4 个方面做详细介绍。

6.2.1　站点部署场景

现网 NR 基站的部署方案采用了传统的 CU/DU 合设，CU/DU 合设下的 5G 基站有两种主流的部署场景，分别是 DRAN 分布式站点和 CRAN 集中式站点。未来 5G 无线侧将引入 CloudRAN 架构，CU/DU 将分离部署。

1. DRAN 分布式站点

DRAN 分布式站点：每个站点是独立的，每个站点由基带单元和射频单元及配套的光纤、GPS、配电、机柜等设备组成，射频单元通常放在塔上，基带单元及配套的光纤、GPS、配电、机柜等设备放在塔下的机房中，如图 2-3 所示，基带单元和射频单元之间的前传光纤小于 100m。DRAN 分布式站点的优缺点如下。

(1) 优点。

① 分布式站点基带单元和射频单元之间通过光纤直连，不消耗主干光缆的资源。

② 站点相对独立，单个站点故障不会影响其他站点的使用。

③ 可以充分利用现有的机房资源。

(2) 缺点。

① BBU 独立部署，BBU 之间的资源不能有效共享，基带资源利用率相对偏低。

② 不同站点 BBU 之间通过承载网交互消息，时延较长，会影响站间载波聚合、站间多点协作等特性部署。

③ 每个站点都要部署电源柜、蓄电池及空调等配套设备，运维成本较高。

2. CRAN 集中式站点

CRAN 分布式站点：每个站点同样由基带单元和射频单元及配套的光纤、GPS、配电、机柜等设备组成，射频单元同样放在塔上，其与 DRAN 分布式站点的最大区别在于，多个站点的 BBU 及相关的配套设备集中放在中心机房，基带单元和射频单元通过光纤拉远连接，如图 6-19 所示。CRAN 集中式站点的优缺点如下。

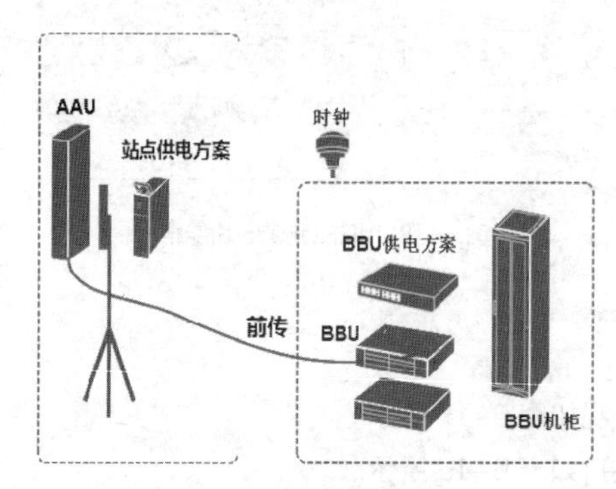

图 6-19 CRAN 集中式站点

（1）优点。

① BBU 集中部署，BBU 之间可以通过通用交换单元（Universal Switching Unit，USU）实现互联，组成 Cloud BB 部署场景，多个 BBU 资源可以实现共享。

② BBU 集中部署，不同站点 BBU 之间可以直接交互消息，时延较小，有利于站间载波聚合、站间多点协作等特性部署。

③ BBU 可以共用集中机房中的电源柜、蓄电池及空调等配套设备，成本较低。

④ 可以集中化运维，运维成本会降低。

（2）缺点。

① 集中式站点基带单元和射频单元之间通过光纤拉远连接，对光纤资源的消耗较多。

② 站点集中部署，出现故障影响的范围较大，因此对可靠性要求更高。

3. 现网部署原则

DRAN 是运营商长期主流建网模式，CRAN 是未来确定性的趋势（预测相对于 4G 网络，其在 5G 网络中会出现 20%的增长）。CRAN 根据集中部署站点的数量分成小集中和大集中，如图 6-20 所示，基于业务需要和站点环境等按需部署。CRAN 部署原则如下。

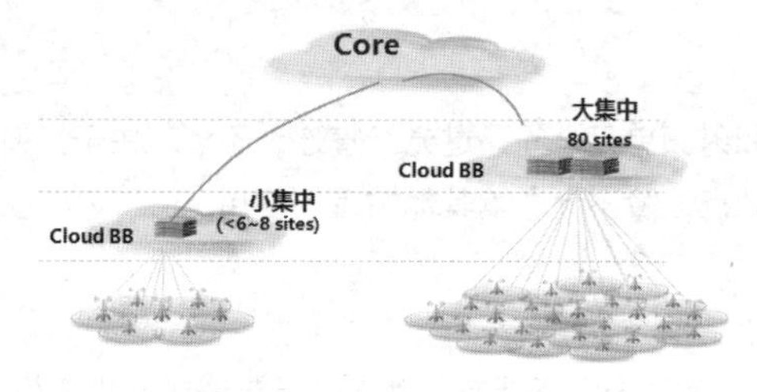

图 6-20 CRAN 部署类型

（1）有充足的光纤到站，传输距离小于15km，光纤到站率大于80%。

（2）有机房且可改造，光纤大于站数×（1～2两芯），空间大于1个机柜，配电、散热功耗大于设备总功耗等。

（3）协同增益，站间距过小时，消除干扰可带来下行增益。

（4）适合部署场景：密集城区、居民区、高校、高铁等。

（5）室外共模典型配置。

4. CloudRAN

CU/DU分离指将BBU中的非实时部分（PDCP/RRC）分离出来作为CU，CU可以进行云化部署，实时部分（PHY/MAC/RLC层）放在DU单元中处理，CU和DU之间通过F1接口对接。

CU/DU分离方案对比DRAN和CRAN部署的主要好处是资源可弹性扩/缩容，相对业务层面而言，对于负荷的分担，资源最大化利用是比较理想的网络结构设计，这对于现实中的潮汐话务效应也能找到比较合理的解决方案，如图6-21所示。

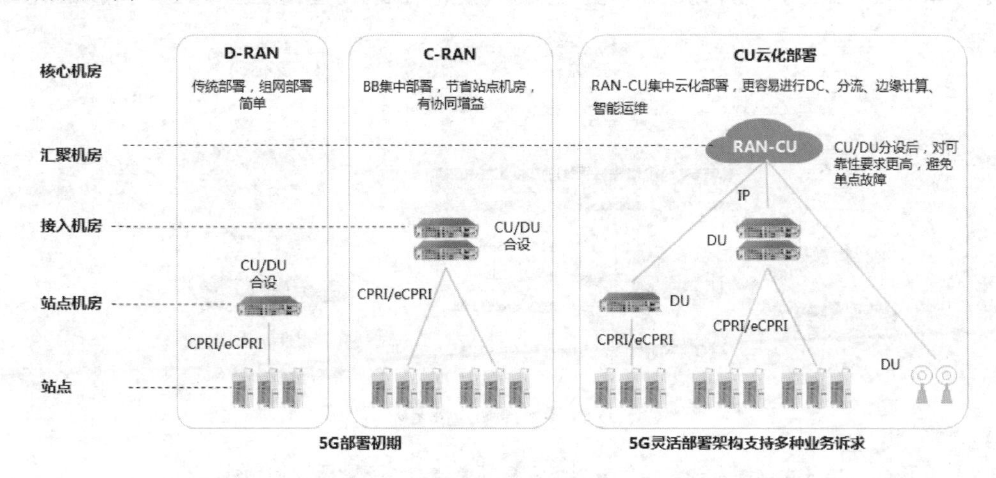

图6-21 站点部署场景

不同层次的部署场景需求不同，采用分层部署可以适配不同业务切片的时延需求，按业务时延需求进行CU的部署，如图6-22所示。

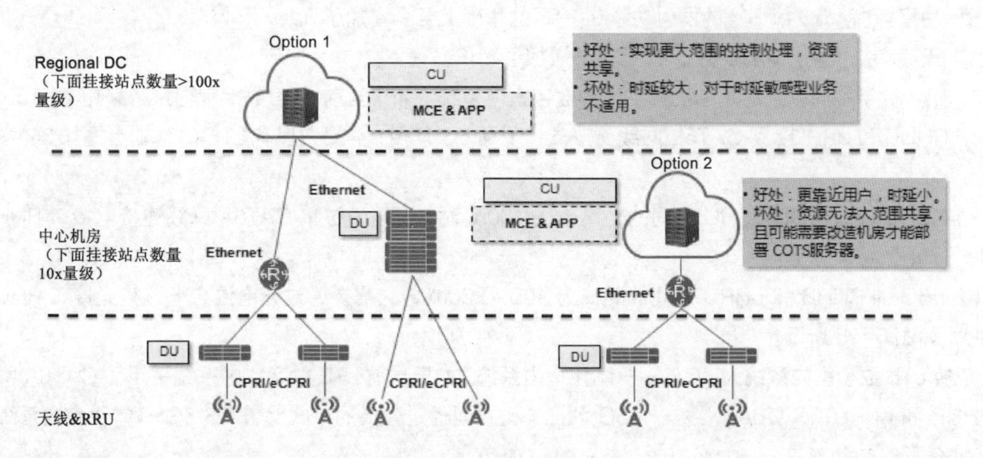

图6-22 CU的部署

6.2.2 室内覆盖方案

V6-2 5G 室内覆盖方案

5G 时代，室内覆盖将成为移动网络的高价值核心，有 70%的业务发生在室内。随时随地 100Mbit/s 将成为 5G 室内覆盖的普遍要求，室内场景的容量密度也将在未来 5 年内增长为现在的 8 倍。由此，高频 C-Band 及 4T4R 多天线技术将成为提升室内 5G 用户体验的关键手段和技术。

传统的室内覆盖解决方案在面向 5G 演进时遇到了巨大的瓶颈。以分布式天线系统（Distributed Antenna System，DAS）为例，5G 高频带来的馈线损耗及空间传播损耗需要通过增加射频的收发通道数和更多天线点位来进行弥补，基本无法执行。例如，将射频通道数增加至 4T4R，需要在现有 1T1R 的系统上端到端新增 3 倍馈线和器件，工程上无法实现，性能也无法保障。从 DAS 转向数字室内系统（Digital Indoor System，DIS）是业界的普遍共识，室内覆盖数字化已成为产业发展的必然选择。

基于 4G LampSite 可“线不动、点不增”地向 5G 演进，5G 数字室内系统如图 6-23 所示。

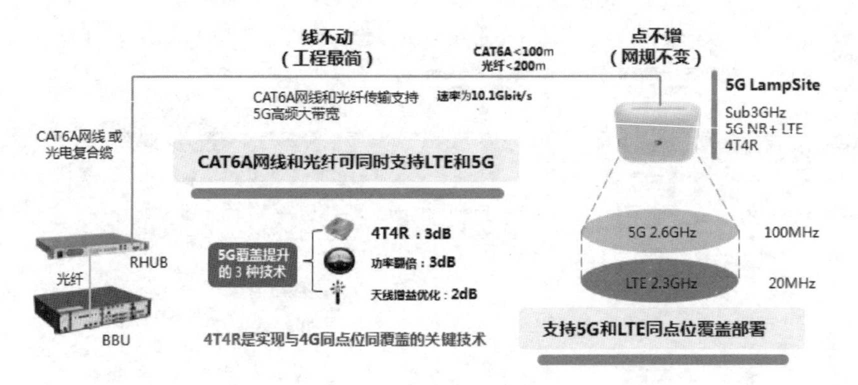

图 6-23 5G 数字室内系统

（1）线不动：CAT6A 网线和光纤传输支持 5G 高频大带宽，不需要增加额外线缆。

（2）点不增：支持 5G 和 LTE 同点位覆盖部署。仿真显示 5G 和 LTE 同点位部署时要满足 5G 边缘速率要求，5G 的覆盖需要增加 8dB。5G 覆盖提升的技术有如下 3 种。

① 4T4R：相对于 LTE 室分的 2T2R，5G 室分采用 4T4R 可以增加 3dB 覆盖。

② 功率增加：5G pRRU 的发射功率在 LTE 的基础上至少增加了 3dB。

③ 天线增益优化：通过天线，性能提升增加了 2dB。

在 LTE 数字室内系统的基础上叠加 5G 数字室内系统。如果当前 LTE 数字室内系统采用 CAT5E 网线连接了 RHUB 和 pRRU，则 CAT5E 网线无法支持现网 5G 使用，需要在现有 LTE 的基础上叠加 5G 数字室内系统。

（1）5G 的 RUHB 和 pRRU 之间的距离小于 100m 时，可以通过单 CAT6A 网线连接电接口 RHUB 和 pRRU，如图 6-24 所示。

（2）5G 的 RUHB 和 pRRU 之间的距离为 100～200m 时，需要通过光电混合缆连接光接口 RHUB 和 pRRU，如图 6-25 所示。

替换 LTE 数字室内系统为 4G/5G 一体化室内系统。如果当前 LTE 数字室内系统采用了 CAT6A 网线连接 RHUB 和 pRRU，CAT6A 网线支持 5G 利旧，则可以通过替换的方式部署 4G/5G 一体化室内系统，实现 4G/5G 同设备共覆盖。

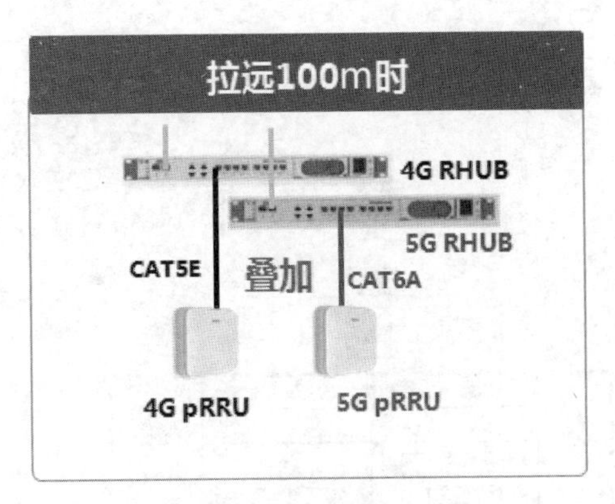

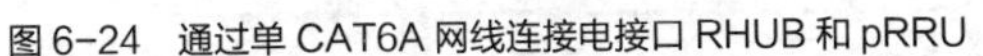
图 6-24　通过单 CAT6A 网线连接电接口 RHUB 和 pRRU

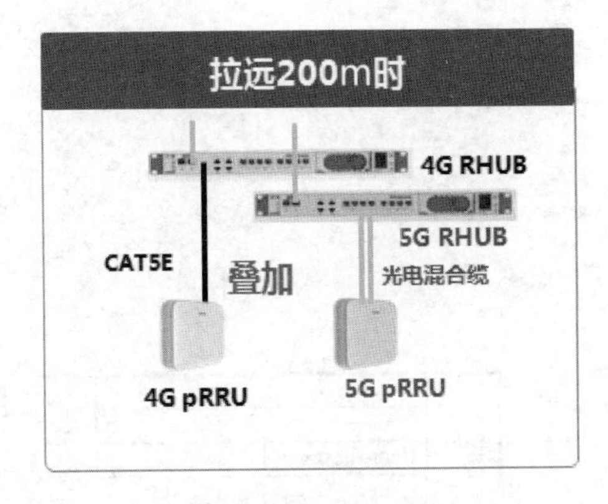

图 6-25　通过光电混合缆连接光接口 RHUB 和 pRRU

（1）RUHB 和 pRRU 之间的距离小于 100m 时，可以利用原来的单 CAT6A 网线连接电接口 RHUB 和 pRRU，即单网线一体化室内系统，如图 6-26 所示。

（2）RUHB 和 pRRU 之间的距离为 100～200m 时，需要通过双 CAT6A 网线连接电接口 RHUB 和 pRRU，即双网线一体化室内系统，如图 6-27 所示。

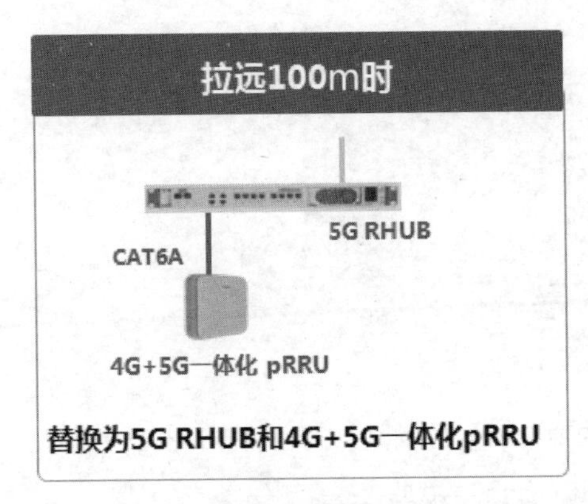

图 6-26　单网线一体化室内系统

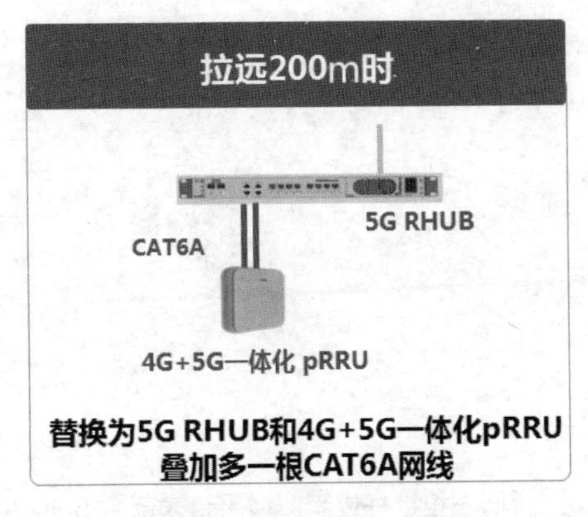

图 6-27　双网线一体化室内系统

6.2.3　站点改造方案

理想情况下，每个站点应建立一套独立的 5G 基站系统，这样不会影响当前现网的 2G/3G/4G，后期不同制式间的运维也相互独立，不受影响。然而，经过 2G/3G/4G 的建设，机房内的空间或配电已经趋于饱和，现有铁塔或者抱杆承载负荷和空间已经接近于设计的最大值，因此 5G 的站点部署部分会涉及对现网机房和天馈的改造，5G 站点改造方案中主要涉及主设备改造、天面改造和电源改造。

V6-3 5G 站点改造方案

（1）主设备改造：替换 LTE 的单模 BBU 为 4G/5G 共模 BBU，将 LTE 的 BBU 框内单板及 NR 的板卡安装至新的 BBU 框中，实现 4G/5G 共框部署，如图 6-28 所示。

① 用 BBU5900 替换原来的 BBU3900/BBU3910，由于目前 5G 的基站单板 UBBPfw1 只能配置在 BBU5900 中，因此共模的 BBU 框必须采用 BBU5900。

② 风扇模块替换为 BBU5900 配套的 FANf。

③ 电源模块替换为 BBU5900 配套的 UPEUe。

④ 新增 5G 基带板 UBBPfw1。

⑤ 新增 5G 射频单元。

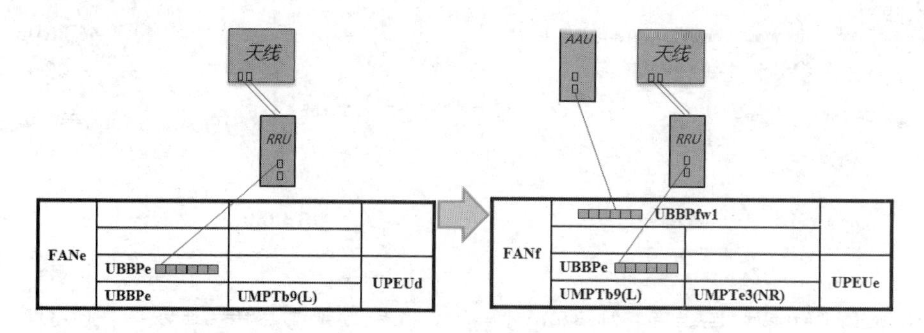

图 6-28 共模 BBU 改造

（2）天面改造：现有铁塔或者抱杆承载负荷和空间已经接近设计的最大值，为了给铁塔和抱杆减压，需要对现有的天线进行合并改造操作，以腾出承载能力和空间来安装 5G AAU。

① 对现网天面进行收编，利用多模宽频天线替换现有的单模天线，再利旧空余抱杆部署 5G AAU，如图 6-29 所示。

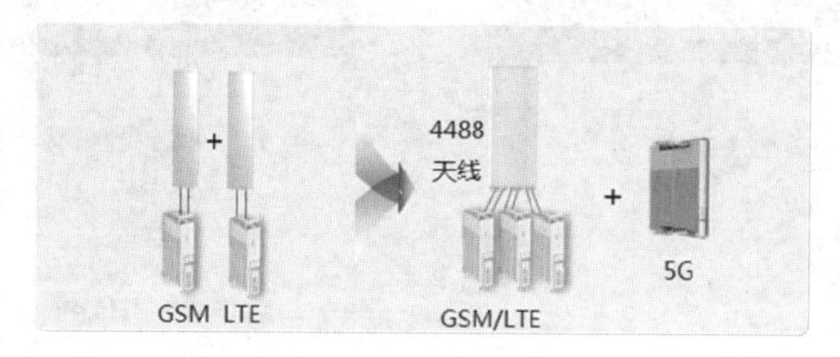

图 6-29 对现网天面进行收编

② 新增一根抱杆或者新增平台来部署 5G AAU，如图 6-30 所示。

图 6-30 新增抱杆或平台

（3）电源改造：相对于 2G、3G 和 4G 设备，5G 设备的功耗较大，现网部分机房内的供电系统无法支撑 5G 设备的功耗，需要对机房的供电系统进行改造，如图 6-31 所示。

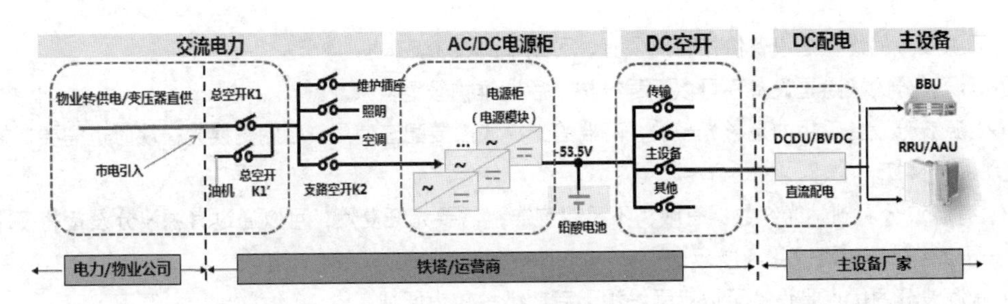

图 6-31　电源改造

① 市电引入改造：容量不足时要改造原线路或新引电，涉及电源线路排查和更改等处理时，需与物业协调提升容量，周期较长，难度较大。

② AC/DC 电源柜改造：容量不足或槽位不够时，需插入电源模块（Power Supply Unit，PSU）或新增电源柜/刀片电源。

③ 蓄电池备电改造：新增电池带来机房空间及承重不足等问题。

④ DC 空开改造：部分电源柜内空开/熔断器的安装空间已全部占用，无多余的新装空间。

⑤ 直流配电改造：根据 RRU/AAU 直流拉远距离和功耗，选择合适的直流配电模块。

6.2.4　站点拉远方案

5G 站点部署正由 DRAN 到 CRAN 再向 CloudRAN 方向演进，未来 5G 基站的 CU 会进行云化部署，DU 会根据现网实际情况，选择靠近射频单元独立部署，或者集中部署。若 DU 集中部署，则射频单元需要拉远部署。当前 5G 基站 DU 与射频单元的拉远方案主要有 3 种：光纤直连、无源波分和有源波分。

（1）光纤直连：到站光纤充足，足以直连，如图 6-32 所示。

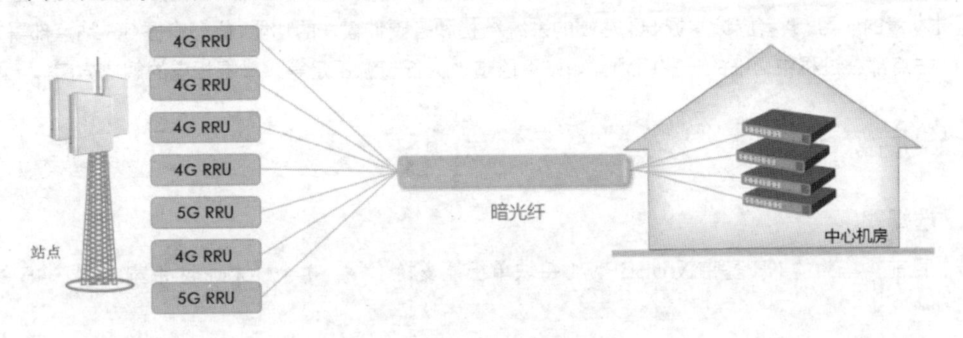

图 6-32　光纤直连

（2）无源波分：到站光纤数量有限，不足以直连，需要光纤复用，可以在中心机房和射频单元近端分别部署无源波分设备，通过无源波分器将多路光纤复用到一根光纤上，如图 6-33 所示。

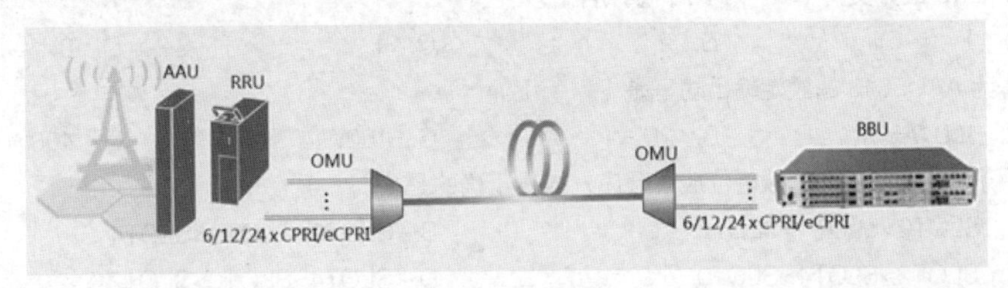

图 6-33　无源波分

① 无源波分的优点是设备价格相对便宜，可以节约投资成本。

② 无源波分的缺点是设备不可以远程维护，后期维护较为复杂。

③ 无源波分设备采用的是彩光模块，两端的光模块需要配套使用，后期更换光模块时也需要选择对应的光模块进行替换。

（3）有源波分：到站光纤数量有限，不足以直连，需要光纤复用，可以通过有源波分设备将多路光纤复用到一根光纤上，如图6-34所示。

① 有源波分的优点是设备可以远程维护，后期维护较为便捷。

② 有源波分设备采用的是灰光模块，灰光模块可以通用。

③ 有源波分的缺点是设备价格相对较高。

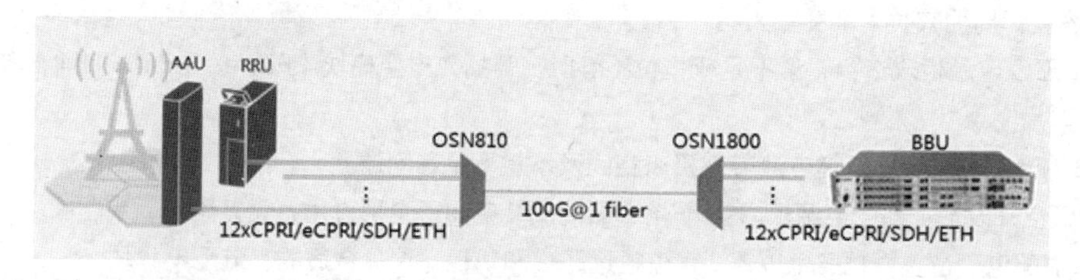

图6-34 有源波分

本章小结

本章先介绍了5G基站系统结构，对基站的两个组成部分——基带单元和射频单元做了详细的介绍，又介绍了5G站点的部署方案，重点介绍了站点演进方向、室内覆盖方案、站点改造方案及站点拉远方案。

通过本章的学习，读者应该掌握5G基站的系统结构和各硬件模块的功能，能够掌握5G站点部署方案，了解5G站点部署过程中面临的一些问题，如站点改造、光纤资源不足等，掌握相应的解决方案。

课后练习

1. 选择题

（1）目前，华为的NR基带板UBBPfw1每块单板能支持（　　）个100MHz带宽、64T64R的NR小区。

A. 1　　B. 2　　C. 3　　D. 6

（2）下列主控板中支持5G制式的是（　　）。

A. UMPTb9　　B. GTMU　　C. UMPTe3　　D. LMPT

（3）UPEUe最大支持（　　）路干接点告警。

A. 1　　B. 2　　C. 4　　D. 8

（4）华为AAU5613的额定输出功率是（　　）。

A. 100W　　B. 200W　　C. 160W　　D. 400W

（5）关于BBU5900全宽板槽位放置顺序，描述正确的是（　　）。

A. SLOT0>SLOT4>SLOT2　　B. SLOT0>SLOT2>SLOT4

C. SLOT2>SLOT4>SLOT0　　D. SLOT4>SLOT0>SLOT2

（6）在 5G 时代，以下不可以当作 5G 基站时钟同步源的是（　　）。

A. GPS　　B. 北斗　　C. 1588v2　　D. 同步以太网

2. 简答题

（1）请画出 BBU 逻辑结构图，并说明七大子系统的主要功能。

（2）写出本章中列举出的 3 款主要 AAU 设备的型号，并总结这 3 款设备的差异点。

（3）简述 CRAN、DRAN 和 CloudRAN 3 种站点部署方案。

（4）5G 数字化室分系统主要由哪些模块组成？列举出几款主流设备。

（5）5G 机房电源改造主要涉及哪些部分？

（6）简述 5G 站点拉远的 3 种方案。

Communication

Chapter

7

第 7 章 5G 无线网络组网设计

建网初期，5G 将基于 NSA 进行组网，可以利用已有的 LTE 网络接入核心网，快速在热点地区提供 5G 的高速业务服务，降低 5G 的部署难度和门槛。

本章主要基于 NSA 组网进行阐述，重点基于 Option 3x 组网方案进行规划设计和探讨。

课堂学习目标

- 熟悉 5G 网络组网方案
- 掌握 5G 无线网络设计
- 掌握 gNodeB 接口设计

7.1 5G 无线网络组网概述

5G 通信技术标准由 3GPP 组织牵头制定，主要包括 R15 和 R16 两个版本，原计划 2018 年 6 月完成 R15 版本冻结，2019 年 12 月完成 R16 版本冻结，后来迫于开放实验规范联盟（Open Trial Specification Alliance，OTSA）的标准竞争压力，3GPP 在 2017 年 2 月之后启动了 5G 标准加速，把 R15 版本拆分成非独立组网和独立组网两个版本，并把 NSA 组网的协议冻结时间提前到了 2017 年 12 月份。

NSA 组网充分利旧了存量 LTE 站点资源，其中 Option 3 系列组网场景还利旧了 EPC 核心网资源，能够快速提供 5G 业务服务，并降低运营商的投资。

SA 组网需要新建 5G 核心网和 gNodeB，相比于 NSA 组网，其初期投入成本会更高，但是 SA 组网可以提供更强大的功能和更高的商业价值，如超低时延业务、超大规模连接及端到端网络切片等特性。

在 5G 网络部署的初期，运营商考虑到投资成本及快速规模化商用的因素，将基于 NSA 组网进行 5G 建设。本节将重点介绍 NSA 组网方案及相关的业务。

7.1.1 NSA 组网方案

V7-1 5G 网络组网方案（NSA&SA）

NSA 组网与 SA 组网的关键区别在于其控制面锚点是在 4G 基站 eNodeB 侧还是在 5G 基站 gNodeB 侧。在 NSA 组网场景中，控制面锚点都在 eNodeB 侧，根据核心网的不同，主要分成 Option 3 系列（核心网采用 EPC 架构）和 Option 7 系列（核心网采用 NGC 架构）组网方案。

1. Option 3 系列组网方案

如图 7-1 所示，Option 3 系列包括 Option 3、Option 3a 和 Option 3x，其相同点和不同点如下。

（1）相同点。

① 核心网采用 EPC 架构，无线侧采用 eNodeB+gNodeB 架构。

② 控制面锚点在 eNodeB 侧，gNodeB 和 EPC 没有控制面连接。UE 通过 eNodeB 和核心网 EPC 建立连接。

（2）不同点。

① 在 Option 3 组网场景中，用户面锚点在 eNodeB 侧。由于 NR 的大数据流量会通过 eNodeB 进行分流，会对 eNodeB 基带及传输端口容量造成冲击，导致拥塞，需要 LTE 基带和传输端口扩容，因此不建议使用。

② 在 Option 3a 组网场景中，用户面锚点在 EPC。由于核心网对无线空口质量情况不可见，无法做到基于不同的信号质量进行动态分流，只能采取静态盲分配，因此也不建议使用。

③ 在 Option 3x 组网场景中，用户面锚点在 gNodeB 侧。由于 eNodeB 本身有 LTE 用户，所以在 eNodeB 侧也存在 S1-U 接口。在这种组网场景中，由于 gNodeB 本身基带和传输端口容量大，所以该方案中的 NR 大数据流量不会对存量的 eNodeB 造成冲击，还可以基于无线空口质量情况提供数据包级别的业务动态分流，因此推荐使用，这也是目前现网采用的 5G 组网方案。

2. Option 7 系列组网方案

如图 7-2 所示，Option 7 系列组网方案包括 Option 7、Option 7a 和 Option 7x，其相同点和不同点与 Option 3 系列组网方案类似。

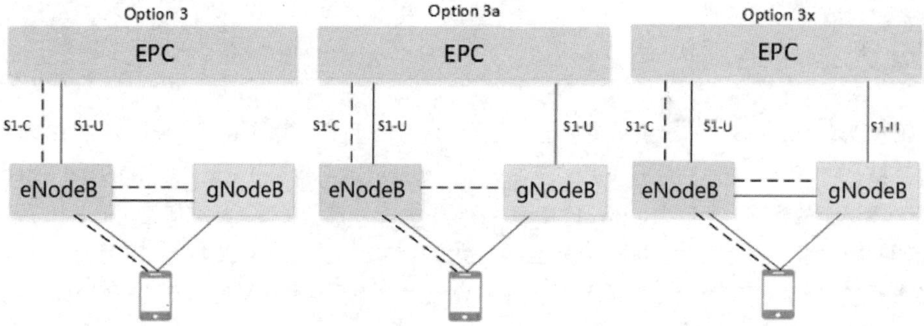

图 7-1　Option 3 系列组网方案

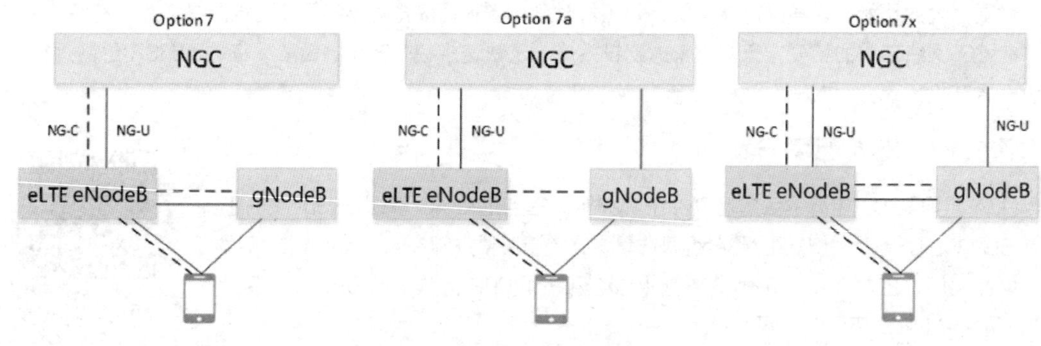

图 7-2　Option 7 系列组网方案

相对于 Option 3 系列组网方案，Option 7 系列组网方案有以下两个方面区别。

（1）Option 7 系列核心网采用全新的 NGC 架构，能够支持 uRLLC、网络切片等新业务。

（2）无线侧 eNodeB 统一升级为 eLTE eNodeB。为了对接全新的 NGC 网，Option 7 系列的 3 种组网方式都要对目前的 eNodeB 进行升级改造，包括新的 NG-C/NG-U 核心网接口、QoS 策略增强、新增 RRC-Inactive 状态、网络切片的支持等。

7.1.2　SA 组网方案

在 SA 组网场景中，控制面锚点都在 gNodeB 侧，根据无线侧基站类型，其主要分为 Option 4 系列（无线侧 eNodeB+gNodeB）和 Option 2 系列（无线侧只有 gNodeB）组网方案。其中，Option 2 是今后 5G 网络发展的目标组网方案，由于无线网和核心网都采用纯 5G 设备，是相对最简单的组网方案，因此下面将主要介绍 Option 4 系列组网方案。

如图 7-3 所示，Option 4 系列组网方案包括 Option 4 和 Option 4a，其相同点和不同点如下。

（1）相同点。

① 核心网采用 NGC 架构，无线侧采用 eNodeB+gNodeB 架构。

② 控制面锚点在 gNodeB 侧，gNodeB 和 NGC 之间建立控制面和用户面连接。UE 通过 gNodeB 和核心网建立连接。

（2）不同点。

① 在 Option 4 组网场景中，用户面锚点在 gNodeB 侧。该方案和之前介绍的 Option 3x 和 Option 7x 类似，gNodeB 可以基于无线空口质量情况提供业务数据包级别的动态分流。

② 在 Option 4a 组网场景中，用户面锚点在 NGC 侧。由于核心网对无线空口质量情况不可见，无法

做到基于不同的信号质量进行动态分流，只能采取静态盲分配，因此不建议使用。

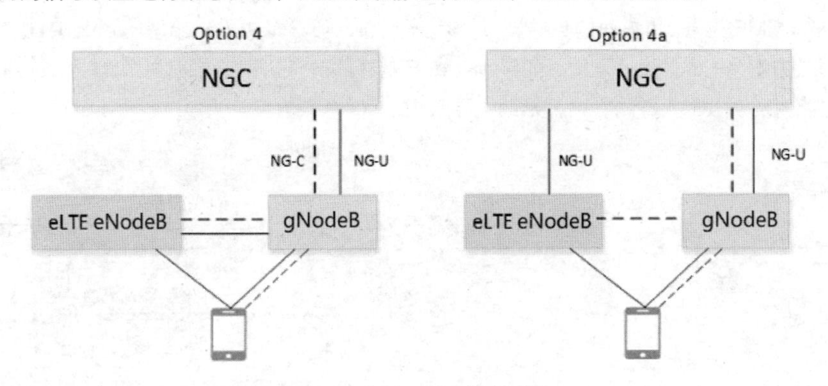

图7-3　Option 4系列组网方案

7.1.3　NSA组网承载方案

1. NSA组网承载分类

如图7-4所示，在NSA Option 3系列组网场景中，用户面承载可以分为以下4类。

（1）主小区组（Master Cell Group，MCG）承载：用户面数据只在主站eNodeB上承载，eNodeB上不做分流，适用于NSA Option 3/3a场景。

（2）辅小区组（Secondary Cell Group，SCG）承载：用户面数据只在辅站gNodeB上承载，gNodeB上不做分流，适用于NSA Option 3a/3x场景。

（3）MCG Split承载：用户面数据经由主站eNodeB分流，分别通过LTE和NR发送给终端，适用于NSA Option 3场景。

（4）SCG Split承载：用户面数据经由辅站gNodeB分流，分别通过LTE和NR发送给终端，适用于NSA Option 3x场景。

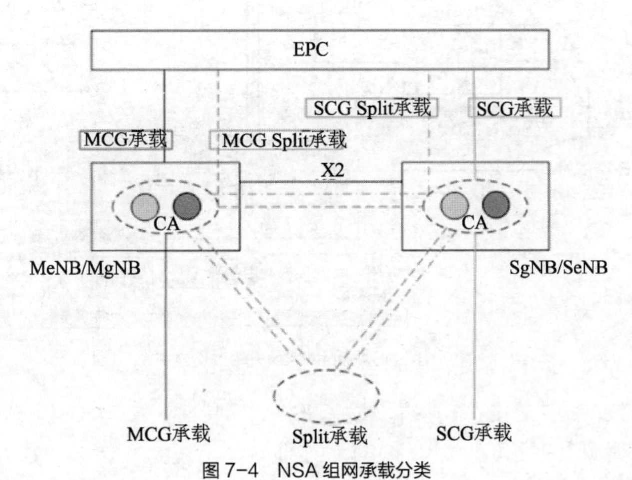

图7-4　NSA组网承载分类

2. Option 3x承载分流方案

根据前面组网方案的对比，Option 3x组网是目前最合适的NSA组网方案。其配套支持的承载类型有SCG承载和SCG Split承载两种。

图7-5所示为Option 3x承载分流方案，图中描述了4种不同的数据流：控制面信令流（S1-C）、用

户面业务流(S1-U)、维护面数据流(OM)和X2接口数据流。其中，5G终端的控制面信令通过主站eNodeB发送给核心网的MME设备。用户面的数据流，从核心网Serving GW中发送给辅站gNodeB，如果gNodeB选择分流，则该方案为SCG Split承载；如果gNodeB选择不分流，则该方案为SCG承载。考虑到建网初期5G终端的能力及对4G业务的影响，早期主要采用SCG承载方案。

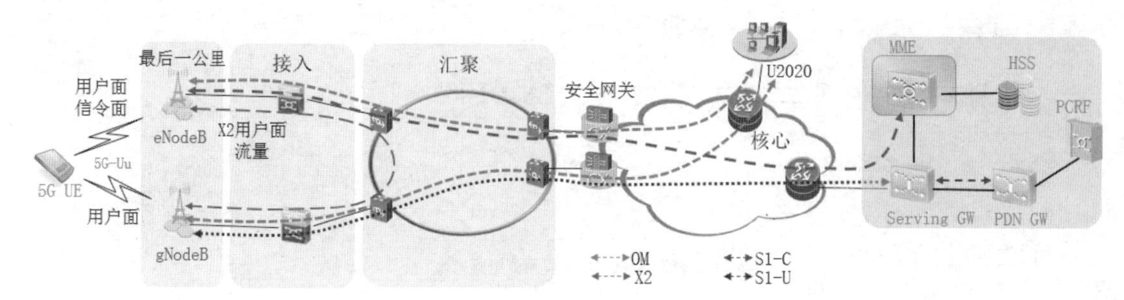

图7-5 Option 3x 承载分流方案

7.1.4 NSA组网升级改造

相对于SA组网，NSA组网可以在LTE存量网络基础上进行升级改造，实现5G快速商用。下面以Option 3x为例，介绍NSA组网升级改造情况。

图7-6所示为NSA Option 3x方案，该方案对原有的整个演进分组系统（Evolved Packet System，EPS）提出了升级改造需求，具体升级改造情况如下。

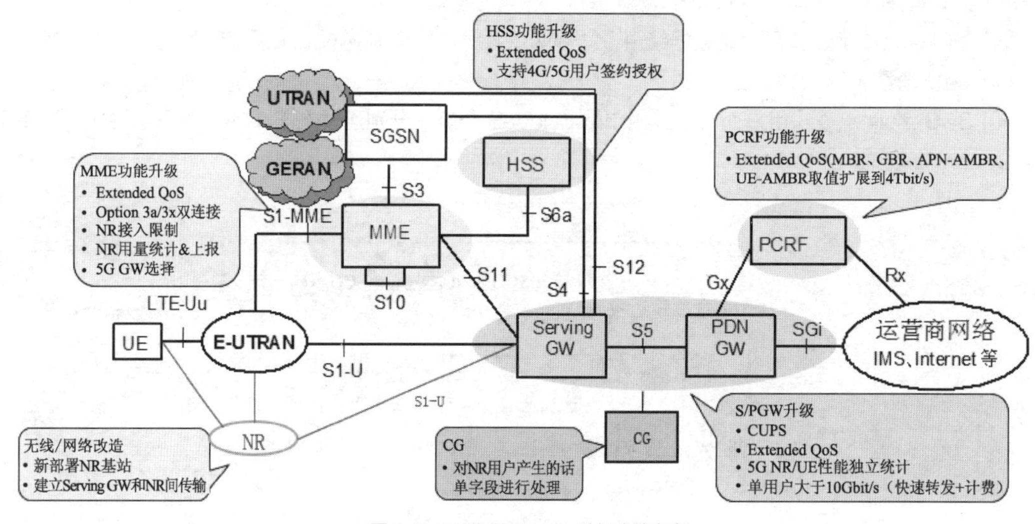

图7-6 NSA Option 3x 升级改造方案

eNodeB：软件升级，支持对接NR基站，支持NSA组网特性。

gNodeB：全新部署NR基站，建立X2和S1的连接。

MME：软件升级，支持扩展QoS（支持高带宽）、DC双连接、NR接入限制、NR流量统计及UPF网关选择等功能。

S/PGW：软件升级支持控制层和用户层分离(Control and User Plane Separation，CUPS)、扩展QoS及5G终端性能统计等功能。如果需要支持单用户大于10Gbit/s(快速转发+计费)，则需要升级硬件单板。

HSS：软件升级，支持扩展QoS和4G/5G用户签约等功能。

PCRF：软件升级，支持扩展 QoS，识别 4G/5G UE 差异并下发不同计费策略。

CG：软件升级，支持 NR 话单处理。

7.2 5G 无线网络设计

NSA Option 3x 组网商用之前，无线网、承载网、核心网的专业设备需要优先完成相关资源规划设计工作。本节将针对无线侧互联资源设计和 5G 联合网络设计两方面展开介绍。

V7-2 5G 互联资源设计——物理层及数据链路层

V7-3 5G 互联资源设计——网络层

7.2.1 NSA 互联资源设计

1. NSA 接口 IP 互联

图 7-7 所示为 NSA Option 3x 方案的接口 IP 互联组网，图中只呈现了 5G 相关的信令面、用户面、维护面信息，各接口互联规范如下。

（1）UE 信令从 eNodeB 接入核心网，在 eNodeB 上创建 S1-C 链路，gNodeB 与核心网间不建 S1-C 链路。

（2）承载用户面数据的 S1-U 链路在 gNodeB 与核心网间建立，支持自建立。用户流量在 gNodeB 侧分流，支持 EN-DC。

（3）gNodeB 依赖 LTE 网络，与 LTE 间建立 X2 链路（包含控制面和用户面），在同一个网管下，支持 X2 自建立。

（4）gNodeB 基站主控板仅支持 UMPTe 及之后版本的单板，UMPTe 板有两个传输口支持 10Gbit/s，基站传输带宽不足时，可通过链路聚合提高带宽能力；UMPTg 板支持单端口 25Gbit/s。

EPC　U2020　S1-C　S1-U　OM　X2-U　eNodeB　gNodeB　X2-C　用户面 信令面　用户面　5G UE

Option 3x（推荐）

图 7-7 NSA Option 3x 方案的接口 IP 互联组网

2. 互联资源规划设计——以太网端口

（1）端口速率和双工模式。

物理层以太网光口的双工模式和速率采用自协商处理机制时，如果两端设置不一致，则自协商端口可能会变成去激活；要求两端必须都为自协商，或都是 10Gbit/s（UMPTg 板为 25Gbit/s）全双工模式。

目前，NR 产品的端口属性默认为自协商，这也是传输组网的推荐设置。

（2）端口最大传输单元。

gNodeB 支持最大传输单元（Maximum Transmission Unit，MTU）为 1800 字节（默认配置为 1500 字节），处理分片最大为 4 片，包括将原始报文一次性分为多片和一个原始报文第一次被分片后再次分片这两种场景。

如果现网存在异厂家设备组网，则务必保证端到端设备的 MTU 设置一致。

3. 互联资源规划设计——VLAN

通信网络中采用 VLAN 可以实现一定的安全性，不同的 VLAN 之间在 L2 上是不能相互访问的，VLAN 的标记中还有表明优先级的字段，可以实现在 L2 上的优先级区分。

图 7-8 所示为 VLAN 帧结构，和标准以太网帧相比，VLAN 帧多了一个 4 字节大小的 TAG 标记（位于源 MAC 地址和帧类型之间），该 TAG 标记包含以下 4 部分内容。

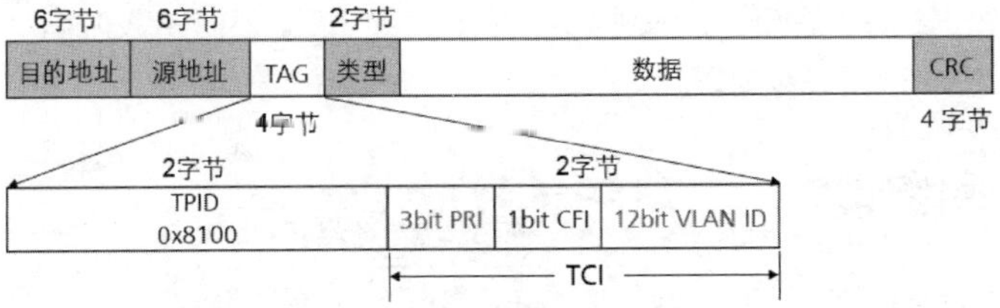

6字节 6字节 2字节
目的地址 源地址 TAG 类型 数据 CRC
4字节 4 字节
2字节 2字节
TPID 0x8100 3bit PRI 1bit CFI 12bit VLAN ID
TCI

图 7-8 VLAN 帧结构

（1）标记协议标识（Tag Protocol Identifier，TPID）：表示帧类型，取值为 0x8100 时表示 802.1Q 的 VLAN 帧，不支持 802.1Q 的设备收到这样的帧后，会将其丢弃。

（2）PRI：表示帧的优先级，取值为 0～7，用于 QoS，值越大，优先级越高。

（3）控制格式指示（Control Format Indicator，CFI）：表示 MAC 地址是否为经典格式（默认是 0），用于令牌环网和光纤分布数据接口网络。

（4）VLAN ID：表示该帧所属的 VLAN，取值为 0～4095，可用 VLAN ID 为 1～4094。

归属到同一个 VLAN 的 gNodeB 数量，以一级汇聚点（最靠近 gNodeB 侧）的传输设备网关的一个端口或一块单板所连接的 gNodeB 数为准，推荐 30～50 个 gNodeB 规划在一个 VLAN 中。gNodeB 推荐 VLAN 的规划方式为 Single VLAN。

4. 互联资源规划设计——IP 地址

gNodeB 中的 IP 地址分为物理接口 IP 地址和逻辑接口 IP 地址两大类。

（1）物理接口 IP 地址：配置在物理接口（指真实存在、有对应器件支持的接口）上的 IP 地址，直接和网络连接。

（2）逻辑接口 IP 地址：配置在逻辑接口（指能够实现数据交换功能，但是物理上不存在、需要通过配置建立的接口）上的 IP 地址，不直接和网络连接，如以太网聚合组（Eth Trunk 接口）IP 地址、环回接口（LoopINT 接口）IP 地址、子接口（SUB 接口）IP 地址等。

现网推荐每个 gNodeB 分配两个物理接口 IP 地址，S1-U/X2 使用一个 IP 地址，OM/Clock 使用一个 IP 地址，建议进行 VLAN 隔离。如果 IP 地址资源紧张，则可以共用同一个 IP 地址。

5. 互联资源规划设计——路由

gNodeB 中的路由分为目的 IP 地址路由和源 IP 地址路由两大类。

（1）目的 IP 地址路由：根据 IP 报文中的目的 IP 地址查找报文发送的出端口及网关 IP 地址。

图 7-9 所示为目的 IP 地址路由场景，当基站侧有多个 IP 地址，且下一跳地址不同时，推荐使用目的 IP 地址路由，这是默认使用类型。

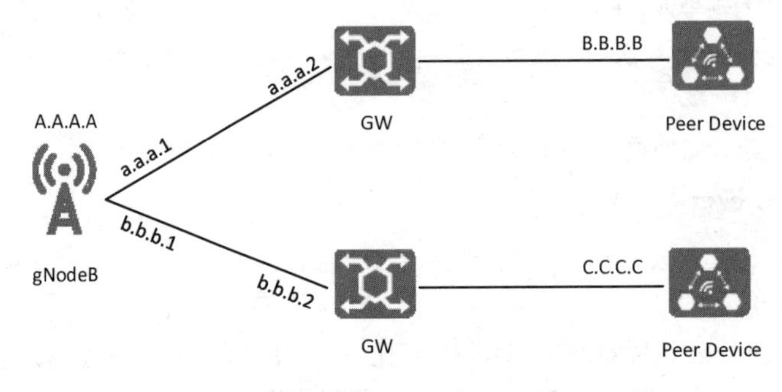

图 7-9 目的 IP 地址路由场景

（2）源 IP 地址路由：根据 IP 报文中的源 IP 地址查找报文发送的出端口及网关 IP 地址。

图 7-10 所示为源 IP 地址路由场景，当基站侧只有一个 IP 地址，下一跳相同，且对端目的 IP 地址有多个时，推荐使用基站源 IP 地址路由，简化基站侧的路由配置。

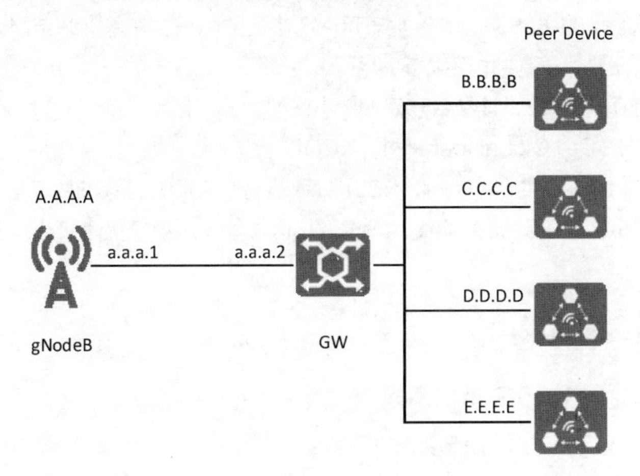

图 7-10　源 IP 地址路由场景

7.2.2　5G 命名/编号设计

随着 5G 网络部署的推进，现网 5G 基站数量越来越多，为了方便后续 5G 站点维护，5G 站点和小区需要严格按照规范进行命名和编号，具体规范如下。

1. 站点命名设计

站点命名规则：所在区域名+站型 + "_"+序号。命名在全网中应唯一，如上海金桥_DBS5900_1。如果区域名可简写，则推荐使用简写，如 SHJQ_DBS5900_1。

站点命名约束：最大为 64 个字符的字符串，名称字符串不能是全空白的字符串或者含有如下字符——"?" ":" "<" ">" "*" "/" "\" "|" """ "," ";" "=" "'" "+++"，两个以上（含两个）连续的空格或两个以上（含两个）连续的%。

2. 小区命名设计

小区命名规则：站点名称+ "_" +Cell+序号。命名在全网中应唯一，如上海金桥_DBS5900_1_Cell1。如果区域名可简写，则推荐使用简写，如 SHJQ_DBS5900_1_Cell1。

小区序号从 1 开始，当客户网络中存在多个频点时，序号可以按照如下规则进行设置。

（1）第一频点：序号 1～5。

（2）第二频点：序号 6～10。

小区命名约束：最大为 99 个字符的字符串，名称字符串不能是全空白的字符串或者含有如下字符——"?" ":" "<" ">" "*" "/" "\" "|" """ "," ";" "=" "'" "+++"，两个以上（含两个）连续的空格，两个以上（含两个）连续的%。

3. 小区级参数编号设计

扇区编号：取值为 0～65535，该参数表示逻辑扇区编号，在单基站范围内唯一标识一个逻辑扇区，正常情况下，从 0 开始依次编号。

扇区设备编号：取值为 0～65535，该参数表示物理扇区设备编号，在单基站范围内唯一标识一个物理扇区设备，正常情况下，从 0 开始依次编号。

NR DU 小区标识：取值为 0～65534，该参数表示 NR DU 小区的标识，在单基站范围内唯一标识一个 NR DU 小区，没有全局意义，只需要保证基站内不冲突即可。

NR 小区标识：取值为 0～65534，该参数表示 NR 小区的标识，在单基站范围内唯一标识一个 NR 小区，没有全局意义，只需要保证基站内不冲突即可。

小区标识：取值为 0～16383，该参数表示 NR 小区的标识，该小区标识、gNodeB ID 及 PLMN ID 组成 NR 小区全球标识（NR Cell Global Identifier，NCGI）。

物理小区标识（Physical Cell Identifier，PCI）：取值为 0～1007，该参数表示 5G 的物理小区标识，该标识不能和周边相邻小区的 PCI 产生冲突，考虑到小区搜索及后续干扰随机化算法的影响，尽量保证相邻小区 PCI 模 3 错开。

7.2.3 5G 联合网络设计

V7-4 5G 联合网络设计

1. 5G 承载网规划设计

图 7-11 所示为 5G 承载网规划设计，具体设计关键点如下。

（1）5G 承载网支持 gNodeB 以任何方式接入，包括光纤直连接入、微波接入及家庭宽带接入等。

（2）承载网接入环带宽需要扩容到 50Gbit/s，支持 gNodeB 的大带宽业务。后期，随着毫米波业务商用，接入环带宽需要扩容到 100Gbit/s 及以上。

（3）基站集中化部署是大趋势，为了解决前传的大带宽、远距离传输，需要构建 5G 前传网络，为了降低对纤芯资源的消耗，推荐采用有源波分设备构建前传网络。

（4）承载网汇聚环和核心环带宽需要进一步扩容到 200～400Gbit/s，同时，结合波分设备下沉到汇聚层，实现大带宽、低时延的数据传送。

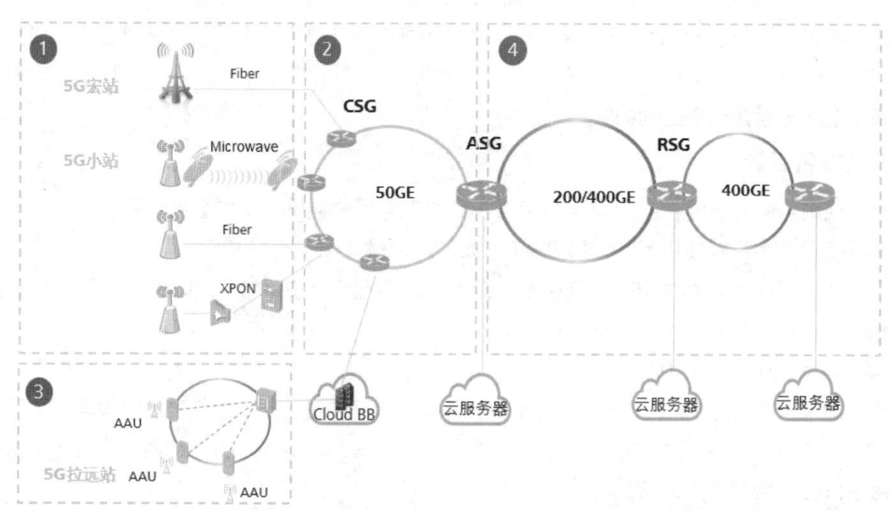

图 7-11 5G 承载网规划设计

2. 5G 核心网规划设计

在 NSA Option 3x 组网场景中，核心网采用的依旧是 EPC 架构，这里将分别介绍 EPC 侧与基站相关的 S1-C 和 S1-U 接口组网设计。

（1）S1-C 接口组网设计（主备端口+VRRP+静态路由）。

图 7-12 所示为 MME 侧 S1-C 接口组网设计，由于在 Option 3x 组网场景中，gNodeB 没有 S1-C 接口，所以图中对端是 eNodeB，具体配置和组网设计如下。

① eNodeB：基站侧配置了一个逻辑地址 IP3，用于与 MME 构建信令链路。同时，配置了一个物理接口地址 IP3.1，用于与传输网关对接。基站上配置了一条静态路由，目的地指向 MME 的信令地址 IP1，下一跳网关指向传输设备网关地址 IP3.2。

② 路由器：PE1 和 PE2 上启用虚拟路由冗余协议（Virtual Router Redundancy Protocol，VRRP）功能，面向 MME 侧的虚拟地址为 IP1.4，该 IP 地址当作 MME 访问基站的网关地址。同时，每个路由器上配置两条静态路由，目的地分别指向 eNodeB 和 MME 侧的信令地址，下一跳网关指向对接的对端设备的接口地址。

③ MME：MME 侧配置了一个逻辑地址 IP1，用于与 eNodeB 构建信令链路。同时，配置了两个物理接口地址——IP1.1 和 IP1.5，分别位于主备单板上，用于与传输网关对接。MME 上配置了一条静态路由，目的地指向 eNodeB 的信令地址 IP3，下一跳网关指向路由器的 VRRP 虚拟地址 IP1.4。在 MME 侧开启 ARP 探测功能，用于检测 VRRP 路由器状态是否正常，任何一个路由器发生故障，虚拟 IP1.4 都不会发生改变，所以 MME 侧不需要更新任何路由配置信息，充分保障了整个网络的可靠性。

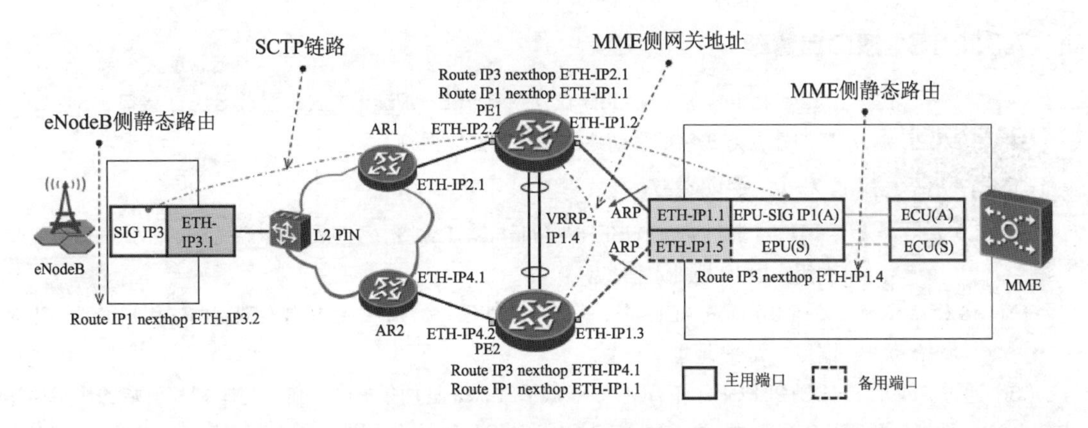

图7-12 MME 侧 S1-C 接口组网设计

S1-C 接口还有一种组网方案，即双主端口+动态路由+SCTP 多归属负荷分担方案。由于该方案容易产生 SCTP 报文乱序，严重情况下，会造成大量信令报文重传，占用 eNodeB 大量缓冲区空间，影响 eNodeB 处理能力，造成信令响应延迟增大，导致用户业务等待时间加长，影响用户体验，因此一般不推荐使用。

（2）S1-U 接口组网设计（双主端口+动态路由+负荷分担）。

图 7-13 所示为 SGW 侧 S1-U 接口组网设计，其相对于控制面简单很多，SGW 提供了双主端口组网，一对传输接口板同时对接 L3 传输设备，并设置该对单板提供的两个接口同时激活，使用开放式最短路径优先（Open Shortest Path First，OSPF）协议的动态路由或者相同优先级的静态路由，也可以把两个端口绑定在同一个 Trunk 传输组中，在保证传输接口可靠性的前提下，能有效提高传输利用率。

由于 S1-U 接口传输层采用了 UDP，与控制面采用的 SCTP 不同，UDP 没有按序传输与重传的机制，发生乱序或者丢包时，不会造成报文重传，故不会导致业务时延变长及影响用户体验。

图 7-13　SGW 侧 S1-U 接口组网设计

7.3 NSA 组网接口设计

在 NSA Option 3x 组网场景中，gNodeB 需要与核心网 EPC 建立 S1-U 接口，用于传递 NR 的业务数据流；同时，需要与 eNodeB 建立 X2（包含 X2-C 和 X2-U）接口，用于传递 LTE 和 NR 之间的信令及业务数据流。本节将分别介绍 S1 接口和 X2 接口的自管理流程。

7.3.1 S1 接口自管理

V7-5 NSA 组网接口设计（S1&X2）

eNodeB 和 gNodeB 仅支持基于 EndPoint 方式来配置 S1-U 接口，S1-U 接口的建立方式包括手动建立和自动建立两种。

1. 手动建立

（1）通过 ADD USERPLANEHOST 命令，手动配置本端基站的用户面端点（本端用户面 IP 地址）信息。

（2）通过 ADD USERPLANEPEER 命令，手动配置对端基站的用户面端点（对端用户面 IP 地址）信息。

（3）通过 ADD UPHOST2EPGRP 和 ADD UPPEER2EPGRP 两条命令，依次将本端和对端的用户面端点信息加入到端点组 EPGROUP 中，并通过 ADD GNBCUS1 命令，引用端点组 EPGROUP，从而完成 S1-U 接口的创建。

如果 gNodeB 存在多个 S1-U 接口，则需要多次添加对端信息，工作量会比较大。相关命令的详细配置参数在第 8 章中会详细介绍。

2. 自动建立

S1-U 接口支持自动建立，当 UE 进行 DC 业务时，若 gNodeB 检查到 S1-U 链路不存在或者出现了故障，则 gNodeB 将 eNodeB 发送过来的 SGW IP 地址作为对端用户面 IP 地址，进行 S1-U 接口的建立，其具体流程如图 7-14 所示。

（1）eNodeB 发送 SgNB Addition Request 给 gNodeB，其中携带 SGW 侧 S1-U 接口 IP 地址和上行隧道端点标识（Tunnel Endpoint Identifier，TEID）信息，gNodeB 基于此信息建立 S1-U 接口，至此可以发送上行数据。

（2）gNodeB 发送 SgNB Addition Request ACK 给 eNodeB，其中携带 gNodeB 侧 S1-U 接口 IP 地址和下行 TEID 信息。

（3）UE 接入 gNodeB 流程。

（4）eNodeB 发送 eRAB Modification Indication 给 MME，其中携带 gNodeB 侧 S1-U 接口 IP 地址和 TEID 信息。

（5）MME 与 SGW 进行消息交互，SGW 基于 eNodeB 发送的 gNodeB 侧的 S1-U 接口 IP 地址和 TEID 信息，建立 S1-U 接口，至此可以发送下行数据。

（6）MME 发送 eRAB Modification Confirm 给 eNodeB。

（7）SGW 发送下行数据给 gNodeB。

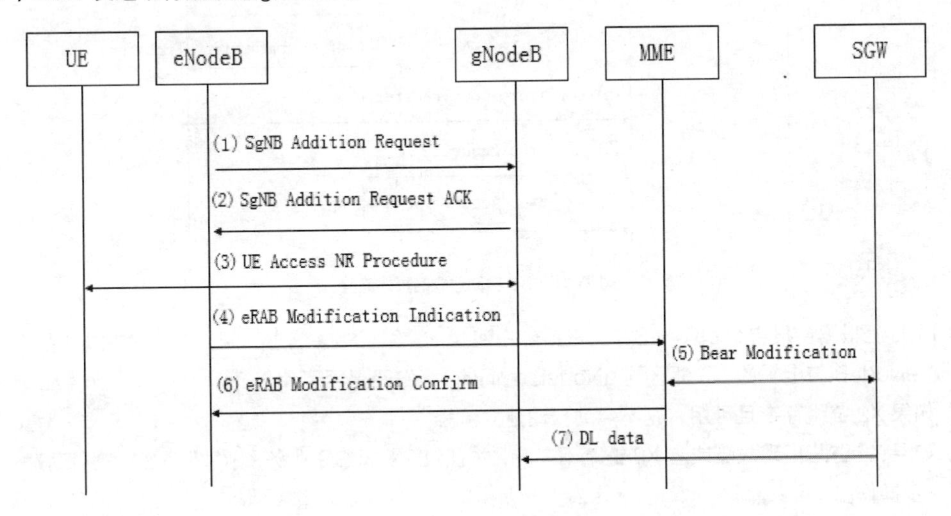

图 7-14　自动建立的具体流程

需要注意的是，当 S1-U 接口自建立时，虽然不需要手动配置对端端点信息，但是本端端点信息仍需要手动配置。当前 gNodeB 最大支持配置 6 个 S1-U 接口。

7.3.2　X2 接口自管理

eNodeB 和 gNodeB 仅支持基于 EndPoint 方式来配置 X2 接口，X2 接口的建立方式包括手动建立和自动建立两种。

1. 手动建立

（1）通过 ADD SCTPHOST 和 ADD USERPLANEHOST 命令，分别手动配置本端基站的控制面端点（本端信令 IP 地址和本端信令逻辑端口号）和用户面端点（本端用户面 IP 地址）信息。

（2）通过 ADD SCTPPEER 和 ADD USERPLANEPEER 命令，分别手动配置对端基站的控制面端点（对端信令 IP 地址和对端信令逻辑端口号）和用户面端点（对端用户面 IP 地址）信息。

（3）通过 ADD SCTPHOST2EPGRP、ADD SCTPPEER2EPGRP、ADD UPHOST2EPGRP 和 ADD UPPEER2EPGRP 命令，依次将本端和对端的端点加入到端点组 EPGROUP 中，并通过 ADD X2（LTE 侧命令）/ADD GNBCUX2（NR 侧命令）命令，引用端点组 EPGROUP，从而完成 X2 接口的创建。

相关命令的详细配置参数在第 8 章会详细介绍。

2. 自动建立

X2 接口自动建立时有两种方式：一种是通过网管自动建立，另一种是通过 MME 自动建立。可以通过 MOD GLOBALPROCSWITCH 和 MOD GNBX2SONCONFIG 命令打开自动建立开关并选择自动建立方式。但是 eNodeB 与 gNodeB 间的 X2 接口自动建立，当前仅支持 X2 over OSS 方式，不支持 X2 over S1 方式，其具体流程如图 7-15 所示。

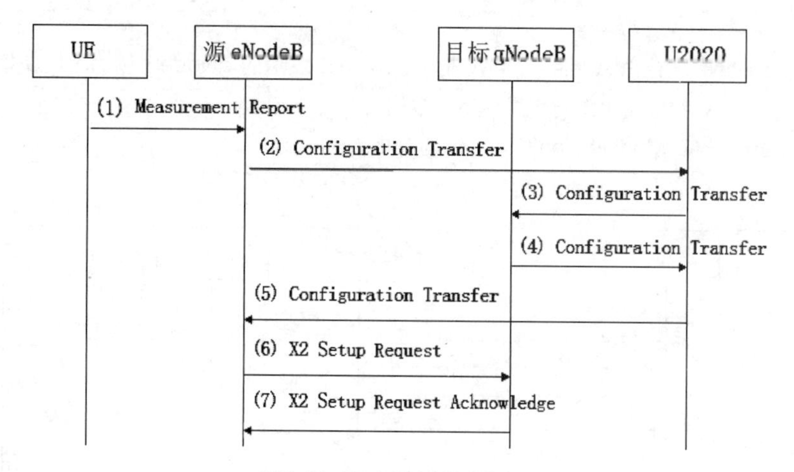

图 7-15　X2 自动建立的具体流程

（1）UE 上报测量报告给 eNodeB，测量报告中包含 5G 邻区相关信息，源 eNodeB 根据 UE 上报的信息判断源 eNodeB 与上报的 5G 邻区的 gNodeB 之间的 X2 链路是否可用。

① 如果 X2 链路存在且可用，则不启动自动建立流程。

② 如果 X2 链路出现故障或者 X2 链路不存在，并且 UE 发起 DC 业务，则触发 X2 接口自动建立流程，进行下一步操作。

（2）源 eNodeB 识别 UE 测量报告中的 PCI，通过 LTE 侧配置的 5G 邻区找到该 PCI 对应的 gNodeB ID，源 eNodeB 发送 Configuration Transfer 消息到网管 U2020 中，该消息携带源 eNodeB 的 X2 接口相关信息，包含 X2-C IP 地址、X2-U IP 地址、运营商 ID 等信息。

（3）网管 U2020 收到该消息后，根据目标 gNodeB ID，将该消息转发给目标 gNodeB。

（4）目标 gNodeB 收到该消息后，发送携带了其控制面和用户面 IP 地址的 Configuration Transfer 消息给网管 U2020。同时，自动生成相关管理对象，并自动建立控制面和用户面传输链路。

（5）网管 U2020 将该消息转发给源 eNodeB。源 eNodeB 收到该消息后，自动生成相关管理对象，并自动建立控制面和用户面传输链路。

（6）源 eNodeB 向目标 gNodeB 发送 X2 Setup Request 消息，启动 X2 接口自建立。

（7）目标 gNodeB 向源 eNodeB 发送 X2 Setup Request Acknowledge 消息进行响应，同时自动生成相关管理对象，双方自动建立控制面和用户面传输链路。

需要注意的是，当 X2 接口自动建立的时候，虽然不需要手动配置对端端点信息，但是本端端点信息仍需要手动配置。当前网络 gNodeB 最多可以与 eNodeB 间建立 96 个 X2 接口。X2 自动建立时，需要满足以下几个前提条件。

（1）eNodeB 配置完整，包括 NR 邻区。

（2）U2020 CMServer 服务开启。

（3）eNodeB 和 gNodeB 之间发生辅站添加或者切换流程。

gNodeB 不仅支持 X2 自动建立，还支持 X2 自更新和自删除。X2 接口自更新支持由业务触发的 X2 对端信息（MNC、MCC 或者 eNodeB/gNodeB ID）自更新和由人工触发的 X2 对端信息自更新；gNodeB 支持基于链路故障触发的 X2 接口自删除，也支持 X2 接口初始自动建立成功后立即出现故障触发的 X2 接口自删除，但其仅对初始自动建立 X2 接口的链路进行自删除。

本章小结

本章先介绍了 5G 无线网络组网方案，再介绍了 5G 无线网络设计，最后介绍了 NSA 组网接口设计。

通过本章的学习，读者应该掌握 5G 网络中的 NSA 和 SA 组网方案、无线网络设计规则及 NSA 组网中 S1/X2 接口自管理的流程。

课后练习

1. 选择题

（1）以下组网场景中不支持动态分流的是（　　）。

A. Option 3　　B. Option 3a　　C. Option 3x　　D. Option 7

（2）在 Option 3x 组网场景中，gNodeB 需要配置（　　）链路。

A. S1-C　　B. S1-U　　C. X2-C　　D. X2-U

（3）Option 3x 组网可以选择的承载分流方案是（　　）。

A. MCG 承载　　B. SCG 承载　　C. MCG Split 承载　　D. SCG Split 承载

（4）关于 VLAN ID 可用范围，以下描述正确的是（　　）。

A. 0～7　　B. 0～4095　　C. 1～6　　D. 1～4094

（5）NR 的 PCI 可用范围是（　　）。

A. 0～503　　B. 0～504　　C. 0～1007　　D. 0～1008

（6）X2 接口自建立后可支持的方式是（　　）。

A. X2 over OSS　　B. X2 over MME　　C. X2 over SGW　　D. X2 over ETH

（7）S1-U 接口自建立后，选配的参数是（　　）。

A. 控制面本端 IP 地址　　B. 控制面对端 IP 地址

C. 用户面本端 IP 地址　　D. 用户面对端 IP 地址

2. 简答题

（1）请对比分析 NSA 和 SA 组网的差异点及优缺点。

（2）请画出 Option 3 和 Option 3x 承载分流对比图，并说明两种组网方案的优缺点。

（3）请画出 NSA 接口的 IP 互联组网图，并说明各接口设计规则。

（4）请画出 VLAN 以太网帧结构图，并指出 VLAN 在 5G 网络中的作用。

（5）简要说明目的地址路由和源地址路由的区别，并说明其适用的应用场景。

（6）请画出 5G 承载网的目标架构图，并简要说明设计规则。

（7）核心网 MME 侧 S1-U 接口的组网方案是什么？为什么不采用双主方案？

（8）请画出 X2 接口自建立流程图，并简要说明每个步骤的含义。

Communication

Chapter

8

第 8 章 5G 基站数据配置

5G 延续了 4G 扁平化的网络架构。作为无线侧的主设备，gNodeB 的功能和 4G 基站基本一致。但是 5G 基站引入了云化架构，同时在空口使用了大量新技术，基站性能也有很大提升。新的网络架构和新的空口技术会导致基站的数据配置产生哪些变化呢?

本章主要介绍 5G 基站的数据配置工具、方法和流程。

课堂学习目标

- 掌握 gNodeB 的配置流程
- 掌握 gNodeB 配置流程中的命令
- 掌握 gNodeB 基本配置命令中的关键参数设置原理，并具备典型场景的 gNodeB 配置脚本制作技能

8.1 5G 基站数据配置准备

在 5G 网络中，5G 基站 gNodeB 承担了无线资源管理，空口消息的处理、调度和传输，以及核心网的选择等功能，这与 4G 基站 eNodeB 的功能基本一致。gNodeB 要实现其功能，首先，需要现网具有核心网，并且核心网到基站的传输通道已经打通；其次，需要在基站现场完成硬件安装并上电；最后，工程师需要对 gNodeB 做好数据配置并完成调测。

本节主要介绍在配置 5G 基站数据之前，需要做好的一系列准备工作，包括准备配置工具、检查基站的配置条件是否具备、制定配置流程并删除单板上可能存在的初始数据等。

8.1.1 gNodeB 的数据配置工具

gNodeB 的数据配置操作需要借助配置工具实现，本节主要介绍使用本地维护终端（Local Maintenance Terminal，LMT）配置 gNodeB 的方法。

1. CME（批量配置工具）

如图 8-1 所示，选择 U2020 客户端中的“CME”功能模块，创建自定义 SUMMARY 采集表，可以通过该表批量配置 gNodeB。

图 8-1　CME 配置界面

2. LMT（近端配置工具）

如图 8-2 所示，通过登录 gNodeB 的 LMT，使用人机语言（Man-Machine Language，MML）命令可以完成 gNodeB 数据配置脚本的制作。在“命令输入”文本框中输入命令，单击“辅助”按钮即可显示参数设置界面。设置参数时，红色参数必填（关键参数），黑色参数非必填（非关键参数），通常采用默认设置即可。

图 8-2　LMT 的 MML 命令配置界面

8.1.2　gNodeB 的数据配置条件

启动 gNodeB 的配置流程之前，需要知道 gNodeB 的规划协商参数、gNodeB 的硬件及传输组网拓扑。

1. 规划协商参数

如图 8-3 所示，通过市场部门获取按站点发货清单（Bill of Quantity，BoQ），得到站型配置要求和设备清单；结合硬件配置原则和站型需要，完成硬件位置规划和线缆连接拓扑，输出硬件配置参数；根据全局设计、传输规划及无线规划，输出全局配置参数、传输配置参数和无线配置参数。

V8-1 基站硬件及传输组网拓扑解析

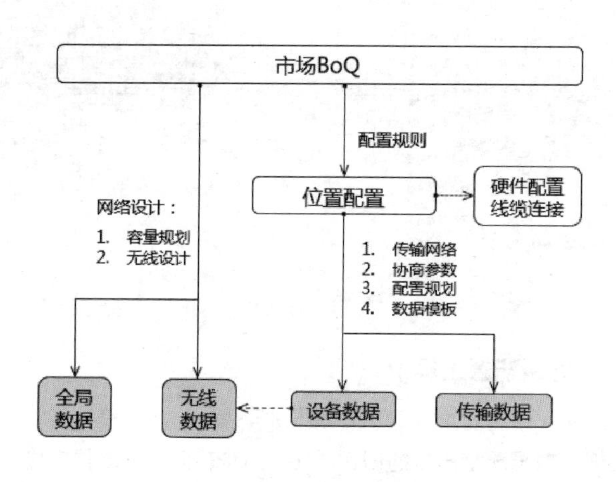

图 8-3　规划协商参数

2. 硬件及传输组网拓扑

如图 8-4 所示，硬件位置规划、线缆连接规划及传输组网规划完成后，可以绘制硬件及传输组网拓扑图，以指导后续配置。

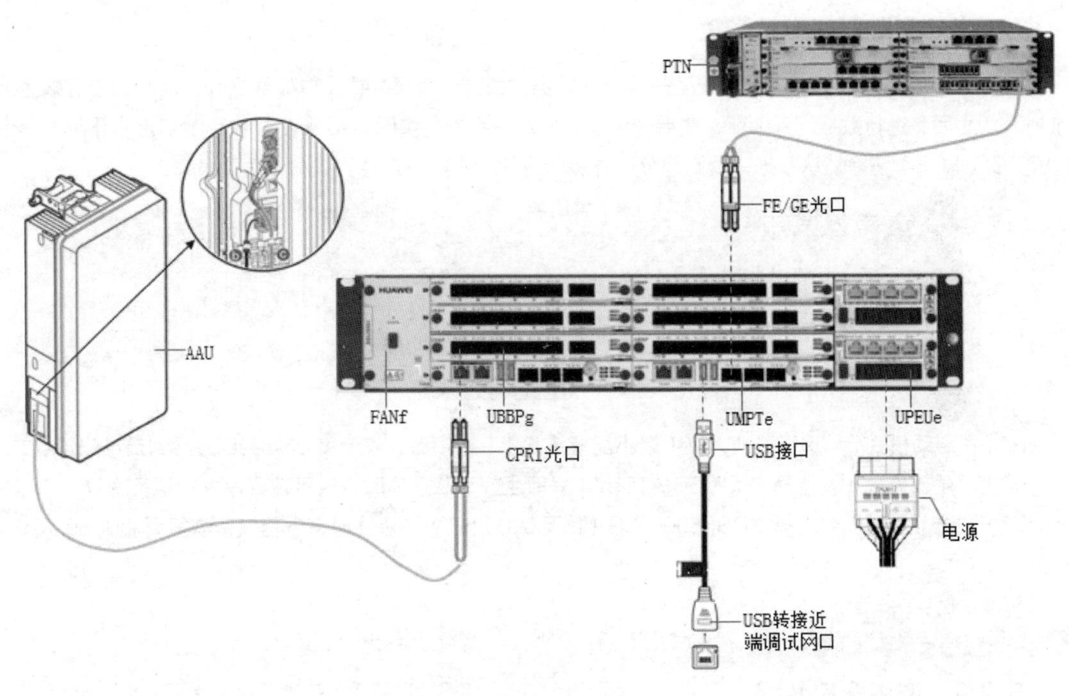

图8-4　硬件及传输组网拓扑

8.1.3 gNodeB的配置流程

gNodeB的配置流程如图8-5所示。

（1）删除原始默认数据：使用MML命令清除主控板中的默认原始数据。

（2）配置全局数据：配置gNodeB的应用类型、运营商信息、跟踪区信息及工程模式等全局参数。

（3）配置设备数据：配置gNodeB的机柜、BBU框、单板、射频、时钟及时间源等硬件参数。

（4）配置传输数据：配置gNodeB的底层传输信息、操作维护链路、X2/Xn链路、S1/NG链路及IP时钟链路等传输参数。

（5）配置无线数据：配置gNodeB的扇区、小区等无线参数。

在整体配置流程上，gNodeB和eNodeB基本相同。但是，5G在无线侧引入了CU/DU分离的概念，同时，整个IP传输网络在5G时代引入了IPv6技术，因此，在具体的配置细节上，gNodeB的配置方式和eNodeB有很多不同之处。

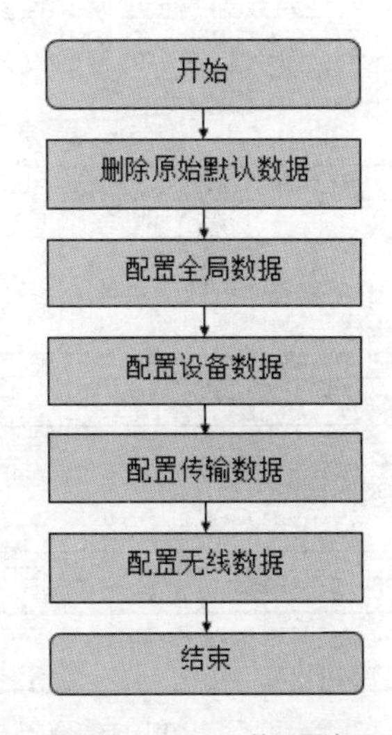

图8-5　gNodeB的配置流程

8.2 5G基站数据配置命令

在基于MML的配置方式下，5G基站的每个配置步骤都是通过对应的MML命令完成的。调测基站时，可以在命令中输入相关参数，并逐条执行；或者在完成每一条MML命令的参数输入后暂不执行，保存命令脚本，最终批量执行脚本。本节主要介绍5G基站的具体配置MML命令，以及命令中需要输入的相关参数，并基于典型场景（给出协商参数表）完成配置脚本的制作。

8.2.1 删除原始默认数据

gNodeB 在出厂前可能已经配置了一些默认数据，如无线射频数据、单板数据等，因此，在近端登录 gNodeB 之后、进行数据配置之前，需要先清除这些默认数据。如图 8-6 所示，使用激活最小化配置命令（ACT CFGFILE）清除默认数据，否则部分配置步骤可能会失败。注意：该命令为高危命令。

图 8-6 激活最小化配置状态

（1）“启动模式”：选择“LEAST（最小配置模式）”选项时，表示将 gNodeB 激活到最小配置状态。

（2）“生效方式”：选择“IMMEDIATELY（立即生效）”选项时，表示该命令立即执行生效。

（3）“产品类型”：选择“DBS5900_5G（DBS5900 5G）”选项时，表示设备恢复到 DBS5900_5G 站型。

脚本示例：

```
ACT CFGFILE: MOD=LEAST, EFT=IMMEDIATELY, PRODUCTTYPE=DBS5900_5G;
```

8.2.2 配置全局数据

全局数据属于全网共性参数，不同 gNodeB 之间的全局数据值相同。配置全局数据涉及的命令如表 8-1 所示，示例脚本中的参数设置基于协商参数表 8-2，未在表 8-2 中定义的参数可以自定义或取默认值。

表 8-1 配置全局数据涉及的命令

功能应用	MML 命令
gNodeB 功能	增加应用：ADD APP 增加 gNodeB 功能：ADD GNODEBFUNCTION
网元的配置属性	设置网元配置属性：SET NE
运营商	增加 gNodeB 运营商信息：ADD GNBOPERATOR 增加 gNodeB 跟踪区域信息：ADD GNBTRACKINGAREA
网元工程状态	设置网元工程状态：SET MNTMODE

表 8-2 协商参数表

协商参数名称	取值
应用 ID	1
应用类型	gNodeB
gNodeB 标识	130
移动国家码（MCC）	460
移动网络码（MNC）	88
运营商类型	主运营商

续表

协商参数名称	取值
NR架构选项	SA_NSA
跟踪区域码	130

1. 增加应用

ADD APP命令用于根据用户指定的应用类型和应用ID增加一个应用。如图8-7所示，应用提供了某一种制式网元功能的运行环境。如果网元需要提供某种制式的功能，则需要添加该制式对应的应用。例如，网元制式演进需要新增NR的无线接入功能，此时，需要添加gNodeB的应用。

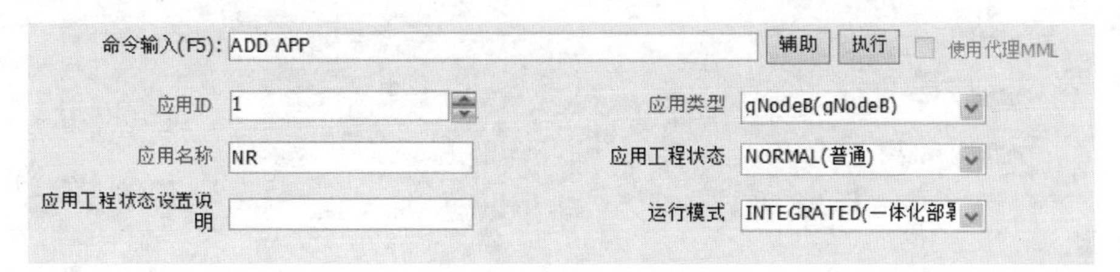

图8-7 增加应用

脚本示例：

```
ADD APP: AID=1, AT=gNodeB, AN="NR", APPMNTMODE=NORMAL;
```

2. 增加gNodeB功能

ADD GNODEBFUNCTION命令用于增加gNodeB功能，如图8-8所示。

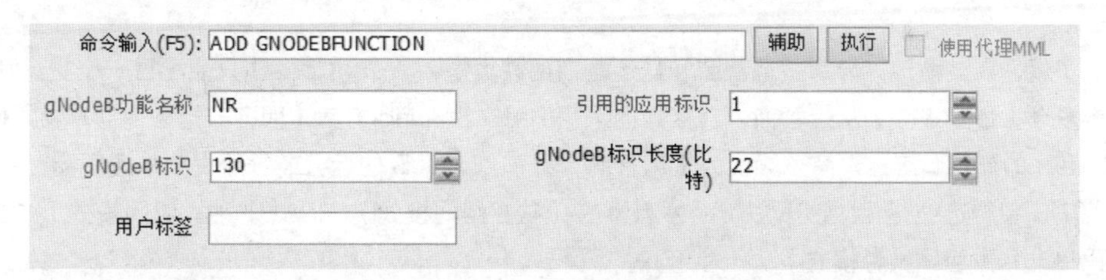

图8-8 增加gNodeB功能

（1）“引用的应用标识”：设置为上一条命令添加的gNodeB对应的“应用ID”值。

（2）“gNodeB标识”：基站唯一标识，需按协商参数设置。

（3）“gNodeB标识长度（比特）”：用于设置gNodeB标识的长度。

脚本示例：

```
ADD GNODEBFUNCTION: gNodeBFunctionName="NR", ReferencedApplicationId=1, gNBId=130;
```

3. 设置网元配置属性

SET NE命令用于修改网元名称、站点位置、部署标识、站点名称、用户标签及Cloud BB标识，如图8-9所示。

脚本示例：

```
SET NE: NENAME="NR-130", LOCATION="JIANGUOLU-3-3", DID="NEW", SITENAME="gNodeB-NR-130", CLOUDBBID=0;
```

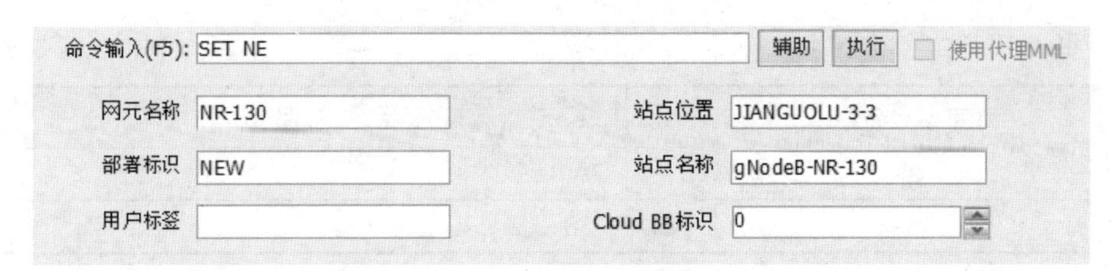

图 8-9　设置网元配置属性

4. 增加 gNodeB 运营商信息

ADD GNBOPERATOR 命令用于增加 gNodeB 的运营商信息，如图 8-10 所示。

图 8-10　增加 gNodeB 运营商信息

（1）“移动国家码”表示运营商的国家码，“移动网络码”表示运营商的网络码，MCC+MNC 组成了公共陆地移动网（Public Land Mobile Network，PLMN）ID，PLMN ID 决定了该 gNodeB 归属于哪个运营商，如中国的国家码为 460，而中国移动使用的 MNC 有 00、02、04、07、08、13 等，中国电信使用的 MNC 有 03、11、12 等，中国联通使用的 MNC 有 01、06、09、10 等，本例中设置的 88 为试验网使用的 MNC。

（2）“运营商类型”：分为主运营商和从运营商两种类型，一个 gNodeB 只能配置一个主运营商，但可以配置多个（最多 5 个）从运营商，当接入网采用 RAN-Sharing 方案（即多家运营商共享接入网设备）时，gNodeB 的产权归属运营商一般设为主运营商，共享 gNodeB 的运营商一般设为从运营商。

（3）“NR 架构选项”：根据组网决定，可选为 SA（独立组网模式）、NSA（非独立组网模式）和 SA_NSA（独立组网&非独立组网共存模式）。

脚本示例：

```
ADD GNBOPERATOR:OPERATORID=0,OPERATORNAME="5G",MCC="460",MNC="88",
NRNETWORKINGOPTION=NSA;
```

5. 增加 gNodeB 跟踪区域信息

ADD GNBTRACKINGAREA 命令用于增加 gNodeB 的跟踪区域信息，如图 8-11 所示。

图 8-11　增加 gNodeB 跟踪区域信息

（1）“跟踪区域标识”：用于唯一标识一条跟踪区域信息记录。该参数仅在 gNodeB 内部使用，在与核心网的信息交互中并不使用。

（2）“跟踪区域码”：用于核心网界定寻呼消息的发送范围，一个跟踪区可能包含一个或多个小区，非独立组网小区无须规划 TAC，可将其配置为无效值（4294967295）；独立组网小区必须规划 TAC，不能将其配置为无效值。

脚本示例：

```
ADD GNBTRACKINGAREA:TRACKINGAREAID=0,TAC=130;
```

6. 设置网元工程状态

SET MNTMODE 命令用于设置网元工程状态。当网元处于工程态时，告警上报方式（告警中携带基站的工程状态信息）将会改变，性能数据源将会被标识为不可信，对基站业务无影响，如图 8-12 所示。

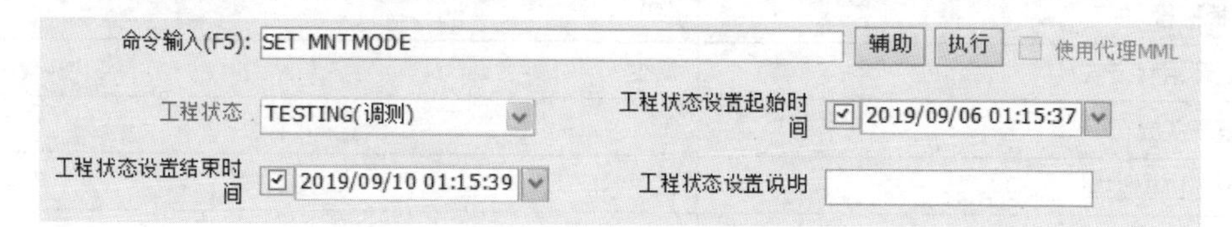

图 8-12 设置网元工程状态

网元的“工程状态”可以设置为 NORMAL（普通）、INSTALL（新建）、EXPAND（扩容）、UPGRADE（升级）及 TESTING（调测）等，用于标记基站的不同状态（不同的取值不影响基站功能），这些状态将会体现在基站上报的告警信息中，以便对基站在不同状态下产生的告警进行分类处理。

脚本示例：

```
SET MNTMODE: MNTMODE=TESTING, ST=2019&09&06&01&15&37, ET=2019&09&10&01&15&39;
```

8.2.3 配置设备数据

设备数据即 gNodeB 的硬件参数，其涉及的命令如表 8-3 所示。设备数据需要严格按照站点规划拓扑进行设置，这里依据的硬件拓扑可参考图 8-4，协商参数取值如表 8-4 所示。

表 8-3 配置设备数据涉及的命令

功能应用	MML 命令
机柜及机框参数	增加机柜：ADD CABINET 增加机框：ADD SUBRACK
BBU 单板参数	增加单板：ADD BRD（高危命令）
射频单元	增加 RRU 链环：ADD RRUCHAIN 增加射频单元：ADD RRU
时间源参数	设置时区和夏令时：SET TZ（高危命令） 设置时间源：SET TIMESRC 增加 NTP 客户端：ADD NTPC（高危命令） 设置主 NTP 服务器：SET MASTERNTPS
时钟源参数	增加 GPS：ADD GPS（将 GPS 作为外部时钟源使用） 时钟源工作模式：SET CLKMODE （高危命令） 设置基站时钟同步模式： SET CLKSYNCMODE（高危命令）

表 8-4 协商参数取值

协商参数名称	取值
机框型号	BBU5900
风扇单板槽号	16
基带单板槽号	4
基带工作制式	NR
主控单板槽号	7
电源单板槽号	19
RRU 链环组网方式	链型
RRU 链环头光口	0
RRU 链环协议类型	eCPRI
射频单元位置	0 柜 60 框
射频单元工作制式	NR_ONLY
射频单元收发通道数	64
时间源	NTP
NTP 服务器地址	10.175.165.24

1. 增加机柜

ADD CABINET 命令用于增加机柜，如图 8-13 所示。

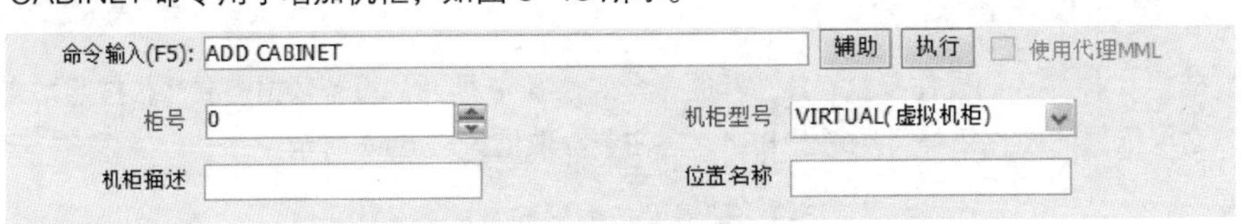

图 8-13 增加机柜

（1）“柜号”：表示需要增加的机柜编号，DBS 站型只需一个机柜，“柜号”配置为“0”。

（2）“机柜型号”：表示需要添加的机柜型号，一般配置为“VIRTUAL（虚拟机柜）”，以适配现场可能多变的物理机柜型号。

脚本示例：

```
ADD CABINET: CN=0, TYPE=VIRTUAL;
```

2. 增加机框

如图 8-14 所示，ADD SUBRACK 命令用于增加 BBU 框或 RFU 框（gNodeB 目前不支持 RFU，因此机框即表示 BBU 框），其他类型的机框在用户增加设备时自动生成，不需要通过该命令添加。

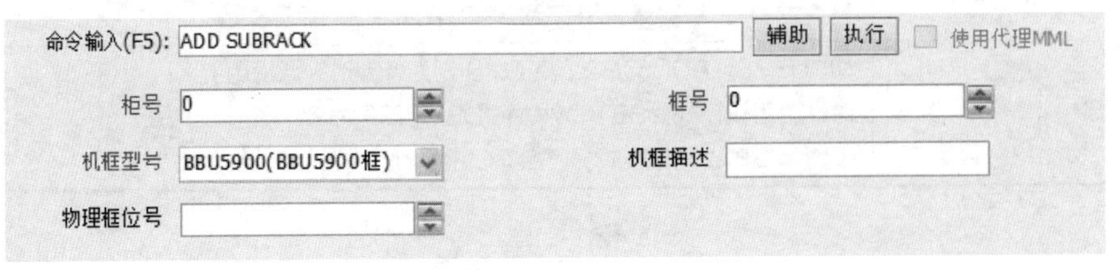

图 8-14 增加机框

（1）“柜号”：表示 BBU 机框所在的机柜编号，该参数已在 ADD CABINET 命令中定义。

（2）“框号”：表示机框编号，取值 0～1 时用于标识 BBU 框，取值 4～5 时用于标识 RFU 框，目前 gNodeB 中不支持 RFU，且 BBU 只需配置 1 个，因此“框号”一般设置为“0”。

（3）“机框型号”：表示 BBU 框的类型，gNodeB 需配置为“BBU5900（BBU5900 框）”。

脚本示例：

```
ADD SUBRACK: CN=0, SRN=0, TYPE=BBU5900;
```

3. 增加单板

ADD BRD 命令用于在 BBU 框中增加一块单板，BBU 框中需要增加风扇单板、基带单板、主控单板及电源单板。以下配置流程将按照图 8-4 进行配置。

增加风扇单板参数如图 8-15 所示，增加基带单板参数如图 8-16 所示，增加主控单板参数如图 8-17 所示，增加电源单板参数如图 8-18 所示。

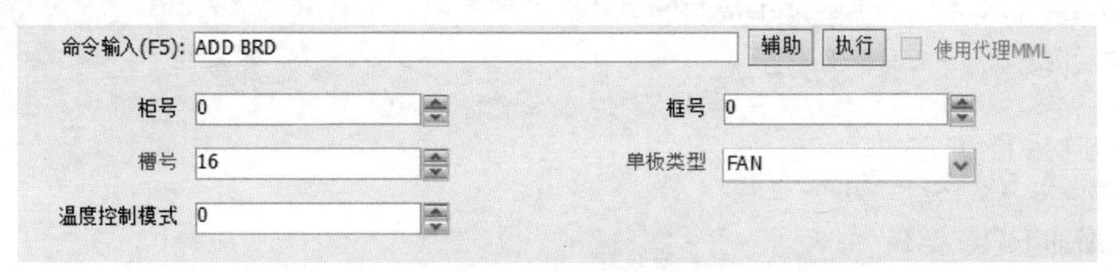

图 8-15　增加风扇单板参数

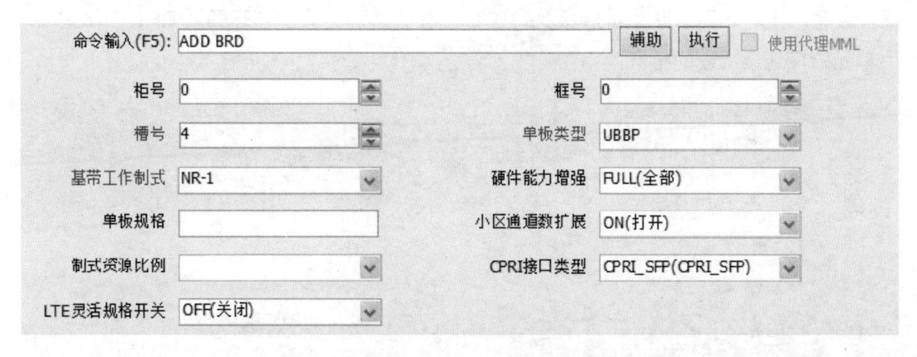

图 8-16　增加基带单板参数

图 8-17　增加主控单板参数

图 8-18　增加电源单板参数

（1）增加风扇单板时，“槽号”必须设为“16”，“单板类型”设为“FAN”。

（2）增加基带单板时，“槽号”可根据硬件安装位置配置为 0～5 号槽位，若单板为全宽板，则“单板类型”选择“UBBPfw1”选项；若单板为半宽板，则“单板类型”选择“UBBP”选项。若 gNodeB 工作于 5G 单模，则“基带工作制式”选择“NR”选项。

（3）增加主控单板时，“槽号”可根据硬件安装位置配置为 6 号或 7 号槽位，该命令执行后会导致基站重启，后续配置流程需要在重启完成之后重新登录 LMT 后执行。

（4）增加电源单板时，“槽号”可根据硬件安装位置配置为 18 或 19 号槽位，一般优先配置在 19 号槽位，“单板类型”选择“UPEU”选项。

脚本示例（增加风扇单板）：

```
ADD BRD: SN=16, BT=FAN;
```

脚本示例（增加基带单板）：

```
ADD BRD: SN=4, BT=UBBP, BBWS=NR-1;
```

脚本示例（增加主控单板）：

```
ADD BRD: SN=7, BT=UMPT;
```

脚本示例（增加电源单板）：

```
ADD BRD: SN=19, BT=UPEU;
```

4. 增加 RRU 链环

如图 8-19 所示，ADD RRUCHAIN 命令用于增加 RRU 链环，目的是在链或者环（包括主链环和分支链环）上增加设备。主链环即从基带控制板光口连接出去的链环，分支链环即从 RHUB（CPRI 汇聚单元）或射频复用单元端口连接出去的链环。

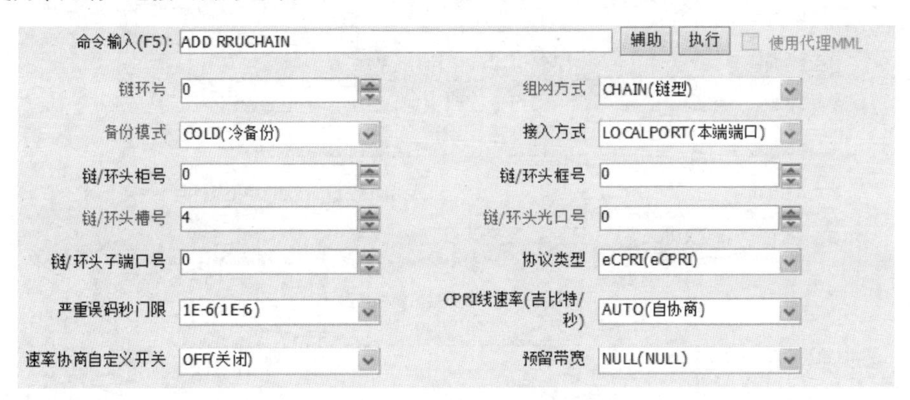

图 8-19 增加 RRU 链环

（1）“链环号”：表示 RRU 链环编号，在基站范围内唯一标识一个链环。

（2）“组网方式”：表示拓扑类型，环形拓扑用于在建立高级数据链路控制（High-level Data Link Control，HDLC）链路的一侧光纤上传递业务数据；负荷分担拓扑可以在两条 CPRI 光纤上同时传递业务数据，使传输能力增强；负荷分担拓扑的物理形态和环形拓扑类似，聚合链拓扑可以在多条 CPRI 光纤上同时传递业务数据。

（3）“链/环头柜号”“链/环头框号”及“链/环头槽号”：分别表示该链/环的上一级设备（基带板）所属的机柜号、BBU 框号、BBU 内槽位号。

（4）“链/环头光口号”：表示该链/环对应于基带板的 CPRI 接口编号，取值为 0～5。

（5）“协议类型”：支持 CPRI 协议和 eCPRI 协议，该参数需要和 AAU 的能力匹配。

脚本示例：

```
ADD RRUCHAIN: RCN=0, TT=CHAIN, BM=COLD, AT=LOCALPORT, HSRN=0, HSN=4, HPN=0, PROTOCOL=eCPRI, CR=AUTO, USERDEFRATENEGOSW=OFF;
```

5. 增加射频单元

如图 8-20 所示，ADD RRU 命令用于增加射频单元（AAU 或 RRU），增加射频单元之前必须先通过 ADD RRUCHAIN 命令增加射频单元的链/环。

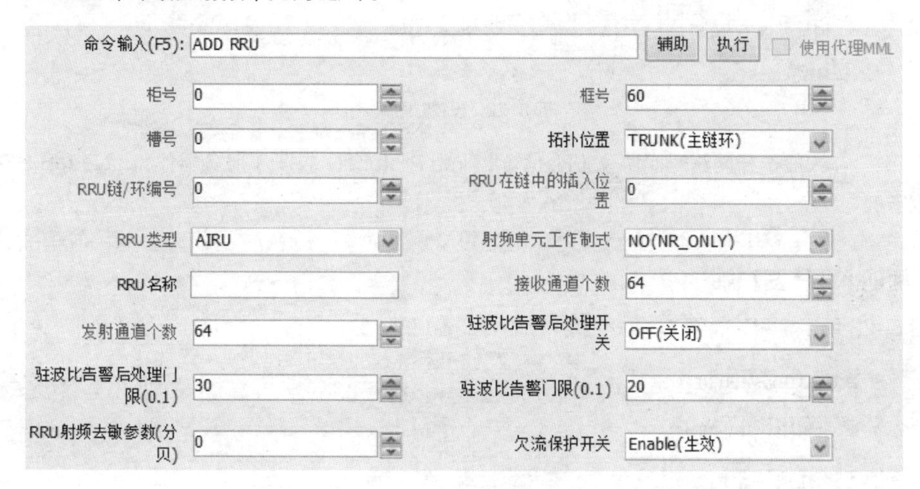

图 8-20　增加射频单元

（1）“柜号”“框号”及“槽号”：表示 RRU/AAU 安装位置，“柜号”与 BBU 所在机柜相同，“框号”是 RRU/AAU 的框号，与 BBU 框号不同，需根据实际规划填写，取值为 60～254，“槽号”即 RRU/AAU 内部槽号，取值只能为“0”。

（2）“RRU 链/环编号”：ADD RRUCHAIN 命令添加的“链/环号”。

（3）“RRU 在链中的插入位置”：表示 RRU/AAU 在 RRU 链/环上的级联位置，目前配置 AAU 时不支持级联，取值只能为“0”。

（4）“RRU 类型”：若配置 RRU，则选择“MRRU”选项，若配置 AAU，则选择“AIRU”选项。

（5）“接收通道个数”和“发射通道个数”：一般按照 RRU/AAU 的硬件能力设置，后续配置小区时，不能超出这里的发射和接收通道个数。

（6）AAU 不支持驻波比设置，保持默认参数即可。

脚本示例：

```
ADD RRU: CN=0, SRN=60, SN=0, TP=TRUNK, RCN=0, PS=0, RT=AIRU, RS=NO, RXNUM=64, TXNUM=64, MNTMODE=NORMAL, RFDCPWROFFALMDETECTSW=OFF, RFTXSIGNDETECTSW=OFF;
```

6. 设置时区和夏令时

如图 8-21 所示，SET TZ 命令用于设置 gNodeB 的时区和夏令时。

图 8-21　设置时区和夏令时

“时区”：选择“GMT+0800（GMT+08:00）”选项时，表示使用格林尼治时间东 8 区。

脚本示例：

```
SET TZ: ZONET=GMT+0800, DST=NO;
```

7. 设置时间源

如图 8-22 所示，SET TIMESRC 命令用于设置 gNodeB 的时间源。

图 8-22 设置时间源

“时间源”：一般选择网络时间协议（Network Time Protocol，NTP）服务器作为 gNodeB 的时间源。

脚本示例：

```
SET TIMESRC: TIMESRC=NTP;
```

8. 增加 NTP 客户端

如图 8-23 所示，ADD NTPC 命令用于增加 NTP 客户端。

图 8-23 增加 NTP 客户端

（1）“NTP 服务器 IPv4 地址”：一般设置为网管 IP 地址。

（2）“NTP 服务器端口”：需要根据服务器端的设置来配置。

脚本示例：

```
ADD NTPC: MODE=IPV4, IP="10.175.165.24", SYNCCYCLE=30, AUTHMODE=PLAIN;
```

9. 设置主用 NTP 服务器

如图 8-24 所示，增加 NTP 客户端后，其默认是备用状态，需要使用 SET MASTERNTPS 命令将该服务器设置为主用 NTP 服务器。

图 8-24 设置主用 NTP 服务器

“NTP 服务器 IPv4 地址”：与命令 ADD NTPC 中服务器的 IPv4 地址保持一致。

脚本示例：

```
SET MASTERNTPS: MODE=IPV4, IP="10.175.165.24";
```

10. 增加 GPS

如图 8-25 所示，ADD GPS 命令用于增加一条 GPS 时钟链路作为 gNodeB 的外部时钟源。

命令输入(F5):	ADD GPS		
GPS时钟编号	0	柜号	0
框号	0	槽号	7
馈线长度(米)	20	GPS工作模式	GPS(全球定位系统)
优先级	4	位置核查开关	ON(打开)

图 8-25 增加 GPS

"柜号""框号"及"槽号"：分别为 GPS 链路所属主控单板的安装位置。

脚本示例：

```
ADD GPS: SRN=0, SN=7, CABLE_LEN=20;
```

11. 设置时钟源工作模式

如图 8-26 所示，SET CLKMODE 命令用于设置参考时钟源工作模式。

命令输入(F5):	SET CLKMODE
时钟工作模式	AUTO(自动)

图 8-26 设置时钟源工作模式

"时钟工作模式"：当 gNodeB 使用外部时钟作为参考时钟源时（现网），必须将其设置为"AUTO（自动）"或"MANUAL（手动）"；当 gNodeB 使用内部晶振作为参考时钟源时（实验网或单站），将其设置为"FREE（自振）"。

脚本示例：

```
SET CLKMODE: MODE=AUTO;
```

12. 设置时钟源同步模式

如图 8-27 所示，SET CLKSYNCMODE 命令用于设置时钟源同步模式。

命令输入(F5):	SET CLKSYNCMODE		
基站时钟同步模式	TIME(时间同步)	GSM帧内bit 偏移(1/8 比特)	0
系统时钟锁定源		GSM帧同步开关	
系统时钟不可用增强检测开关		系统时钟互锁主切换优化开关	
保持时长	DEFAULT(系统默认值)		

图 8-27 设置时钟源同步模式

"基站时钟同步模式"：需设置为"TIME（时间同步）"。

脚本示例：

```
SET CLKSYNCMODE: CLKSYNCMODE=TIME;
```

8.2.4 配置传输数据

配置传输数据的目的是使 BBU 和核心网各网元进行 IP 消息交互。在 NSA 和 SA 架构中，BBU 对接的核心网网元不同，部分步骤和参数也有差异，这在后续的配置命令中将会说明。本节配置传输数据依据的传输拓扑如图 8-28 所示，BBU 主控单板的传输接口位置如图 8-4 所示（该接口为光口，端口号为 1）。

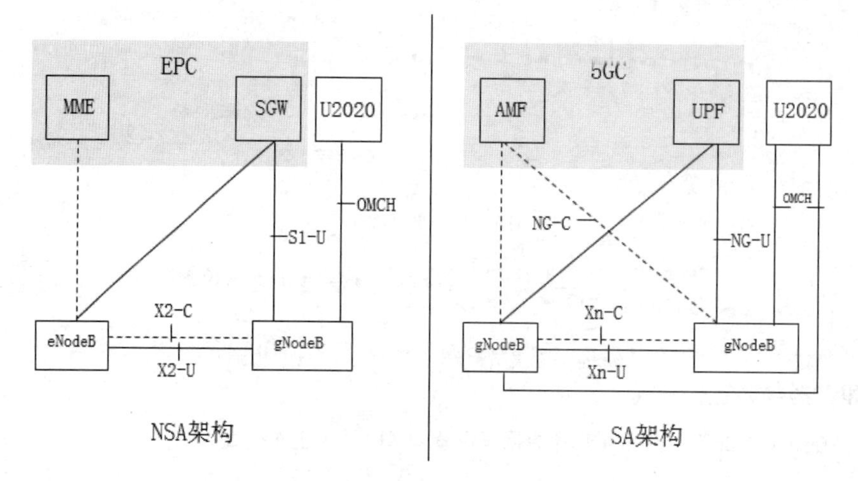

图 8-28 传输拓扑

在 NSA 架构中，gNodeB 需要配置的传输链路包括 S1-U 链路（S1 接口的用户面）、X2-C 链路（X2 接口的控制面）、X2-U 链路（X2 接口的用户面）及 OMCH（操作维护链路）。

在 SA 架构中，gNodeB 需要配置的传输链路包括 NG-C 链路（NG 接口的控制面）、NG-U 链路（NG 接口的用户面）、Xn-C 链路（Xn 接口的控制面）、Xn-U 链路（Xn 接口的用户面）及 OMCH（操作维护链路），这些接口都采用以太网传输方式。在配置过程中，源 gNodeB（即当前配置的 gNodeB）始终作为本端，需要注意不同的链路使用的本端 IP 地址可能不同（可以区分业务 IP 地址和维护 IP 地址，分别对接核心网 EPC/5GC 和网管 U2020，也可以不区分，基站侧使用同一个 IP 地址），对应的对端网元不同。

1. gNodeB 的传输数据整体配置流程

gNodeB 的传输数据整体配置流程可以分为传输底层配置流程和传输高层配置流程两部分，如图 8-29 所示。

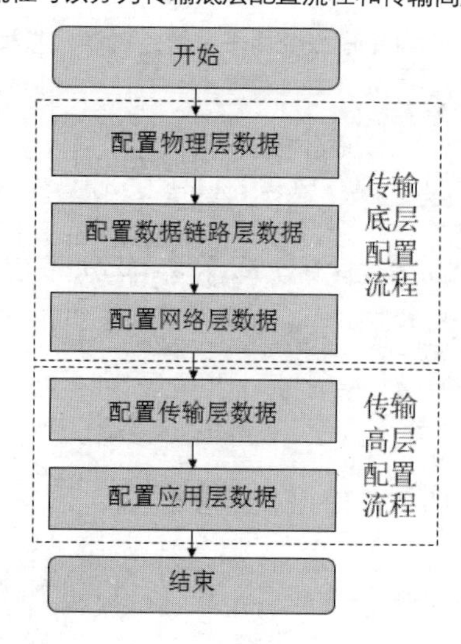

图 8-29 gNodeB 的传输数据整体配置流程

（1）配置物理层数据：主要完成全局传输参数、以太网端口属性等物理层参数配置。

（2）配置数据链路层数据：主要完成 Interface、虚拟局域网（Virtual Local Area Network，VLAN）等

数据链路层参数配置。

（3）配置网络层数据：主要完成 IP 地址、路由信息等网络层参数配置。

（4）配置传输层数据：主要完成端节点组、控制面及用户面的端节点等传输层参数配置。

（5）配置应用层数据：主要完成高层的链路和接口配置，如 S1、X2 接口和 OMCH。

2. 传输底层配置命令

gNodeB 传输底层配置包括物理层、数据链路层和网络层的配置，以下介绍以 NSA 架构为例。5G 的传输配置引入了新模式，增加了 Interface 的概念，将物理层的柜号、框号、槽号及传输端口号等资源打包映射到 Interface 中，上层的 IP 地址和路由配置只需引用 Interface 即可，Interface 中还可以直接设置 VLAN 信息。另外，新配置模式兼容了 IPv6 协议。新、旧配置模式的对比如表 8-5 所示。

V8-2 基站传输配置新旧模式对比

表 8-5 新、旧配置模式的对比

功能域	新配置模式	旧配置模式
全局参数	GTRANSPARA 中的参数 TRANSCFGMODE 等于“NEW”	GTRANSPARA 中的参数 TRANSCFGMODE 保持为默认的“OLD”
物理层	ETHPORT 中的 PORTID 为必填参数，且须系统唯一	ETHPORT 中的 PORTID 为可选参数
数据链路层	有 Interface，需要配置 VLAN 子接口时，参数“接口类型”配置为“VLAN（VLAN 子接口）”	无 Interface，需要配置 VLAN 子接口时，配置为“VLANMAP”
接口信息	（1）配置 IP 地址命令为 ADD IPADDR4/ADD IPADDR6 （2）配置 IP 路由命令为 ADD IPROUTE4/ADD IPROUTE6	（1）配置 IP 地址命令为 ADD DEVIP （2）配置 IP 路由命令为 ADD IPRT

传输底层配置流程的具体命令如表 8-6 所示（这里介绍的传输命令基于新模式），其协商参数取值如表 8-7 所示。

表 8-6 传输底层配置流程的具体命令

功能应用	MML 命令
物理层	设置全局传输参数：SET GTRANSPARA 增加以太网端口：ADD ETHPORT（高危命令）
数据链路层	增加 Interface：ADD INTERFACE（高危命令）
网络层	增加设备 IP 地址：ADD IPADDR4 增加 IP 路由：ADD IPROUTE4

表 8-7 协商参数取值

协商参数名称	取值
以太网端口号	1

续表

协商参数名称	取值
以太网端口属性	光口
以太网端口速率	10G
以太网端口双工模式	全双工
接口类型	VLAN 子接口
业务 VLAN 标识/维护 VLAN 标识	130/1130
gNodeB 业务 IP 地址/子网掩码	172.28.1.130/255.255.255.0
gNodeB 维护 IP 地址/子网掩码	10.175.180.130/255.255.255.0
业务网关 IP 地址/子网掩码	172.28.1.1/255.255.255.0
维护网关 IP 地址/子网掩码	10.175.180.1/255.255.255.0

（1）设置全局传输参数。

SET GTRANSPARA 命令用于设置基站全局传输参数，如图 8-30 所示。

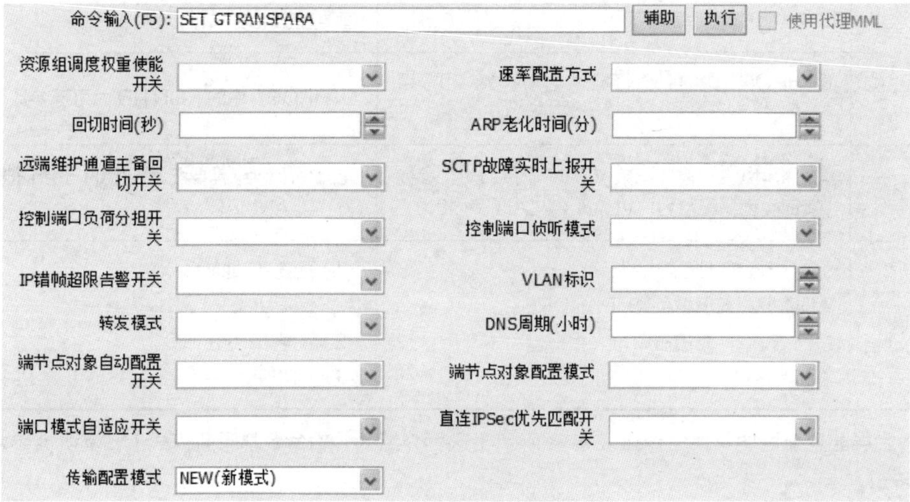

命令输入(F5): SET GTRANSPARA 辅助 执行 使用代理MML
资源组调度权重使能开关
速率配置方式
回切时间(秒)
ARP老化时间(分)
远端维护通道主备回切开关
SCTP故障实时上报开关
控制端口负荷分担开关
控制端口侦听模式
IP错帧超限告警开关
VLAN标识
转发模式
DNS周期(小时)
端节点对象自动配置开关
端节点对象配置模式
端口模式自适应开关
直连IPSec优先匹配开关
传输配置模式 NEW(新模式)

图 8-30 设置全局传输参数

“传输配置模式”：若使用新模式，则选择“NEW（新模式）”选项。

脚本示例：

```
SET GTRANSPARA: TRANSCFGMODE=NEW;
```

（2）增加以太网端口。

ADD ETHPORT 命令用于增加一个以太网传输端口，配置以太网端口的速率、双工模式及端口属性等参数，如图 8-31 所示。

①“柜号”“框号”及“槽号”：主控单板的实际安装位置。

②“端口号”：主控单板上实际连接承载网接入环设备的传输端口编号。

③“端口标识”：与“柜号”“框号”“槽号”及“端口号”等底层资源绑定，在后续配置 Interface 时，需要将此标识与 Interface ID 绑定起来，从而使底层资源映射到 Interface。

④“速率”及“双工模式”：需根据规划数据设置，应与承载网接入环设备上的配置保持一致。

命令输入(F5): ADD ETHPORT
辅助
执行
使用代理MML
柜号 0
框号 0
槽号 7
子板类型 BASE_BOARD(基板)
端口号 1
端口标识 0
端口属性 FIBER(光口)
最大传输单元(字节) 1500
速率 10G(10G)
双工模式 FULL(全双工)
ARP代理 DISABLE(禁用)
流控 OPEN(启动)

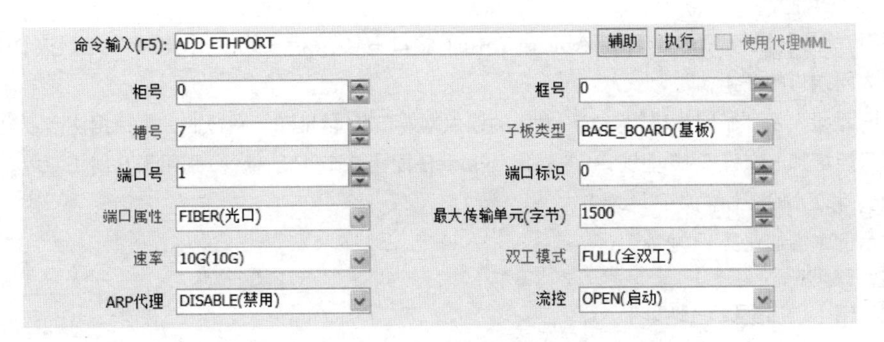

图 8-31　增加以太网端口

脚本示例：

```
ADD ETHPORT: SN=7, SBT=BASE_BOARD, PORTID=0, PA=FIBER, SPEED=10G, DUPLEX=FULL;
```

（3）增加接口。

ADD INTERFACE 命令用于增加一个接口，如图 8-32 所示。

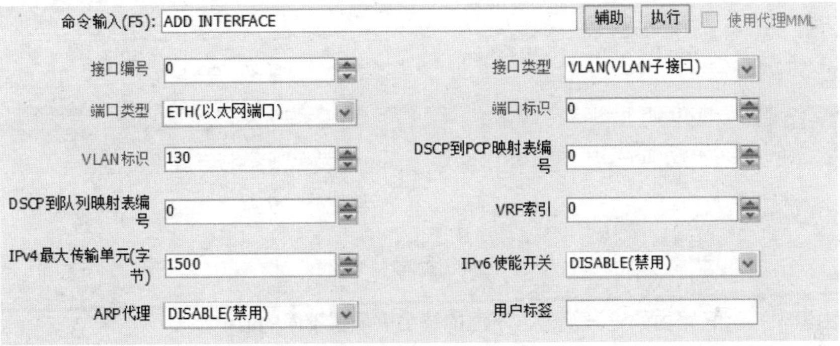

命令输入(F5): ADD INTERFACE
辅助
执行
使用代理MML
接口编号 0
接口类型 VLAN(VLAN子接口)
端口类型 ETH(以太网端口)
端口标识 0
VLAN标识 130
DSCP到PCP映射表编号 0
DSCP到队列映射表编号 0
VRF索引 0
IPv4最大传输单元(字节) 1500
IPv6使能开关 DISABLE(禁用)
ARP代理 DISABLE(禁用)
用户标签

图 8-32　增加接口

①“接口类型”：不采用 VLAN 组网时，选择“NORMAL（普通接口）”选项；采用 VLAN 组网时，选择“VLAN（VLAN 子接口）”选项，一般建议 gNodeB 配置 2 个 Interface，对应 2 个 VLAN ID，分别用于业务和维护链路。

②“端口标识”：ADD ETHPORT 命令中设置的端口标识，两者的值应保持一致。

③“VLAN 标识”：表示该接口的 VLAN 标识。

脚本示例（增加业务接口）：

```
ADD INTERFACE: ITFID=0, ITFTYPE=VLAN, PT=ETH, PORTID=0, VLANID=130, IPV6SW=DISABLE;
```

脚本示例（增加维护接口）：

```
ADD INTERFACE: ITFID=1, ITFTYPE=VLAN, PT=ETH, PORTID=0, VLANID=1130, IPV6SW=DISABLE;
```

（4）增加设备 IP 地址。

ADD IPADDR4 命令用于增加一个设备的 IPv4 地址，如图 8-33 所示。

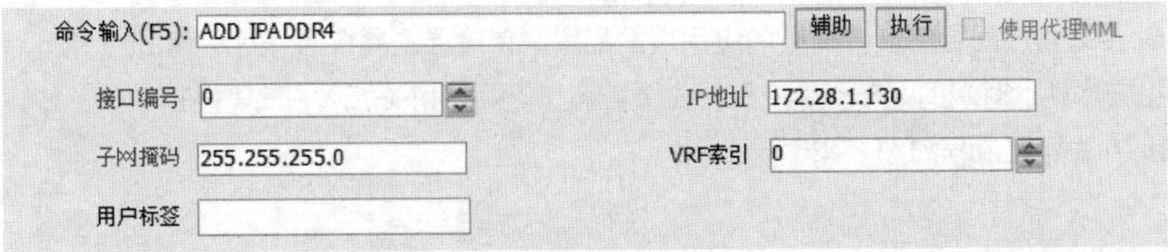

命令输入(F5): ADD IPADDR4
辅助
执行
使用代理MML
接口编号 0
IP地址 172.28.1.130
子网掩码 255.255.255.0
VRF索引 0
用户标签

图 8-33　增加设备 IP 地址

①“接口编号”:需与 ADD INTERFACE 命令中的“接口编号”保持一致,表示此 IP 地址是该 INTERFACE 绑定的以太网端口的 IP 地址。

②“IP 地址”及“子网掩码”：gNodeB 的以太网端口 IP 地址和子网掩码，需根据协商参数配置，该命令每条只能增加一个设备 IP 地址,一般建议 gNodeB 配置 2 个 IP 地址,分别用于 S1/NG/X2/Xn 链路（业务 IP 地址）和 OMCH（维护 IP 地址）。

脚本示例（增加业务 IP 地址）：

```
ADD IPADDR4: ITFID=0, IP="172.28.1.130", MASK="255.255.255.0";
```

脚本示例（增加维护 IP 地址）：

```
ADD IPADDR4: ITFID=0, IP="10.175.180.130", MASK="255.255.255.0";
```

（5）增加设备 IP 路由。

ADD IPROUTE4 命令用于增加一条静态 IPv4 路由，如图 8-34 所示。当对端网元和基站的 IP 地址属于不同网段时，该链路需要配置路由才能完成 IP 报文交换。

命令输入(F5):	ADD IPROUTE4	辅助	执行	使用代理MML
路由索引	0		VRF索引	0
目的IP地址	172.28.7.237		子网掩码	255.255.255.0
路由类型	NEXTHOP(下一跳)		下一跳IP地址	172.28.1.1
MTU开关	OFF(关闭)		优先级	60
用户标签			是否强制执行	NO(否)

图 8-34　增加设备 IP 路由

①“路由索引”：IP 路由的唯一编号，不同的路由需配置不同的值。

②“目的 IP 地址”及“子网掩码”：路由对端网元的 IP 地址和子网掩码，在本节的传输拓扑 NSA 架构中,需要配置 gNodeB 到 X2 对端 eNodeB 的路由、gNodeB 到 S1 对端 SGW 的路由及 gNodeB 到 OMCH 对端 U2020 的路由；在 SA 架构中，需要配置 gNodeB 到 Xn 对端 gNodeB 的路由、gNodeB 到 NG 对端 AMF 和 UPF 的路由及 gNodeB 到 OMCH 对端 U2020 的路由。

脚本示例——主机路由（增加维护路由）：

```
ADD IPROUTE4: RTIDX=0, DSTIP="10.175.165.24", DSTMASK="255.255.255.255", RTTYPE=NEXTHOP, NEXTHOP="10.175.180.1", MTUSWITCH=OFF;
```

脚本示例——网段路由（增加业务路由）：

```
ADD IPROUTE4: RTIDX=1, DSTIP="172.28.7.0", DSTMASK="255.255.255.0", RTTYPE=NEXTHOP, NEXTHOP="172.28.1.1", MTUSWITCH=OFF;
```

脚本示例——默认路由（增加业务路由，每个 gNodeB 只能配置一条）：

```
ADD IPROUTE4: RTIDX=1, DSTIP="0.0.0.0", DSTMASK="0.0.0.0", RTTYPE=NEXTHOP, NEXTHOP="172.28.1.1", MTUSWITCH=OFF;
```

3. 传输高层配置命令

gNodeB 传输高层配置包含传输层和应用层的配置，传输层主要按照 End-Point（端节点）方式配置端节点资源组与本端、对端的端节点，应用层主要配置 X2/Xn/S1/NG/OMCH 等接口数据。传输层和应用层的 End-Point 方式配置流程如图 8-35 所示。

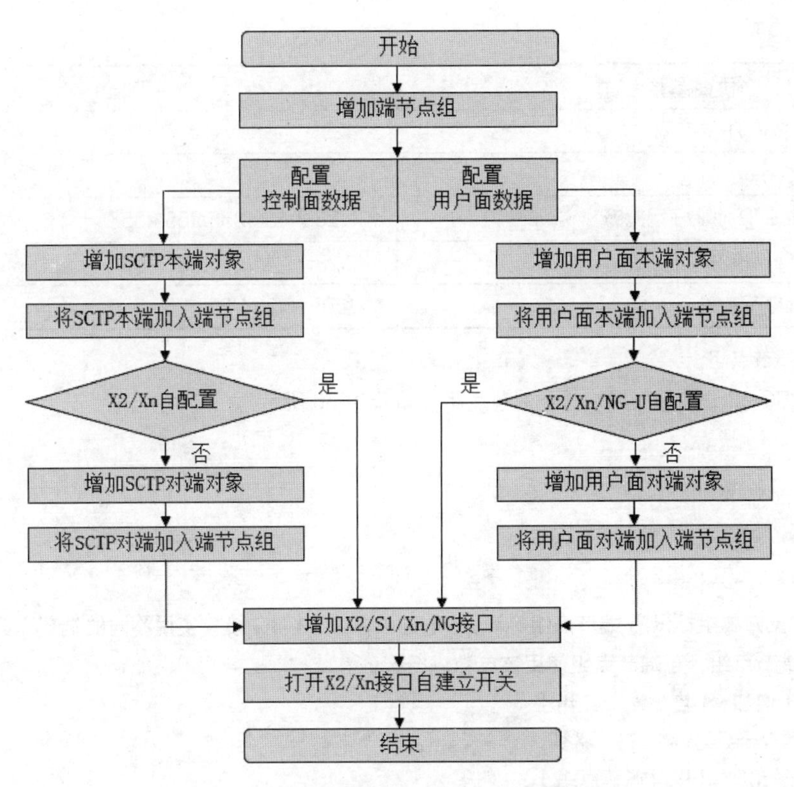

图 8-35　传输层和应用层的 End-Point 方式配置流程

以 NSA 架构为例，传输高层配置流程的具体命令如表 8-8 所示，其协商参数取值如表 8-9 所示。

表 8-8　传输高层配置流程的具体命令

功能应用	MML 命令
传输层	增加端节点组：ADD EPGROUP 增加 SCTP 本端对象：ADD SCTPHOST 增加端节点组的 SCTP 本端：ADD SCTPHOST2EPGRP 增加 SCTP 对端对象：ADD SCTPPEER 增加端节点组的 SCTP 对端：ADD SCTPPEER2EPGRP 增加用户面本端对象：ADD USERPLANEHOST 增加端节点组的用户面本端：ADD UPHOST2EPGRP 增加用户面对端对象：ADD USERPLANEPEER 增加端节点组的用户面对端：ADD UPPEER2EPGRP
应用层	增加 S1 接口（NSA 组网）：ADD GNBCUS1 增加 X2 接口（NSA 组网）：ADD GNBCUX2 设置 X2 链路自建立开关（NSA 组网）：MOD GNBX2SONCONFIG 增加操作维护链路：ADD OMCH

表 8-9　传输高层配置协商参数取值

协商参数名称	取值
NG 的本端/对端 SCTP 端口号	36412

续表

协商参数名称	取值
X2 的本端/对端 SCTP 端口号	36422
SCTP 参数模板标识	0
X2 对端 eNodeB IP 地址/子网掩码	172.28.7.150/255.255.255.0
SGW IP 地址/子网掩码	172.28.7.241/255.255.255.0
U2020 IP 地址/子网掩码	10.175.165.24/255.255.255.0

（1）增加端节点组。

ADD EPGROUP 命令用于增加一个端节点组，如图 8-36 所示。

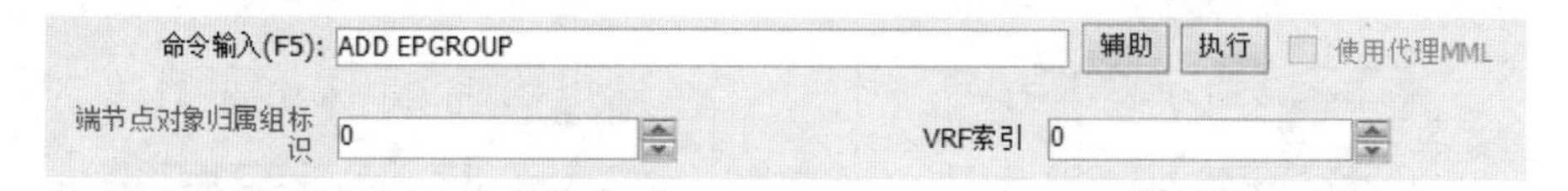

图 8-36　增加端节点组

“端节点对象归属组标识”：端节点组标识，一般建议多个 S1/NG 接口使用不同的端节点组，多个 X2/Xn 接口共用一个端节点组，各端节点组使用该参数进行区分。

脚本示例（增加 S1 接口端节点组）：

```
ADD EPGROUP: EPGROUPID=0, IPPMSWITCH=DISABLE, APPTYPE=NULL;
```

脚本示例（增加 X2 接口端节点组）：

```
ADD EPGROUP: EPGROUPID=16, IPPMSWITCH=DISABLE, APPTYPE=NULL;
```

（2）增加 SCTP 本端对象。

ADD SCTPHOST 命令用于增加一个 SCTP 链路（控制面链路）本端对象，如图 8-37 所示。

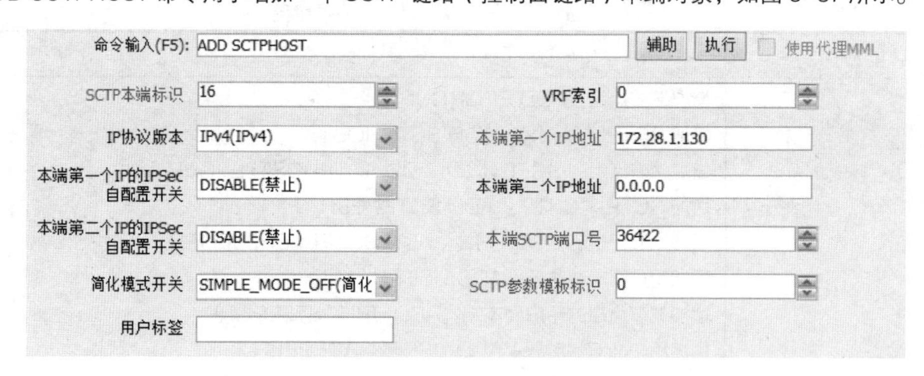

图 8-37　增加 SCTP 本端对象

①“SCTP 本端标识”：控制面本端端点标识，多个 NG 接口引用同一个 SCTP 本端对象，X2/Xn 接口单独配置一个 SCTP 本端对象，不同的 SCTP 本端除“SCTP 本端标识”之外必须至少有一个参数取值不同。

②“本端第一个 IP 地址”：gNodeB 的业务 IP 地址，若 gNodeB 设置了第二个业务 IP 地址，则配置在“本端第二个 IP 地址”中，形成 SCTP 链路双归属特性；若 gNodeB 未设置第二个业务 IP 地址，则该参数保持默认即可。

③“本端 SCTP 端口号”：根据规划数据全网统一配置，NG 接口的 SCTP 端口号与 X2/Xn 接口不同。

④“SCTP 参数模板标识”：取值为“0”，这是因为基站的软件安装完成后自带标识为 0 的 SCTP 参

数模板，预设了 SCTP 链路上的关键参数（默认值）。

⑤ 在 NSA 组网中，gNodeB 配置 X2 接口时需要配置该对象，配置 S1 接口时不需要配置该对象；在 SA 组网中，gNodeB 配置 Xn 和 NG 接口时都需要配置该对象。

脚本示例（增加 X2 接口的 SCTP 本端）：

```
ADD SCTPHOST: SCTPHOSTID=16, IPVERSION=IPv4, SIGIP1V4="172.28.1.130", SIGIP1SECSWITCH=DISABLE, SIGIP2V4="0.0.0.0", SIGIP2SECSWITCH=DISABLE, PN=36422, SIMPLEMODESWITCH=SIMPLE_MODE_OFF, SCTPTEMPLATEID=0;
```

（3）增加端节点组的 SCTP 本端。

ADD SCTPHOST2EPGRP 命令用于将一个 SCTP 本端对象加入一个端节点组，如图 8-38 所示。

图 8-38　增加端节点组的 SCTP 本端

① 同一个 SCTP 本端对象可以加入不同的端节点组，一个端节点组一般只配置一个 SCTP 本端对象。

② 在 NSA 组网中，gNodeB 配置 X2 接口时需要配置该对象，配置 S1 接口时不需要配置该对象；在 SA 组网中，gNodeB 配置 Xn 和 NG 接口时都需要配置该对象。

脚本示例（增加 X2 接口端节点组的 SCTP 本端）：

```
ADD SCTPHOST2EPGRP: EPGROUPID=16, SCTPHOSTID=16;
```

（4）增加 SCTP 对端对象。

ADD SCTPPEER 命令用于增加一个 SCTP 对端对象，如图 8-39 所示。

命令输入(F5): ADD SCTPPEER　辅助　执行　使用代理MML

SCTP对端标识	16	VRF索引	0
IP协议版本	IPv4(IPv4)	对端第一个IP地址	172.28.7.150
对端第一个IP的IPSec自配置开关	DISABLE(禁止)	对端第二个IP地址	0.0.0.0
对端第二个IP的IPSec自配置开关	DISABLE(禁止)	对端SCTP端口号	36422
对端标识		控制模式	AUTO_MODE(自动模式)
简化模式开关	SIMPLE_MODE_OFF(简化	用户标签	

图 8-39　增加 SCTP 对端对象

①“SCTP 对端标识”：控制面对端的端节点标识，一个 X2/Xn、S1/NG 接口只引用一个 SCTP 对端对象；对于同一个 gNodeB 来说，不同的 X2/Xn、S1/NG 接口，其 SCTP 对端各不相同，各 SCTP 对端对象之间除“SCTP 本端标识”之外必须有一个参数取值不同。

②“对端第一个 IP 地址”：控制面链路对端网元的 IP 地址，对于 X2-C 链路而言，该 IP 地址即为对端 eNodeB 的业务 IP 地址，对于 Xn-C 链路而言，该 IP 地址即为对端 gNodeB 的业务 IP 地址，对于 S1-C 链路而言，该 IP 地址即为 MME 的地址，对于 NG-C 链路而言，该 IP 地址即为 AMF 的地址；若这些对端网元设置了第二个业务 IP 地址，则配置在“对端第二个 IP 地址”中，形成 SCTP 链路双归属特性。

③“对端 SCTP 端口号”：与 ADD SCTPHOST 命令中的“本端 SCTP 端口号”相同。

④ 在 NSA 组网中，gNodeB 在手动配置 X2 接口时需要配置该对象，X2 接口自建立时不需要配置该

对象，配置 S1 接口时不需要配置该对象；在 SA 组网中，gNodeB 在手动配置 Xn 接口时需要配置该对象，Xn 接口自建立时不需要配置该对象，配置 NG 接口时需要配置该对象。

脚本示例（增加 X2 接口 SCTP 对端）：

```
ADD SCTPPEER: SCTPPEERID=16, IPVERSION=IPv4, SIGIP1V4="172.28.7.150", SIGIP1SECSWITCH=DISABLE, SIGIP2V4="0.0.0.0", SIGIP2SECSWITCH=DISABLE, PN=36422, SIMPLEMODESWITCH=SIMPLE_MODE_OFF;
```

（5）增加端节点组的 SCTP 对端。

ADD SCTPPEER2EPGRP 命令用于将一个 SCTP 对端对象加入一个端节点组，如图 8-40 所示。

图 8-40 增加端节点组的 SCTP 对端

① 同一个 SCTP 对端对象可以加入不同的端节点组，一个端节点组一般只配置一个 SCTP 对端对象。

② 在 NSA 组网中，gNodeB 在手动配置 X2 接口时需要配置该对象，X2 接口自建立时不需要配置该对象，配置 S1 接口时不需要配置该对象；在 SA 组网中，gNodeB 在手动配置 Xn 接口时需要配置该对象，Xn 接口自建立时不需要配置该对象，配置 NG 接口时需要配置该对象。

脚本示例（增加 X2 接口端节点组的 SCTP 对端）：

```
ADD SCTPPEER2EPGRP: EPGROUPID=16, SCTPPEERID=16;
```

（6）增加用户面本端对象。

ADD USERPLANEHOST 命令用于增加一个用户面本端对象，如图 8-41 所示。

命令输入(F5): ADD USERPLANEHOST　辅助　执行　使用代理MML

用户面本端标识	0	VRF索引	0
IP协议版本	IPv4(IPv4)	本端IP地址	172.28.1.130
IPSec自配置开关	DISABLE(禁止)	用户标签	
主备标识	MASTER(主用)		

图 8-41 增加用户面本端对象

①“用户面本端标识”：用户面本端的端节点标识，对于 gNodeB 而言，在 X2/Xn/S1/NG 接口中引用同一个用户面本端对象。

②“本端 IP 地址”：gNodeB 的业务 IP 地址，按照传输规划参数配置。

③ 在 NSA/SA 组网中，gNodeB 配置 X2/S1/Xn/NG 接口时都需要配置该对象。

脚本示例（增加 X2/S1 接口的用户面本端）：

```
ADD USERPLANEHOST: UPHOSTID=0, IPVERSION=IPv4, LOCIPV4="172.28.1.130", IPSECSWITCH=DISABLE;
```

（7）增加端节点组的用户面本端。

ADD UPHOST2EPGRP 命令用于将一个用户面本端加入一个端节点组，如图 8-42 所示。

图 8-42 增加端节点组的用户面本端

① 一个端节点组配置一个用户面本端对象，一个用户面本端对象可以被加入不同的端节点组。

② 在 NSA/SA 组网中，gNodeB 配置 X2/S1/Xn/NG 接口时都需要配置该对象。

脚本示例（增加 X2 接口端节点组的用户面本端）：

```
ADD UPHOST2EPGRP: EPGROUPID=16, UPHOSTID=0;
```

脚本示例（增加 S1 接口端节点组的用户面本端）：

```
ADD UPHOST2EPGRP: EPGROUPID=0, UPHOSTID=0;
```

（8）增加用户面对端对象。

ADD USERPLANEPEER 命令用于增加一个用户面对端对象，如图 8-43 所示。

命令输入(F5): ADD USERPLANEPEER　辅助　执行　使用代理MML

用户面对端标识	0	VRF索引	0
IP协议版本	IPv4(IPv4)	对端IP地址	172.28.7.241
IPSec自配置开关	DISABLE(禁止)	对端标识	
控制模式	AUTO_MODE(自动模式)	静态检测开关	FOLLOW_GLOBAL(与GT
用户标签			

图 8-43　增加用户面对端对象

①“对端 IP 地址”：用户面对端网元的 IP 地址，对于 X2-U 链路而言，该 IP 地址即为对端 eNodeB 的业务 IP 地址；对于 Xn-U 链路而言，该 IP 地址即为对端 gNodeB 的业务 IP 地址；对于 S1-U 链路而言，该 IP 地址即为 SGW 的 IP 地址；对于 NG-U 链路而言，该 IP 地址即为 UPF 的 IP 地址。

② 在 NSA 组网中，gNodeB 在手动配置 X2 接口时需要配置该对象，X2 接口自建立时不需要配置该对象，配置 S1 接口时需要配置该对象。

③ 在 SA 组网中，gNodeB 在手动配置 Xn 接口时需要配置该对象，Xn 接口自建立时不需要配置该对象，手动配置 NG-U 时需要配置该对象，NG-U 自建立时不需要配置该对象。

脚本示例（增加 X2 接口用户面对端）：

```
ADD USERPLANEPEER: UPPEERID=16, IPVERSION=IPv4, PEERIPV4="172.28.7.150", IPSECSWITCH
=DISABLE;
```

脚本示例（增加 S1 接口用户面对端）：

```
ADD USERPLANEPEER: UPPEERID=0, IPVERSION=IPv4, PEERIPV4="172.28.7.241", IPSECSWITCH=
DISABLE;
```

（9）增加端节点组的用户面对端。

ADD UPPEER2EPGRP 命令用于向一个用户面对端对象加入一个端节点组，如图 8-44 所示。

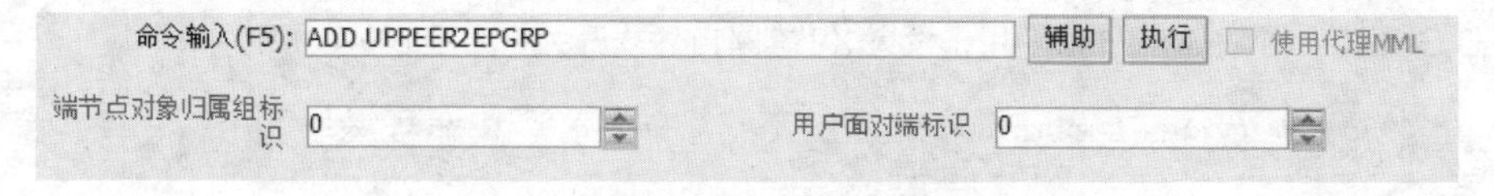

图 8-44　增加端节点组的用户面对端

① 一个端节点组一般只需配置一个用户面对端对象。

② 在 NSA 组网中，gNodeB 在手动配置 X2 接口时需要配置该对象，X2 接口自建立时不需要配置该对象，配置 S1 接口时需要配置该对象；在 SA 组网中，gNodeB 在手动配置 Xn 接口时需要配置该对象，Xn 接口自建立时不需要配置该对象，手动配置 NG-U 时需要配置该对象，NG-U 自建立时不需要配置该对象。

脚本示例（增加 X2 接口端节点组的用户面对端）：

```
ADD UPPEER2EPGRP: EPGROUPID=16, UPPEERID=16;
```

脚本示例（增加 S1 接口端节点组的用户面对端）：

```
ADD UPPEER2EPGRP: EPGROUPID=0, UPPEERID=0;
```

（10）增加 S1 接口。

ADD GNBCUS1 命令用于增加一个 S1 接口，如图 8-45 所示。

图 8-45 增加 S1 接口

① 该对象只在 NSA 组网中配置，且为必配对象。

②“用户面端节点资源组标识”：该 S1 接口的用户面端节点被加入的资源组，因为在 NSA 组网中，gNodeB 和 EPC 之间没有控制面链路，所以只需设置用户面端节点资源组。

脚本示例：

```
ADD GNBCUS1: GNBCUS1ID=0, UPEPGROUPID=0;
```

（11）增加 X2 接口。

ADD GNBCUX2 命令用于增加一个 X2 接口，如图 8-46 所示。

图 8-46 增加 X2 接口

① 该对象只在 NSA 组网中配置，为选配对象，gNodeB 与周边 eNodeB 配置 X2 接口后，终端才能完成 X2 切换。

② 由于 X2 接口包含用户面和控制面链路，因此需指定控制面端点和用户面端点被加入的端节点资源组。

脚本示例：

```
ADD GNBCUX2: gNBCuX2Id=16, CpEpGroupId=16, UpEpGroupId=16;
```

（12）设置 X2 链路自建立开关。

MOD GNBX2SONCONFIG 命令用于设置 X2 链路自建立开关，如图 8-47 所示。

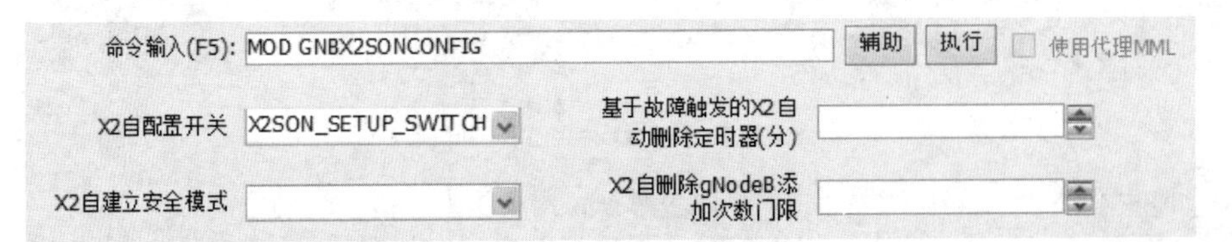

图 8-47 设置 X2 链路自建立开关

该对象只在 NSA 组网中配置，为选配对象。当 gNodeB 配置 X2 接口自建立时，需要执行此命令，将“X2 自配置开关”中的参数 X2SON_SETUP_SWITCH 设为开；当手动配置 X2 接口时，不需要执行此命令。

脚本示例：

```
MOD GNBX2SONCONFIG: X2SonConfigSwitch=X2SON_SETUP_SWITCH-1;
```

（13）增加操作维护链路。

ADD OMCH 命令用于配置一个远端维护通道，如图 8-48 所示。

命令输入(F5): ADD OMCH　辅助　执行　使用代理MML

主备状态	MASTER(主用)	承载类型	IPV4(IPV4)
本端IP地址	10.175.180.130	本端子网掩码	255.255.255.0
对端IP地址	10.175.165.24	对端子网掩码	255.255.255.0
绑定路由	NO(否)	检测类型	NONE(不检测)
用户标签			

图 8-48　增加操作维护链路

① 该对象为必配对象，若不启用动态主机配置协议（Dynamic Host Configuration Protocol，DHCP），则 gNodeB 必须在通过此命令增加操作维护链路后，才能被 U2020 远程操作维护。

② “主备状态”：gNodeB 可以添加 2 条 OMCH 链路，分别为主用链路和备用链路，正常情况下，基站和 U2020 使用主用链路通信，主用链路出现故障后，切换到备用链路通信，若只添加主用链路，则链路出现故障后，基站将无法和 U2020 通信。

③ “本端 IP 地址”及“本端子网掩码”：指 gNodeB 用于操作维护的 IP 地址和子网掩码。

④ “对端 IP 地址”：指 U2020 的 IP 地址和子网掩码。

⑤ “绑定路由”：若该 OMCH 绑定路由，则该链路产生的消息一直使用绑定的路由进行传输；若不绑定路由，则该链路产生的消息由基站选择一条合适的路由进行传输。

脚本示例：

```
ADD OMCH: BEAR=IPV4, IP="10.175.180.130", MASK="255.255.255.0", PEERIP="10.175.165.24",
PEERMASK="255.255.255.0", BRT=NO, CHECKTYPE=NONE;
```

8.2.5　配置无线数据

无线数据的配置主要指完成与空口相关的扇区、小区等资源的配置和特性配置，无线配置完成后，终端和基站之间才能按要求进行通信。

gNodeB 的无线数据整体配置流程如图 8-49 所示。

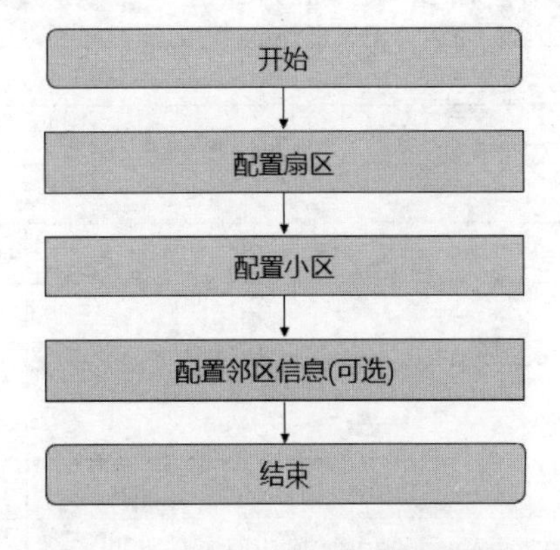

图 8-49　gNodeB 的无线数据整体配置流程

配置扇区即完成逻辑扇区的属性设置、扇区和射频关系的映射，配置小区即完成空口传输的双工模式、载波的频带、频点、带宽及时隙格式等属性设置。需要注意的是，虽然目前网络部署中仍将 gNodeB 的 CU 部分和 DU 部分合设，但是在数据配置的框架上，已经分为 CU 小区和 DU 小区结构，并分别对其配置。

扇区是由一组相同覆盖的射频天线或波束组成的无线覆盖区域；扇区设备是一套可以收发信号的射频天线，这套天线必须属于一个扇区；小区指一段频谱内的无线通信资源，小区需要和扇区设备绑定。图 8-50 所示为 gNodeB 中扇区、小区和频点的关系。

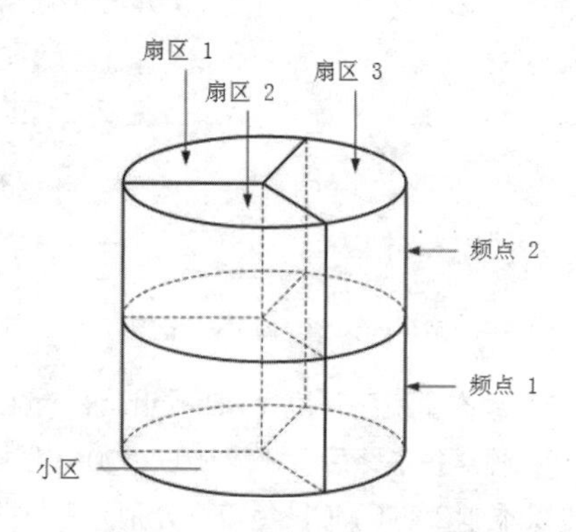

图 8-50 扇区、小区和频点的关系

无线数据配置的具体命令如表 8-10 所示，其协商参数取值如表 8-11 所示。

表 8-10 无线数据配置的具体命令

功能应用	MML 命令
扇区	增加扇区：ADD SECTOR 增加扇区设备：ADD SECTOREQM
小区	增加 DU 小区：ADD NRDUCELL 增加 DU 小区 TRP：ADD NRDUCELLTRP 增加 DU 小区覆盖区：ADD NRDUCELLCOVERAGE 增加小区：ADD NRCELL 激活小区：ACT NRCELL

表 8-11 无线数据配置协商参数取值

协商参数名称	取值
DU 小区双工模式	TDD
小区标识	130
频带	N78
DU 小区下行频点	630000
DU 小区上行/下行带宽	100MHz/100MHz
子载波间隔	30kHz
时隙配比	8：2
时隙结构	6：4：4
全球同步信道号（Global Synchronization Channel Number，GSCN）	7811

1. 增加扇区

ADD SECTOR 命令用于增加扇区及扇区天线，如图 8-51 所示。

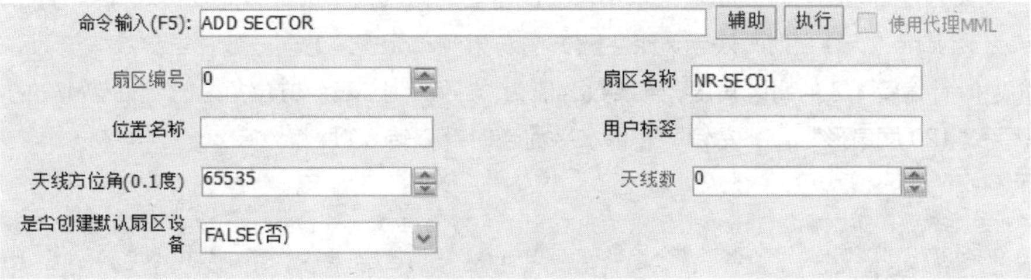

命令输入(F5): ADD SECTOR　辅助　执行　使用代理MML
扇区编号 0　扇区名称 NR-SEC01
位置名称　用户标签
天线方位角(0.1度) 65535　天线数 0
是否创建默认扇区设备 FALSE(否)

图 8-51　增加扇区

（1）“扇区编号”及“扇区名称”：按照规划参数配置。

（2）“天线数”：当扇区中有 SECTOREQM 的天线配置方式为“波束”时，SECTOR 不需要为该 SECTOREQM 配置天线，且天线数最大为 8 个，因此，当基站配置 64T64R 收发模式时（采用 Massive MIMO），该参数设为“0”；当基站配置的收发模式低于 8T8R 时（不采用 Massive MIMO），该参数按照收发天线数量配置。

（3）“是否创建默认扇区设备”：若采用 Massive MIMO，则将该参数设置为“FALSE（否）”，否则将其设置为“TRUE（是）”。

脚本示例：

```
ADD SECTOR: SECTORID=0, SECNAME="NR-SEC01", ANTNUM=0, CREATESECTOREQM=FALSE;
```

2. 增加扇区设备

ADD SECTOREQM 命令用于增加扇区设备，如图 8-52 所示。

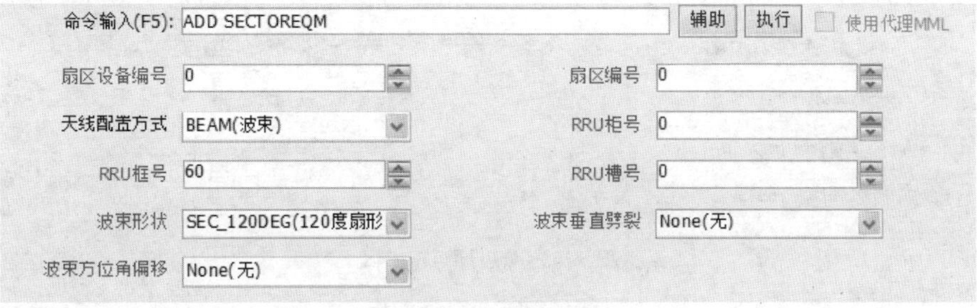

命令输入(F5): ADD SECTOREQM　辅助　执行　使用代理MML
扇区设备编号 0　扇区编号 0
天线配置方式 BEAM(波束)　RRU柜号 0
RRU框号 60　RRU槽号 0
波束形状 SEC_120DEG(120度扇形　波束垂直劈裂 None(无)
波束方位角偏移 None(无)

图 8-52　增加扇区设备

（1）“扇区设备编号”及“扇区编号”：按照规划参数配置，需注意多个扇区及扇区设备的对应关系。

（2）“天线配置方式”：若采用 Massive MIMO，则将该参数设置为“BEAM（波束）”，否则将其设置为“ANTENNAPORT（天线端口）”。

（3）“RRU 柜号”“RRU 框号”及“RRU 槽号”：扇区和扇区设备对应的同时，扇区设备需要与站点规划的该扇区覆盖区域对应的 RRU/AAU 进行映射，这里的 3 个参数表示该扇区设备对应的 RRU/AAU 的设备位置。

（4）“波束形状”：该参数表示扇区设备的波束覆盖区形状，以扇区的展开角度来表示，根据规划要求设置。

（5）“波束垂直劈裂”：表示波束垂直方向劈裂情况，如果配置为“None（无）”，则表示垂直方向覆盖区域不做劈裂；如果配置为“内层扇区”，则表示覆盖扇形的内圈区域；如果配置为“外层扇区”，则表示覆盖扇形的外圈区域。

（6）“波束方位角偏移”：表示波束水平覆盖的主瓣方向相对于射频单元安装朝向的方位角偏移值，当参数取值为“None（无）”时，表示波束主瓣方向与射频单元安装方向一致；当参数取值为“左偏”时，表示方位角逆时针偏转 1/2 的扇区角度；当参数取值为“右偏”时，表示方位角顺时针偏转 1/2 的扇区角度，如波束形状为“120 度扇形”，“左偏”表示水平面逆时针偏转 60 度。

脚本示例：

```
ADD SECTOREQM: SECTOREQMID=0, SECTORID=0, ANTCFGMODE=BEAM, RRUCN=0, RRUSRN=60, RRUSN=0, BEAMSHAPE=SEC_120DEG, BEAMLAYERSPLIT=None, BEAMAZIMUTHOFFSET=None;
```

3. 增加 DU 小区

ADD NRDUCELL 命令用于增加 NR DU 小区，如图 8-53 所示。

图 8-53 增加 NR DU 小区

（1）“NR DU 小区标识”及“NR DU 小区名称”：按照规划参数配置，“NR DU 小区标识”在基站内标识一个唯一的 DU 小区，相当于 LTE 中的“本地小区标识”。

（2）“小区标识”：其和 gNodeB ID 组成协议定义的 NR 小区标识，NR 小区标识加上 PLMN ID 组成协议定义的 NR CGI。

（3）“物理小区标识”：即 PCI，用于在空口中标识一个小区。

（4）“频带”“上行频点”“下行频点”“上行带宽”“下行带宽”及“子载波间隔（kHz）”：这些参数用于定义小区的载波属性，需按照规划参数配置，“上行频点”取值为“0”表示上行频点没有配置，在 NR DU 小区中，当“双工模式”配置为“CELL_TDD（TDD）”或“CELL_FDD（FDD）”时，“上行带宽”“下行带宽”的配置必须一致，“频带”“双工模式”必须符合协议规定。

（5）“时隙配比”及“时隙结构”：当 NR DU 小区中“双工模式”配置为“CELL_TDD（TDD）”时，需按规划定义小区频谱的上下行时隙格式。

（6）“SSB 频域位置描述方式”及“SSB 频域位置”：这两个参数定义了 SSB 在小区频谱中的位置，如果按照“SSB_DESC_TYPE_NARFCN（绝对频点）”方式配置 SSB 位置，则“SSB 频域位置”需要用绝对频点来配置；如果按照“SSB_DESC_TYPE_GSCN（全局同步信道号）”方式配置 SSB 位置，则“SSB 频域位置”需要用 GSCN 来配置。

脚本示例：

```
ADD NRDUCELL: NRDUCELLID=130, NRDUCELLNAME="NR DUCELL0", DUPLEXMODE=CELL_TDD, CELLID=130, PHYSICALCELLID=130, FREQUENCYBAND=N78, DLNARFCN=630000, ULBANDWIDTH=CELL_BW_100M, DLBANDWIDTH=CELL_BW_100M, SLOTASSIGNMENT=7_3_DDDSUDDSUU, SLOTSTRUCTURE=SS102, TRACKINGAREAID=0, SSBFREQPOS=629952, LOGICALROOTSEQUENCEINDEX=130;
```

4. 增加 DU 小区 TRP

ADD NRDUCELLTRP 命令用于增加 NR DU 小区 TRP 节点，如图 8-54 所示。

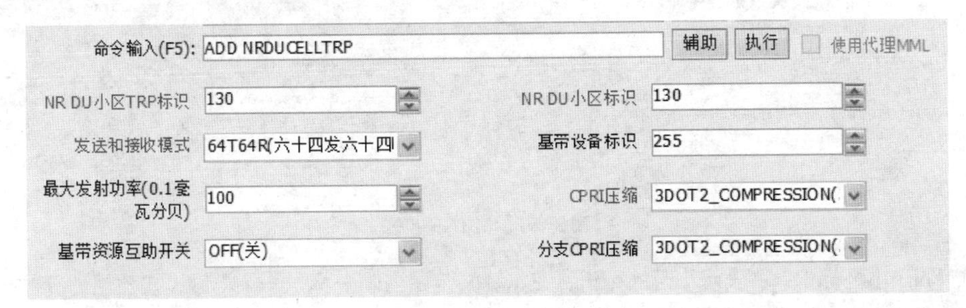

图 8-54　增加 DU 小区 TRP

（1）“NR DU 小区 TRP 标识”：标识一个 NR DU 小区 TRP 节点，按照规划参数配置。

（2）“NR DU 小区标识”：定义了 NR DU 小区 TRP 映射的 NR DU 小区。

（3）“发送和接收模式”：表示 NR DU 小区 TRP 的发送和接收模式，如果采用 Massive MIMO，则需配置为“64T64R（六十四发六十四收）”或“32T32R（三十二发三十二收）”，且和 AAU 通道数能力匹配。

（4）“最大发射功率（0.1 毫瓦分贝）”：表示 NR DU 小区 TRP 的最大发射功率，需要注意的是，该值表示的是 DU 小区单个发射通道的最大功率，且步长为 0.1dBm，取值不能高于 10×［小区规划最大总功率（dBm）−10×lg（小区发射通道数）］。

（5）“CPRI 压缩”：表示 NR DU 小区的基带与射频单元之间 CPRI 数据压缩模式，该参数仅当基带与射频单元之间数据采用 CPRI 协议传输时有效。

脚本示例：

```
ADD NRDUCELLTRP: NRDUCELLTRPID=130, NRDUCELLID=130, TXRXMODE=64T64R, MAXTRANSMITPOWER=100, CPRICOMPRESSION=3DOT2_COMPRESSION;
```

5. 增加 NR DU 小区覆盖区

ADD NRDUCELLCOVERAGE 命令用于增加 NR DU 小区覆盖区，如图 8-55 所示。

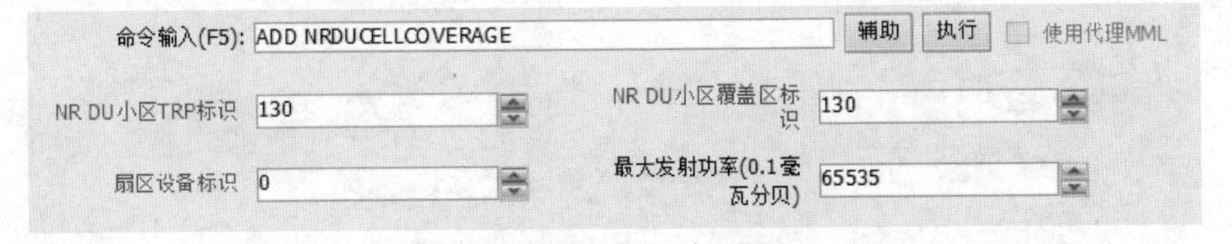

图 8-55　增加 NR DU 小区覆盖区

（1）“NR DU 小区覆盖区标识”：标识一个 NR DU 小区覆盖区，按照规划参数配置，通过“NR DU 小区 TRP 标识”和 NR DU 小区 TRP 节点绑定，通过“扇区设备标识”与扇区设备绑定。

（2）“最大发射功率（0.1 毫瓦分贝）”：表示 NR DU 小区覆盖的最大发射功率，该参数配置为 0 600 时，表示配置 LampSite 站型对应的 RRU 射频发射功率；该参数配置为 65535 时，表示 RRU 功率由 NR DU 小区 TRP 节点中的“最大发射功率（0.1 毫瓦分贝）”参数决定。

脚本示例：

```
ADD NRDUCELLCOVERAGE: NRDUCELLTRPID=130, NRDUCELLCOVERAGEID=130, SECTOREQMID=0;
```

6. 增加 NR 小区

ADD NRCELL 命令用于增加 NR 小区（即 CU 小区），如图 8-56 所示。

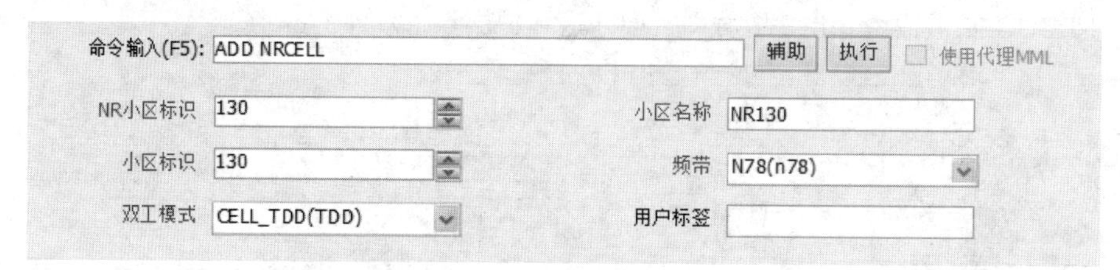

图 8-56 增加 NR 小区

（1）“NR 小区标识”：表示小区的标识，在本基站范围内唯一标识一个小区，按照规划参数配置，通过“小区标识”与 NR DU 小区绑定。

（2）“小区标识”：NR DUCELL 和 NRCELL 的关联参数，这里需要与 NR DUCELL 中的保持一致。

脚本示例：

```
ADD NRCELL: NRCELLID=130, CELLNAME="NR130", CELLID=130, FREQUENCYBAND=N78,
DUPLEXMODE=CELL_TDD;
```

7. 激活 NR 小区

ACT NRCELL 命令用于激活 NR 小区，如图 8-57 所示。

图 8-57 激活 NR 小区

“NR 小区标识”：表示需要被激活的小区的 NR 小区标识。

脚本示例：

```
ACT NRCELL: NRCELLID=130;
```

8. 查询 NR 小区状态

DSP NRCELL 命令用于查询 NR 小区状态，如图 8-58 所示，当 NR 小区激活之后，需要检查小区状态是否正常。

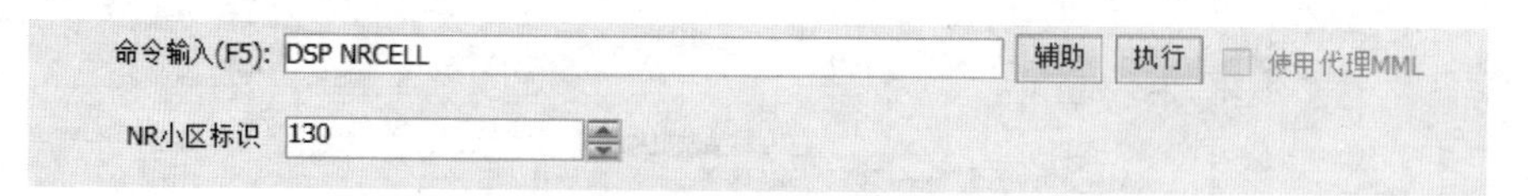

图 8-58 查询 NR 小区状态

"NR 小区标识"：表示需要查询的 NR 小区标识。

脚本示例：

```
DSP NRCELL: NrCellId=130;
```

若查询结果显示小区可用状态为"可用"且小区状态说明为"正常"，则小区建立成功，配置流程结束；若查询结果显示小区可用状态为"不可用"且小区状态说明为"未建立"，则说明小区建立失败，需要通过故障现象进行问题排查。

本章小结

本章先介绍了 5G 基站的整体配置流程，再对 5G 基站配置前的准备工作进行了说明，包括配置工具、规划协商参数和硬件及传输组网拓扑，最后分别对 5G 基站的详细配置流程、具体命令及关键参数进行了阐述，并以 NSA 组网为例，根据典型场景列举了脚本示例。

通过本章的学习，读者应该能够掌握 5G 基站配置所需的条件，熟悉 MML 配置工具的使用界面，能够充分理解 5G 基站的配置流程和关键参数，并独立完成 5G 基站的基础配置。

课后练习

1. 选择题

(1) 下列接口中，gNodeB 之间的接口是(　　)。

A. Xn　　B. X2　　C. S1　　D. NG

(2) 配置 5G 基站小区的时候，在(　　)命令中设置小区发射功率。

A. ADD NRDUCELL　　B. ADD NRDUCELLTRP

C. ADD NRDUCELLCOVERAGE　　D. ADD NRCELL

(3) 可在新传输配置模式中增加一条 IP 路由的命令是(　　)。

A. ADD DEVIP　　B. ADD IPRT　　C. ADD IPADDR4　　D. ADD IPROUTE4

(4) 在 gNodeB 通往网管 U2020 的路由中，最不适宜采用的路由类型是(　　)。

A. 主机路由　　B. 网段路由

C. 默认路由　　D. 基于目的地址的路由

(5) 某路由的目的 IP 地址和子网掩码为 0.0.0.0/0.0.0.0，该路由属于(　　)。

A. 主机路由　　B. 网段路由

C. 默认路由　　D. 基于目的地址的路由

(6)【多选】BBU 中的主控单板可以配置在(　　)上。

A. SLOT4　　B. SLOT5　　C. SLOT6　　D. SLOT7

(7)【多选】gNodeB 的时钟源的工作模式有(　　)。

A. 自动　　B. 手动　　C. 自由振荡　　D. 快捕

(8)【多选】在基站的传输配置流程中，底层配置包含(　　)。

A. 物理层配置　　B. 数据链路层配置　　C. 传输层配置　　D. 网络层配置

(9)【多选】在基站的传输配置流程中，高层配置包含(　　)。

A. 物理层配置　　B. 传输层配置　　C. 数据链路层配置　　D. 应用层配置

2. 简答题

（1）列举完成 gNodeB 的 X2 接口配置（X2 接口自建立场景）所需的传输配置命令。

（2）在 NSA 组网场景中，gNodeB 在传输侧需要配置哪些链路?

（3）命令 ADD RRU 和命令 ADD SUBRACK 中的“框号”是否取值相同？为什么?

Communication

Chapter 9

第 9 章 5G 基站网络调测

基站数据配置完成之后需要通过网络调测来进行功能的开通和验证。5G 基站和 4G 基站一样，也有多种调测方式，但是在现网部署过程中，考虑到效率和成本，运营商一般会选择使用远程调测。

本章将对 5G 基站调测的方式、条件、原理和具体操作流程进行逐一介绍。

课堂学习目标

- 了解 5G 基站中 3 种调测方式的特点
- 理解 5G 基站调测所需的条件
- 理解 5G 基站调测的原理
- 掌握 5G 基站调测的操作流程

9.1 5G 基站网络调测概述

第 8 章介绍了 5G 基站的初始配置方式和流程，输出的是基站配置数据（MML 命令脚本），而完成基站硬件安装和初始配置脚本制作后，还需要对基站进行一系列调试与初步验证，使基站能够按设计要求正常工作，这个过程称为基站调测。本节主要介绍基站调测的方式、基站调测的条件及基站调测的原理。

9.1.1 基站调测的方式

5G 基站调测可以通过多种方式完成，典型的 5G 基站调测方式有以下几种。

1. 近端 LMT+远程 U2020 调测

这种调测方式是指基站上电后，操作人员在近端通过 LMT 完成基站的软件升级和配置更新，基站按照更新后的配置数据与 U2020 建立 OM 链路。随后，可以通过 LMT 执行 MML 命令完成基站的工程质量检查，也可以通过 U2020 的即插即用（Plug and Play，PnP）功能的“工程质量检查”复选框完成基站的工程质量检查。

2. 近端 USB+远程 U2020 调测

这种调测方式是指基站上电后，操作人员在近端通过 USB 闪存盘完成基站的软件升级和配置更新，基站按照更新后的配置数据与 U2020 建立 OM 链路。随后，通过 U2020 即插即用功能的“工程质量检查”复选框完成基站的工程质量检查。

3. 不携带辅助设备的远程 U2020 调测

这种调测方式是指基站上电后，操作人员远程通过 U2020 的即插即用功能完成调测任务。在 U2020 侧，操作人员提前准备好基站软件、配置数据等文件，在基站侧完成硬件安装并上电后，利用设备的 DHCP 特性，自动完成 U2020 与基站之间的 OM 链路，基站通过 OM 链路下载基站软件、配置数据等文件，并完成软件的升级和配置数据的激活。

如表 9-1 所示，3 种调测方式各有特点，在不同的场景中可以选择合适的调测方式以完成基站业务的开通。

表 9-1 3 种调测方式的对比

调测方式	基站绑定方式	所需物料	DownTime 时间
近端 LMT+远程 U2020 调测	N/A	便携机	DownTime 时间较短
近端 USB+远程 U2020 调测	绑定设备序列号（Equipment Serial Number，ESN）	USB 闪存盘	DownTime 时间较短，一般不超过 30 min
不携带辅助设备的远程 U2020 调测	绑定 ESN	N/A	DownTime 时间较长，一般超过 30 min

若采用近端 LMT+远程 U2020 调测方式，则操作人员可以直接通过 LMT 执行 MML 命令，对调测过程中出现的问题进行定位，但是此方式对操作人员技能要求较高，且需要安排人员去基站现场操作 LMT，耗费人力和车辆成本；若采用近端 USB+远程 U2020 调测方式，则在近端即可完成基站的软件升级和配置更新，基站直接根据配置数据与 U2020 建立 OM 链路，可以省去 DHCP 流程、远程进行软件升级和配置更新的时间，但是此方式也需要安排人员去基站现场，成本较高；若采用不携带辅助设备的远程 U2020 调测方式，则在调测过程中需要耗费 DHCP 流程、远程进行软件升级和配置更新的时间，但是此方式不需要单独安排工程师去基站现场操作，成本较低，且此方式可以批量完成基站调测任务，效率高。目前，5G 网络一般采用不携带辅助设备的远程 U2020 调测方式。

9.1.2　基站调测的条件

虽然基站可以通过上述 3 种方式完成调测，但是不管采用哪种调测方式，都需要满足以下前提条件。

1. 硬件已完成安装

基站机房内，机柜（可选）、BBU 机框、BBU 内各单板、前传光纤及射频设备应已完成安装，硬件连接应严格遵从设计拓扑图。

2. 待开站网元数据已配置

在调测流程开始前，待开基站的配置数据应该已经完成，其中，近端 LMT+远程 U2020 调测方式和近端 USB+远程 U2020 调测方式都应准备单站 MML 命令脚本，不携带辅助设备的远程 U2020 调测方式应准备 SUMMARY 批量配置文件。

3. 基站目标版本的软件包及调测许可证已获取

在调测流程开始前，应获取待开基站的目标版本软件包及调测许可证，在近端 LMT+远程 U2020 调测方式下，上述文件应准备在调测便携机中；在近端 USB+远程 U2020 调测方式下，上述文件应准备在调测 USB 闪存盘中；在不携带辅助设备的远程 U2020 调测方式下，上述文件应准备在 U2020 服务器或客户端中。

4. 核心网正常运行且和 gNodeB 之间正常通信（NSA 组网）

在 NSA 组网中，核心网的控制面对端设备 MME 和用户面对端设备 SGW 必须处于正常运行状态，同时基站和网关之间传输线缆完成对接，网关和核心网网元之间的传输已经配置并能够正常通信。

5. 核心网正常运行且和 gNodeB 之间正常通信（SA 组网）

在 SA 组网中，核心网的控制面对端设备 AMF 和用户面对端设备 UPF 必须处于正常运行状态，同时基站和网关之间传输线缆完成对接，网关和核心网网元之间的传输已经配置并能够正常通信。

9.1.3　基站调测的原理

由于目前的 5G 网络一般采用不携带辅助设备的远程 U2020 调测方式，因此下面以该调测方式为例，介绍 5G 基站调测的原理。如图 9-1 所示，不携带辅助设备的远程 U2020 调测流程起始于基站上电自检，结束于基站激活配置及完成工程质量检查。

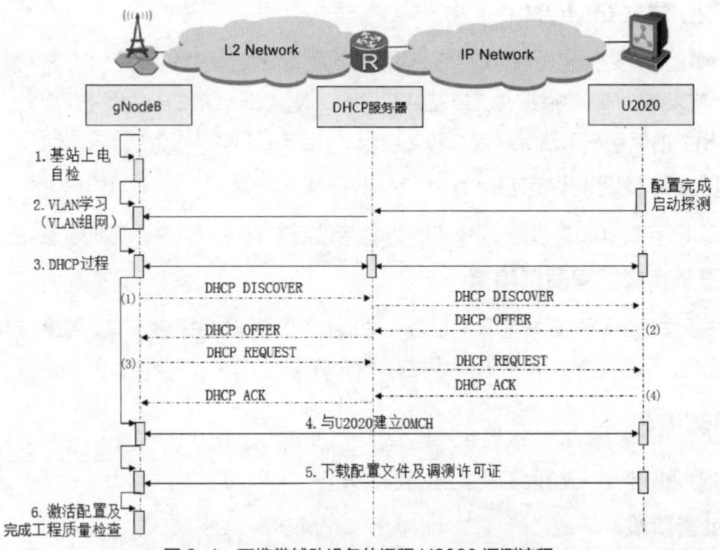

图 9-1　不携带辅助设备的远程 U2020 调测流程

1. 基站上电自检

现场施工人员完成基站硬件安装后，检查传输端口状态，根据指示灯确定基站传输线缆对接正常，此时基站会进行上电自检，检测是否有一条可用的OMCH，若无可用的OMCH或OMCH状态异常，则根据DHCP开关决定是否通过DHCP过程来自动创建OMCH。一般而言，UMTP单板出厂时默认开启DHCP开关。

2. VLAN学习

当网络采用VLAN组网时，若基站未检测到可用的OMCH，且DHCP开关开启，则进入VLAN学习过程并获取VLAN信息，因为在VLAN组网场景中，基站发送的报文需要携带VLAN ID。在OM通道建立以前，即基站初次发送DHCP报文前，必须学习VLAN。目前，国内运营商均采用非安全组网，在此组网中，U2020完成创建即插即用调测任务之后，即主动向待开基站所在的网段发送探测报文，此报文携带了VLAN信息，DHCP的Relay服务器（一般设置在网关上）收到报文之后在网段内通过广播发送给基站，基站就会获取到网关的VLAN信息。

3. DHCP过程

基站获取VLAN信息之后，先尝试发送不带VLAN ID的DHCP报文，再尝试发送携带VLAN ID的DHCP报文。

（1）基站发送DHCP DISCOVER报文，该报文携带了基站的ESN信息，但此时基站无IP地址，也无路由配置，因此该报文只能通过广播发送到DHCP Relay服务器中，DHCP Relay服务器再通过路由发送给U2020。

（2）U2020收到DHCP DISCOVER报文后，为基站分配临时IP地址，封装在DHCP OFFER报文中，通过路由将该报文发送给DHCP Relay服务器，DHCP Relay服务器通过广播将报文发送给基站。

（3）基站接收到DHCP OFFER报文之后，保存临时IP地址。基站发起DHCP REQUEST报文，该报文经DHCP Relay服务器转发给U2020。

（4）U2020回复DHCP ACK报文，确认DHCP完成。基站收到DHCP ACK报文之后，临时IP地址生效，完成传输底层的配置和通往U2020的路由配置。

4. 与U2020建立OMCH

在U2020中创建PnP调测任务后，U2020周期性地向基站发送OMCH建立请求，该请求到达基站网关后，基站网关向基站发送ARP广播报文。当基站获取VLAN、完成DHCP过程并获取到OMCH信息之后，用于OMCH建立相关的配置在基站上生效，基站响应U2020的OMCH建立请求，完成OMCH的建立。

5. 下载配置文件及调测许可证

基站通过OMCH下载U2020服务器中准备好的基站版本软件、调测许可证及基站配置文件。

6. 激活配置及完成工程质量检查

基站完成软件版本更新和配置文件激活过程，激活过程中基站会重启一次。激活成功后，U2020对基站进行工程状态检查，确保基站正常开通后，结束PnP任务。

9.1.4 调测流程

调测前准备阶段和调测执行阶段都需要遵循既定流程。

1. 调测前准备阶段

在调测前准备阶段中，远端维护中心操作人员和近端现场工程师均需要按照图9-2所示的流程分别进行调测前的准备工作。

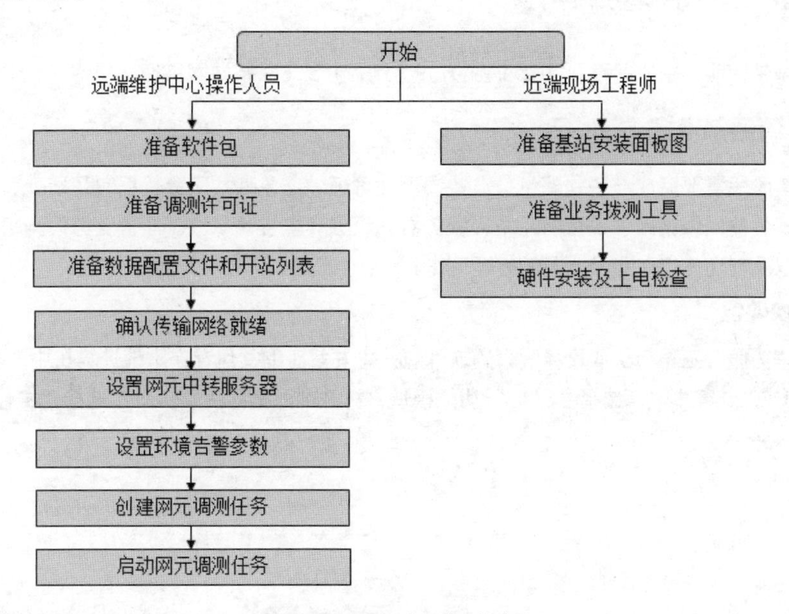

图 9-2 调测前准备阶段的流程

2. 调测执行阶段

在调测执行阶段中，远端维护中心操作人员和近端现场工程师均需要按照图 9-3 所示的流程实施调测操作。

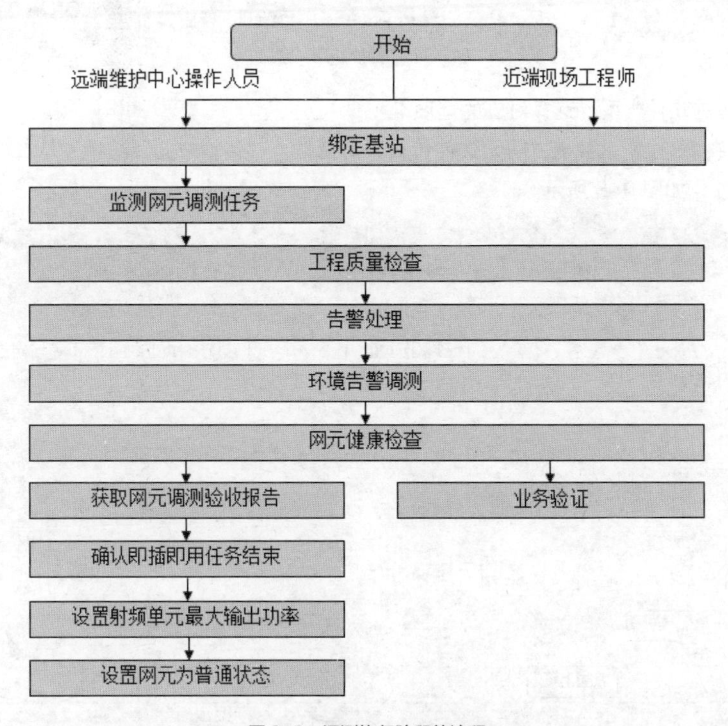

图 9-3 调测执行阶段的流程

9.2 5G 基站网络调测操作

本节以不携带辅助设备的远程 U2020 调测方式为例，介绍 5G 基站网络调测操作。

9.2.1 调测前准备

调测前准备阶段需要完成准备软件包、准备调测许可证、准备基站配置数据和开站列表、准备基站安装面板图、确认传输网络就绪、设置网元中转服务器、设置环境告警参数、准备业务拨测工具、硬件安装及上电检查，以及创建并启动网元调测任务等工作。

1. 准备软件包

（1）联系华为服务工程师获取目标版本的软件包，将其解压缩并保存在本地计算机中。

（2）启动 U2020 客户端，选择“SON”功能模块，打开“即插即用”窗口，选择“文件和数据准备”模块，如图 9-4 所示。

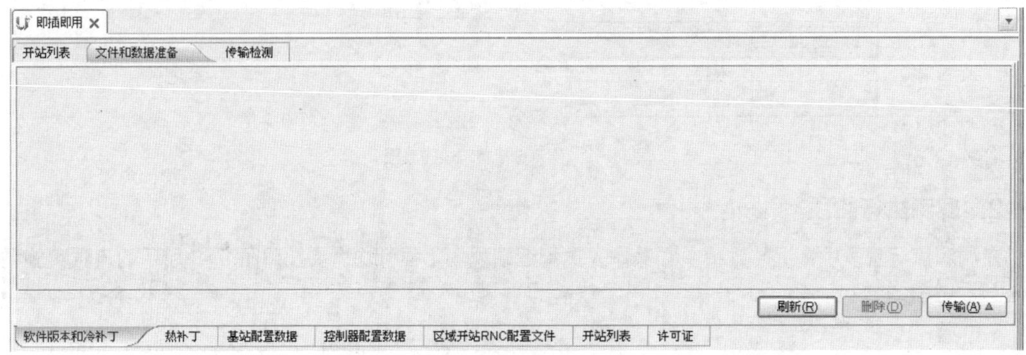

图 9-4 “即插即用”窗口

（3）根据上传的软件类型，选择对应的选项卡。

（4）单击“传输”按钮，弹出“网元文件传输”对话框，“传输方向”选择“从 OSS 客户端上传到 OSS 服务器”选项，如图 9-5 所示。

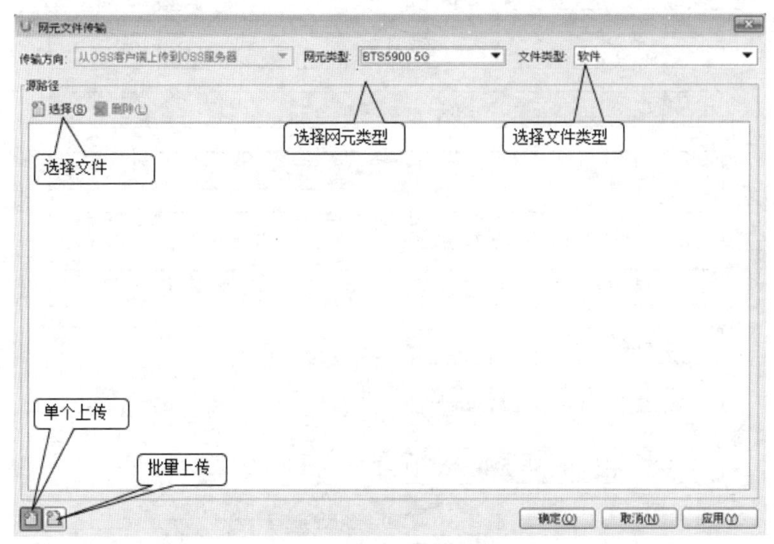

图 9-5 “网元文件传输”对话框

2. 准备调测许可证

使用调测许可证开通 NR 业务时，必须将调测许可证上传到 U2020 服务器中。

（1）启动 U2020 客户端，选择“SON”功能模块，打开“即插即用”窗口。

（2）选择“文件和数据准备”选项卡，选择“调测许可证”子选项卡，如图 9-6 所示。

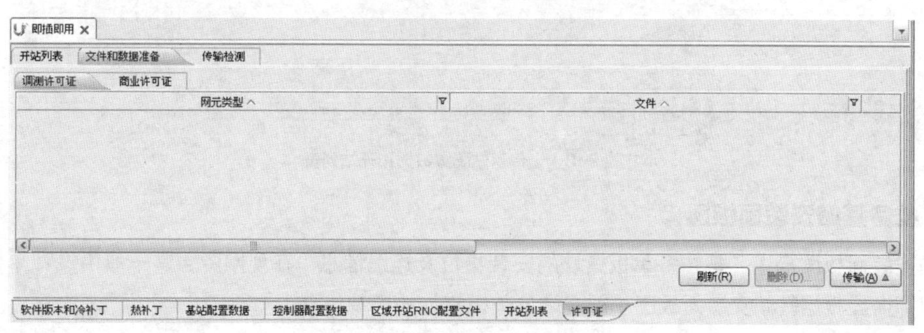

图 9-6　“调测许可证”子选项卡

（3）单击“传输”按钮，选择“从 OSS 客户端上传到 OSS 服务器”选项，如图 9-7 所示，弹出“上传调测许可证”对话框。

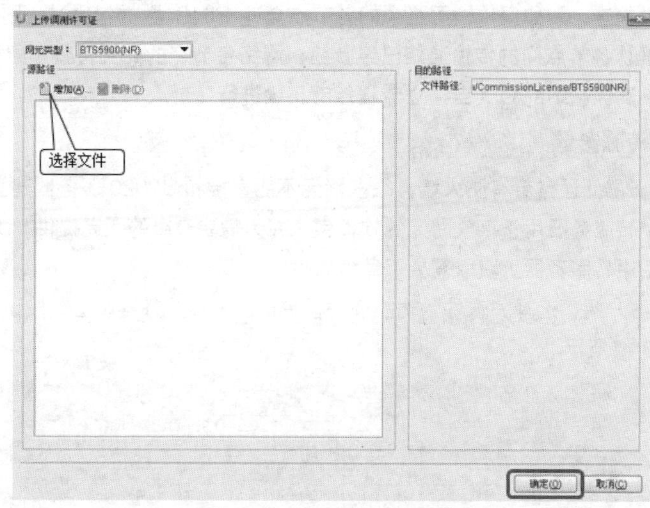

图 9-7　“上传调测许可证”对话框

（4）在“源路径”选项组中单击“增加”按钮，系统弹出选择文件的对话框，选择需要上传的文件，单击“打开”按钮，返回“上传调测许可证”窗口。

（5）单击“确定”按钮，关闭“上传调测许可证”窗口，系统开始上传文件。

3. 准备基站配置数据和开站列表

如图 9-8 所示，上传基站配置数据和开站列表。

（1）从 CME 中导出基站配置数据和开站列表。

（2）根据实际情况选择对应操作。

（3）启动 U2020 客户端，选择“SON”功能模块，打开“即插即用”窗口。

（4）上传基站配置数据到 U2020 服务器中。

（5）上传开站列表到 U2020 服务器中。

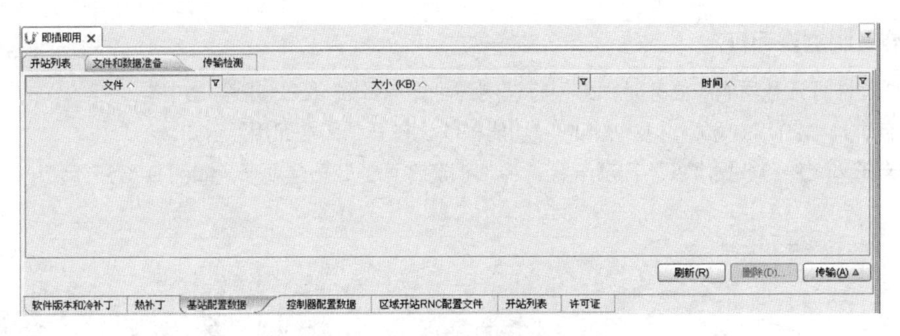

图 9-8 上传基站配置数据和开站列表

4. 准备基站安装面板图

基站安装面板图描述了基站各单板模块的安装槽位及连线信息，在现网中，其一般由设计单位输出，现场工程师需要根据基站安装面板图了解基站各单板模块的安装信息。

5. 确认传输网络就绪

远端维护中心操作人员可以通过以下两种方式确认传输网络是否已满足 OM 通道自建立要求。

（1）向负责传输的部门确认基站的传输网络是否已满足 OM 通道自建立要求。

（2）网络的连通性检查，即如果传输网络中的各节点允许 PING 数据包通过，则可以依次检查 PING 各节点的对应端口，确认各节点间的传输通路已经就绪；网络各节点的配置检查，即核查各节点设备是否已根据要求进行配置，确保基站的 OM 自建立流程能够正确进行。

6. 设置网元中转服务器

网元和 U2020 服务器间通常会有防火墙，很多网元不能直接和 U2020 服务器建立 FTP 连接，因此需要设置中转服务器。中转服务器用于存放网元的软件包，并为需要升级的网元提供 FTP Server 服务。软件升级时，网元从设定的中转服务器上获取需要下载的软件包。

（1）启动 U2020 客户端，选择“软件”功能模块，单击“中转服务器设置”按钮，弹出“中转服务器设置”对话框，如图 9-9 所示。

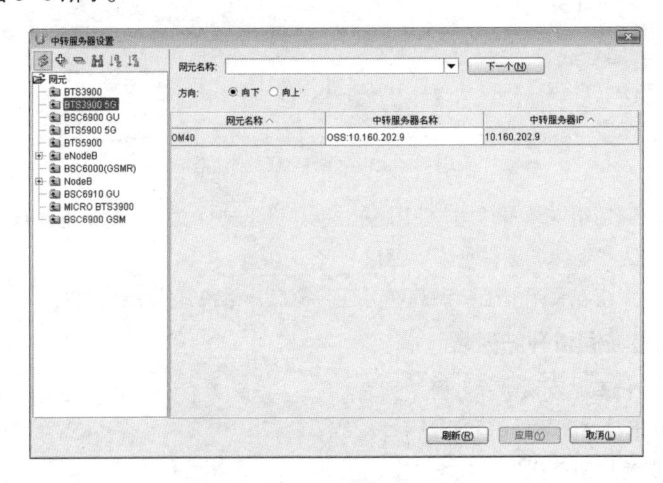

图 9-9 “中转服务器设置”对话框

（2）在左侧窗格的导航树中选择需要设置中转服务器的网元，在右侧窗格的“网元名称”下拉列表中选择要设置中转服务器的网元的名称。

（3）单击“中转服务器名称”列，在其下拉列表中选择一个网元作为该网元文件传输的中转服务器。

（4）单击“应用”按钮，激活设置。

7. 设置环境告警参数

如图 9-10 所示，设置环境告警参数。

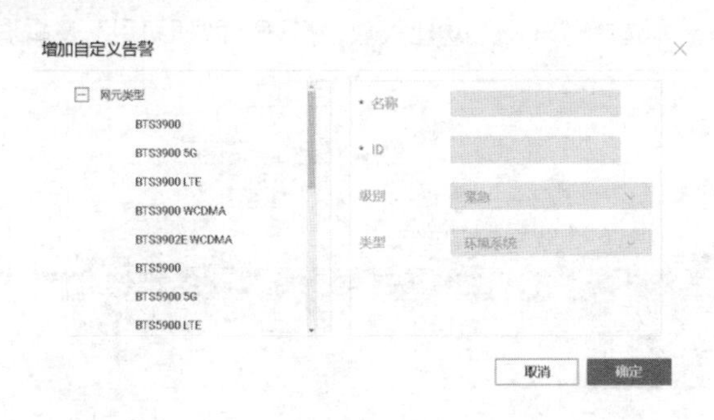

图 9-10　设置环境告警参数

（1）启动 U2020 客户端，选择“监控”功能模块，选择“告警监控”→“网元告警设置”选项，弹出网元告警设置对话框。

（2）选择“告警定义”选项卡，单击“增加”按钮，弹出“增加自定义告警”对话框。

（3）在“增加自定义告警”对话框左侧的导航树中选择“网元类型”选项，在右侧窗格中按照规划数据设置自定义告警参数，包括自定义告警的“名称”“ID”及“级别”。

（4）单击“确定”按钮，返回“告警定义”选项卡，且选项卡中显示新增的自定义告警记录。

（5）单击“应用”按钮，保存自定义告警。

8. 准备业务拨测工具

业务拨测即通过测试终端验证开站后能否正常进行业务实施，测试终端可以使用具备锁频功能的普通终端或者符合要求的商用终端，拨测前需确保测试终端已经在 HSS 中开户。

9. 硬件安装及上电检查

确认基站硬件设备（如机柜、线缆、天馈及附属设备等）已完成安装，并通过安装检查。确认基站已上电，并通过上电检查。

10. 创建网元调测任务

如图 9-11 所示，创建网元调测任务。

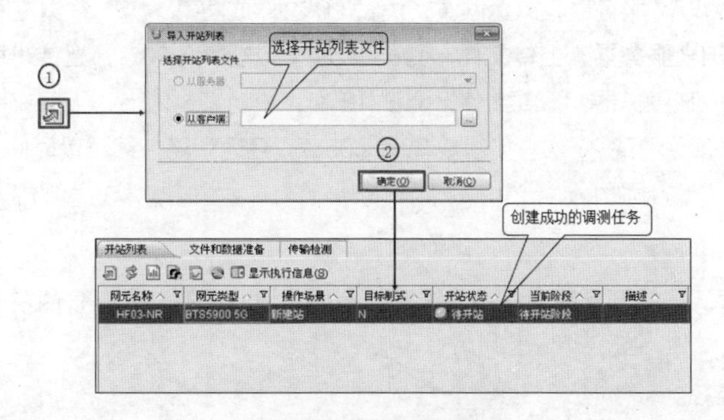

图 9-11　创建网元调测任务

（1）启动 U2020 客户端，选择“SON”功能模块，打开“即插即用”窗口。

（2）创建网元调测任务。

11. 启动网元调测任务

如图 9-12 所示，启动网元调测任务。

（1）启动 U2020 客户端，选择“SON”功能模块，打开“即插即用”窗口。

（2）启动网元调测任务。

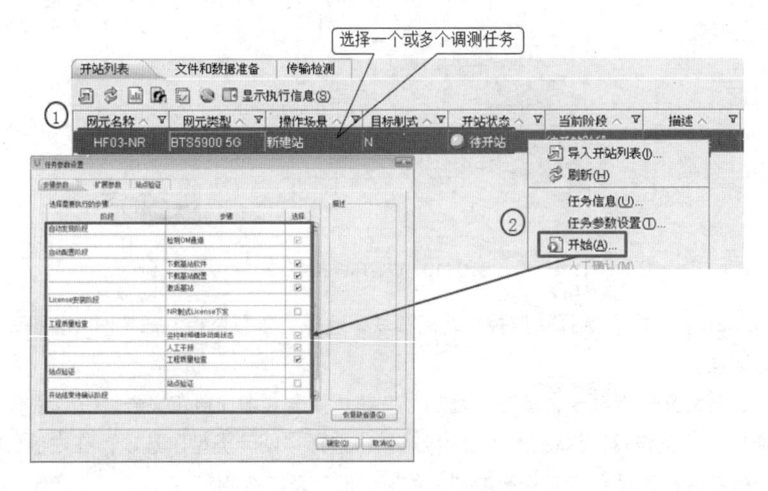

图 9-12　启动网元调测任务

9.2.2 调测执行

调测执行阶段的操作主要包括近端操作、远端操作及近端和远端配合操作。

1. 近端操作

近端工程师在基站现场需要协助远端维护中心操作人员完成基站绑定，并实施业务验证等工作。

（1）绑定基站。

近端工程师可以在 BBU 外包装箱、BBU 挂耳及 BBU 风扇模块上的标签 3 处找到基站的 ESN，并反馈给远端维护中心操作人员，远端维护中心操作人员将该基站 ESN 填写到调测任务的“电子串号”单元格中。

（2）业务验证。

近端工程师可以使用测试终端对站点进行以下业务验证操作，以检验基站是否达到入网要求。

① 使用 UE 访问 WWW 服务器，浏览网页，测试 20 次，成功率 > 95%，浏览网页正常。

② 使用 UE 访问 FTP 服务器，上传文件，测试 10 次，成功率 > 90%，上传速率稳定。

③ 使用 UE 访问 FTP 服务器，下载文件，测试 10 次，成功率 > 90%，下载速率稳定。

④ 使用 UE 呼叫 UE，测试 20 次，接续成功率 > 95%，且通话能持续一段时间，直至正常释放，语音清晰，无明显杂音。

2. 远端操作

远端维护中心操作人员需要在网管侧完成调测任务的监控、调测验收报告的获取及基站网元工程状态的修改等工作。

（1）调测任务的监控。

① 观察“开站状态”列的信息。如果“开站状态”为“开站进行中”，则说明调测任务正常运行；如

果基站遇到异常，则“开站状态”显示为“异常”，需通过“描述”列显示的信息确认异常产生的原因，并根据原因排查对应问题。在自动发现阶段，绑定基站成功后，基站自动与 U2020 建立 OM 链路，OM 链路建立成功后，“描述”列显示 OM 通道已连接信息。如果调测任务长期处于自动发现阶段，则说明基站与 U2020 之间的 OM 链路建立失败，需依次检查基站绑定标识（ESN）是否配置正确、传输网络配置是否正确及传输网络连接是否正常。故障排除后，单击右键，在弹出的快捷菜单中选择“重新开始”选项，重新执行调测任务。在自动配置阶段，基站自动从 U2020 下载目标软件包、配置数据文件及调测许可证（可选），并复位激活。

② 观察“当前阶段”列的信息，查看调测任务当前所处阶段。

（2）调测验收报告的获取。

① 启动 U2020 客户端，选择“SON”功能模块，打开“即插即用”窗口。

② 在调测任务列表中选择需要导出报告的一个或多个调测任务，单击右键，在弹出的快捷菜单中选择“导出开站报告”选项，如图 9-13 所示，弹出“是否同时导出告警信息”提示对话框，单击“是”按钮。

③ 选择存放路径，单击“保存”按钮。

④（可选操作）进入调测报告所存放的文件夹，双击“Auto_Deployment_Report_index.html”，查看调测报告。如果在步骤②中选择同时导出告警数据，则告警数据存放在解压后生成的“alarm”子文件夹中。

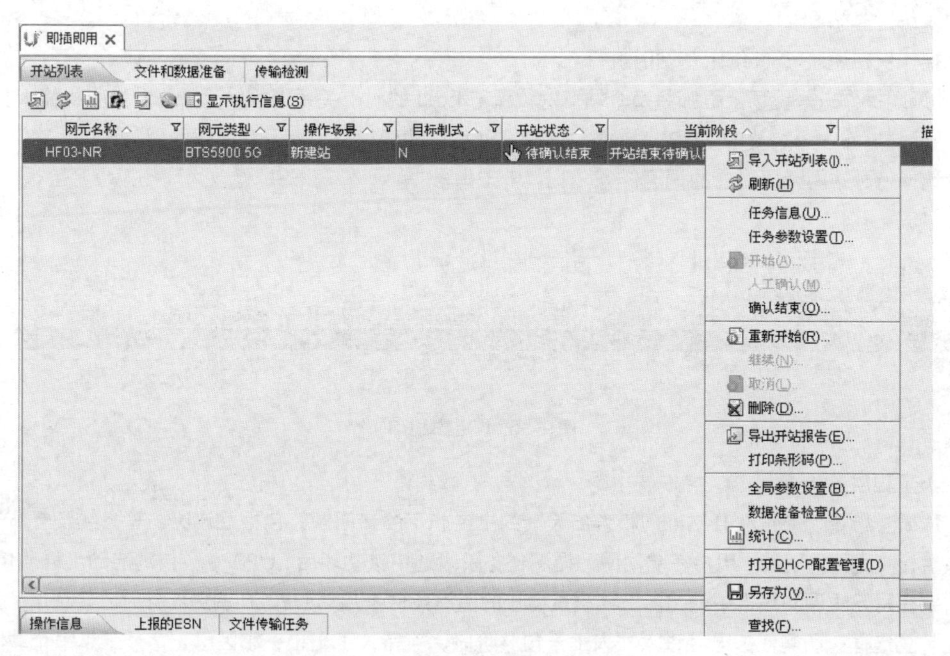

图 9-13　选择“导出开站报告”选项

（3）基站网元工程状态的修改。

如图 9-14 所示，工程实施完毕后，需将“网元工程状态”恢复为“普通”，以恢复正常的网络监控。

3. 近端和远程配合操作

基站调测过程中需要近端和远程配合操作，主要包含绑定基站 ESN、工程质量检查、告警处理、环境告警调测、网元健康检查等。

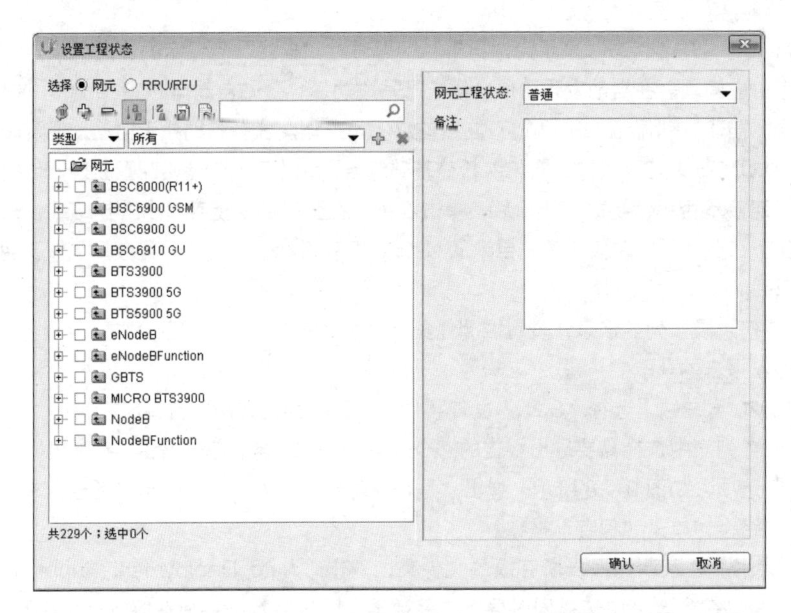

图 9-14　基站网元工程状态的修改

（1）绑定基站 ESN。

此操作仅在通过 ESN 绑定基站时执行。

① 近端操作——现场工程师将每个站点的位置与 ESN 的对应关系上报给远端维护中心操作人员。

② 远端操作——启动 U2020 客户端，选择“SON”功能模块，打开“即插即用”窗口，在调测任务列表中选择待开站网元所对应的调测任务，双击“电子串号”单元格，将 ESN 修改为现场工程师上报的 ESN，如图 9-15 所示。

图 9-15　绑定基站 ESN

（2）工程质量检查。

工程质量检查功能可在开站期间检查出天馈的主要施工质量问题，包括驻波比、鸳鸯线及互调干扰。工程质量检查是可选功能，用户在启动网元调测任务阶段选中该功能后，U2020 会自动启动工程质量检查，检查结果在网元的调测报告中输出。工程质量检查的前提条件是启动 U2020 调测任务时已勾选了“工程质量检查”复选框；调测任务已经进入“人工干预”阶段，等待人工干预；小区已正常开工且每个载频和信道的状态都是正常的。

① 远端现场工程师确认近端人员已经进入安全无辐射的区域。

② 远端维护中心操作人员执行 MML 命令，解闭塞新开通网元的所有小区。

③ 远端维护中心操作人员启动 U2020 客户端，选择“SON”功能模块，打开“即插即用”窗口。

④ 远端维护中心操作人员在调测任务列表中选择待人工确认的调测任务项，单击右键，在弹出的快捷菜单中选择“人工确认”选项，单击“确定”按钮。

⑤ U2020 进行天馈驻波测试、天馈鸳鸯线检测及天馈互调干扰检测。

⑥ 待 U2020 检测完成后，远端维护中心操作人员查看调测任务状态，若调测任务状态为“异常”，则需联系近端现场工程师排查故障。

⑦ 近端现场工程师检查相关射频端口，排查问题。待故障排除后，联系远端维护中心操作人员继续执行调测任务。

⑧ 远端维护中心操作人员继续执行调测任务。

（3）告警处理。

新开通的网元通常会产生一些活动告警，调测阶段需要解决全部的活动告警，该操作的前提是已经完成并通过工程质量检查。

① 近端维护中心操作人员启动 U2020 客户端，选择“监控”功能模块，选择“告警监控”→“当前告警”选项，并打开“过滤”窗口。

② 在“过滤”窗口中，选择“告警源”→“网元”选项，弹出“增加告警源”对话框。

③ 在“增加告警源”对话框左侧的“可选择”选项组的导航树中选择正在调测的网元，单击“确定”按钮。

④ 在“过滤”窗口中单击“确定”按钮，返回“当前告警”窗口，该窗口中显示已选择对象上报的所有告警。

⑤ 远端维护中心操作人员依次确认每条告警是否与新开通网元相关，若相关，则按照“告警参考”中的说明依次处理所有活动告警。

⑥ 远端维护中心操作人员获取网元当前的调测报告。

⑦ 远端维护中心操作人员查看调测报告中是否包含活动告警。如果包含，则按照“告警参考”中的说明依次处理所有活动告警，并联系近端现场工程师协助处理相关告警。

（4）环境告警调测。

该操作的前提包括已经完成了环境调测参数的设置、U2020 与基站正常通信、已经配置环境监控设备及已经正确设置环境监控设备的拨码开关。

① 启动 U2020 客户端，选择“监控”功能模块，选择“告警监控”→“网元告警设置”选项，弹出网元告警设置对话框。

② 选择“用户自定义告警”→“告警绑定”选项，增加自定义告警绑定关系。

③ 选择告警绑定记录，单击“应用”按钮，将选择的绑定关系应用到网元中。

④ 系统弹出提示对话框，提示用户操作成功或失败。如果成功，则单击“确定”按钮，关闭提示对话框，标志将会消失；如果失败，则单击“详细信息”按钮，查看失败原因，并根据失败原因进行处理后，重新绑定自定义告警。

⑤ 检查外部环境告警，人工触发若干外部环境告警，如果能正常上报告警，则说明对环境监控设备的相关配置是正确的。

⑥ 近端现场工程师使用双绞线对 UPEU 单板上的告警端口进行环回，远端维护中心操作人员查看 U2020 上是否收到了对应端口的环境告警上报。

⑦ 近端现场工程师取消当前测试端口的环回，远端维护中心操作人员查看 U2020 上对应端口的告警是否已经取消。

⑧ 重复执行步骤⑥和步骤⑦，当 UPEU 单板上的 8 个告警端口均测试正常后，即完成了待开站网元的环境告警调测。

（5）网元健康检查。

通过创建网元健康检查任务，可以对网元状态、网络运行情况进行检查，确保现网设备运行正常。网元健康检查的检查项包括单板状态检查、小区状态检查、时钟状态检查、License 检查及软件版本检查等。网元健康检查的前提条件包括具有“网元健康检查”的操作权限、已经成功添加网元并具有相关网元的管理权限。

① 选择“维护”→“网元健康检查”选项。

② 在“创建网元健康检查任务”图标的“应用场景”下拉列表中，选择当前创建的任务对应的应用场景。

③ 根据需要，在“任务名称”文本框中修改健康检查任务名称（可选）。

④ 在“可选网元”窗格中，选择网元为“已选网元”。在“执行类型”选项组中，选择任务执行方式。

⑤ 单击“下一步”按钮，保持默认设置。

⑥ 再次单击“下一步”按钮，选择“网元列表”导航树中的网元名称节点，在右侧窗格中设置网元的扩展参数。

⑦ 单击“完成”按钮。

本章小结

本章先介绍了 5G 基站网络调测的概念和 3 种调测方式，并对 3 种调测方式的特点、适用场景进行了对比分析，突出了“不携带辅助设备的远程 U2020 调测”方式的优势，再对基站调测所需的条件、原理和流程进行了详细阐述，最后详细说明了 5G 基站网络调测的具体操作步骤。

通过本章的学习，读者应该能够判断在特定的基站调测场景中如何选取合适的调测方式，并熟悉基站调测的原理，掌握调测所需条件和流程，并且能够独立完成典型场景的基站调测任务。

课后练习

1. 选择题

（1）【多选】典型调测方式包含（　　）。

A. 不携带辅助设备的远程 U2020 调测　　B. 近端 USB+远程 U2020 调测

C. 近端 LMT+远程 U2020 调测　　D. 带远程辅助设备的远程 U2020 调测

（2）现网新建 5G 网络时需要同时开通大量站点，调测方式效率最高的是（　　）。

A. 不携带辅助设备的远程 U2020 调测　　B. 近端 USB+远程 U2020 调测

C. 近端 LMT+远程 U2020 调测　　D. 带远程辅助设备的远程 U2020 调测

（3）要完成基站调测，需要具备的条件是（　　）。

A. 基站已完成安装

B. 待开站网元已完成配置数据输出

C. 基站目标版本的软件包及调测许可证已获取

D. 核心网正常运行且与 gNodeB 之间的传输通道已打通

（4）【多选】gNodeB 发送给 U2020 的 DHCP 消息是（　　）。

A. DHCP DISCOVER　　B. DHCP OFFER

C. DHCP REQUEST　　D. DHCP ACK

（5）【多选】U2020 发送给 gNodeB 的 DHCP 消息是（　　）。

A. DHCP DISCOVER　　B. DHCP REQUEST

C. DHCP OFFER
D. DHCP ACK

（6）不属于调测前准备工作的是（ ）。

A. 准备软件包
B. 准备调测许可证
C. 绑定基站
D. 设置环境告警参数

（7）不属于调测执行工作的是（ ）。

A. 绑定基站ESN
B. 设置网元为普通状态
C. 网元健康检查
D. 硬件安装及上电检查

（8）【多选】不属于近端现场工程师工作的是（ ）。

A. 准备业务拨测工具
B. 业务验证
C. 创建网元调测任务
D. 获取网元调测验收报告

2. 简答题

（1）对gNodeB进行调测之前，gNodeB需满足哪些条件?

（2）简述gNodeB的3种调测方式各有哪些优缺点?

（3）在gNodeB调测前的准备阶段中，近端现场工程师需要做好哪些准备工作?

（4）简述基站通过DHCP获取IP地址的过程。

Communication

Chapter

10

第 10 章 5G 基站操作维护与测试

gNodeB 是面向 5G 演进的新一代基站，作为 5G 时代无线侧的唯一主设备，涵盖了 2G/3G 阶段的基站和绝大部分基站控制器的功能，从网络架构上来看，其实现了扁平化，降低了端到端的时延，提升了用户的业务感知能力。

本章主要介绍 gNodeB 日常操作维护及网络测试相关内容。

课堂学习目标

- 掌握 gNodeB 日常操作维护任务
- 掌握 gNodeB 网络测试的流程和步骤

10.1 5G 基站操作维护

无线通信设备相对于其他通信设备来说，存在分布范围广、在网数量多等特点，所以针对无线设备的维护，通常采用网管集中维护的方式，以降低成本、提高维护效率。本节将对 5G 基站的操作维护系统及日常操作维护任务进行详细介绍。

10.1.1 操作维护系统概述

1. 操作维护系统结构

图 10-1 所示为 5G 操作维护系统结构，分成本地维护和远端维护两部分。

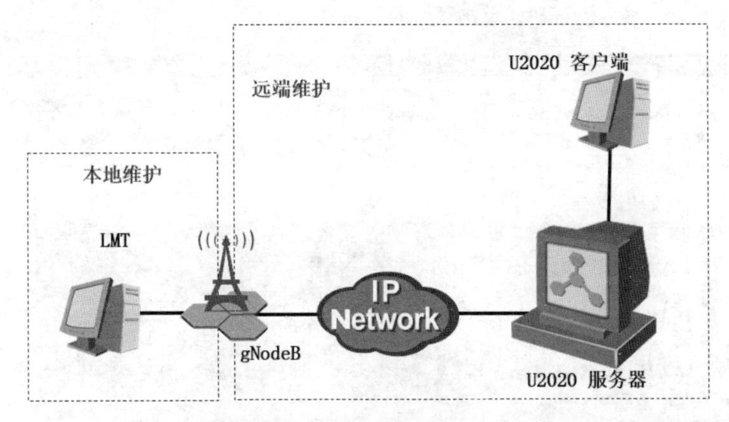

图 10-1 5G 操作维护系统结构

（1）本地维护：主要由 LMT 终端和 gNodeB 组成，操作维护的 LMT 终端和 gNodeB 在同一个机房中，并采用近端直连 gNodeB 的方式进行维护，主要用于辅助开站、近端定位和排除故障，通常在以下场景中使用。

① 在 gNodeB 开站过程中，当传输未到位时，可使用 LMT 近端开站。

② 当 gNodeB 与 U2020 之间通信中断时，可使用 LMT 到近端定位和排查。

③ 当 gNodeB 产生告警，需要在近端更换单板等时，可使用 LMT 辅助定位和排除故障。

（2）远端维护：主要由 U2020 客户端、U2020 服务器和 gNodeB 组成，操作维护的 U2020 客户端不在 gNodeB 机房中，需要通过传输 IP 网络远程访问设备并进行设备维护。这是目前现网主流的操作维护方式，与本地维护相比，其主要有以下优点。

① 避免上站操作，减少人力物力投入。

② 可以同时管理多套设备，如设备命令的批量执行、软件的批量升级等。

③ 可以完成端到端设备的信令跟踪操作。

④ 能够统计网络中设备的 KPI 指标，对网络性能进行监控。

2. 操作维护系统连接

（1）近端连接：维护计算机通过网线直连 gNodeB 的方式。

图 10-2 所示为近端连接 gNodeB 的方式。UMPT 主控单板的 USB 维护接口出厂默认的维护 IP 地址是 192.168.0.49/24，维护计算机需要配置在同一个网段中，并通过 USB 转网口转接线连接主控单板。

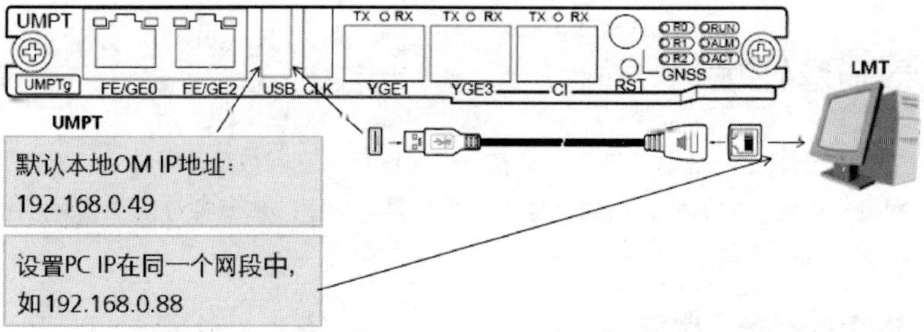

图 10-2　近端连接 gNodeB 的方式

网络连通后，通过 IE 进行近端维护页面登录。图 10-3 所示为近端维护登录页面，默认用户名为 admin，默认密码为 hwbs@com，输入验证码，单击“登录”按钮。

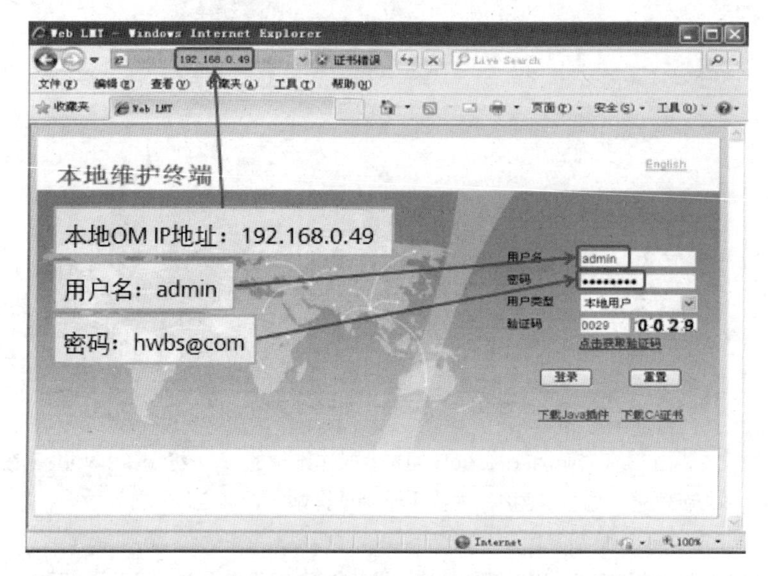

图 10-3　近端维护登录页面

图 10-4 所示为登录之后的本地维护终端首页，右上角的框标注的是菜单栏，中间的框标注的是当前维护状态，下方的框标注的是常用的功能模块。每个模块的具体应用会在后续章节中介绍。

图 10-4　登录之后的本地维护终端首页

（2）远端连接：维护计算机通过 U2020 客户端远程连接 gNodeB。

图 10-5 所示为在线登录 U2020 客户端。打开 IE 浏览器，在地址栏中输入 https://U2020 的 IP 地址:31943，按 Enter 键，进入在线登录页面。在在线登录页面中，输入预先设置好的用户名和密码（用户名和密码通常由管理员分配），单击“登录”按钮，进行 U2020 登录操作。

图 10-5　在线登录 U2020 客户端

图 10-6 所示为 U2020 登录之后的操作页面，可以通过菜单栏中的“拓扑”功能模块，查看当前 U2020 管理的设备。U2020 其他模块的具体应用会在后续章节中介绍。

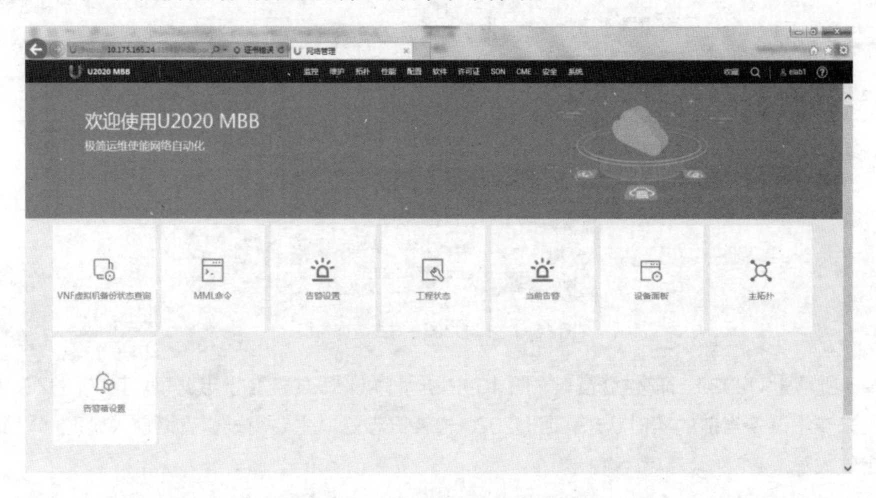

图 10-6　U2020 登录之后的操作页面

10.1.2　日常操作维护任务

1. 告警管理

（1）告警类别。

① 故障告警：由于硬件设备故障或某些重要功能异常而产生的告警，如某单板故障、链路故障。通常，故障告警的严重性比事件告警高。

② 事件告警：事件告警是设备运行时的一个瞬间状态，只表明系统在某时刻发生了某一预定义的特定

事件，如通路拥塞，并不一定代表故障状态。某些事件告警是定时重发的。事件告警没有恢复告警和活动告警之分。

③ 工程告警：当网络处于新建、扩容、升级或调测等场景时，工程操作会使部分网元短时间内处于异常状态，并上报告警。这些告警数量多，一般会随工程操作结束而自动清除，且通常是复位、倒换及通信链路中断等级别较高的告警。为了避免这些告警干扰正常的网络监控，系统将网元工程期间上报的所有告警定义为工程告警，并提供特别机制处理工程告警。

（2）告警级别。

① 紧急告警：此类级别的告警会影响到系统提供的服务，必须立即进行处理。即使该告警在非工作时间内发生，也需立即采取措施。如某设备或资源完全不可用，则需对其进行修复。

② 重要告警：此类级别的告警会影响到服务质量，需要在工作时间内处理，否则会影响重要功能的实现。如某设备或资源服务质量下降，则需对其进行修复。

③ 次要告警：此类级别的告警未影响到服务质量，但为了避免更严重的故障，需要在适当的时候进行处理或进一步观察。例如，清除过期历史记录告警。

④ 提示告警：此类级别的告警指示可能有潜在的错误影响到提供的服务，相应的措施根据不同的错误进行处理。例如，OMU 启动告警。

（3）告警查询。

① U2020 查询。图 10-7 所示为以 U2020 方式查询告警，右键单击待查询 gNodeB，在弹出的快捷菜单中选择查询当前告警或者查询告警日志，可以分别看到设备当前活动告警及之前发生的告警日志信息。

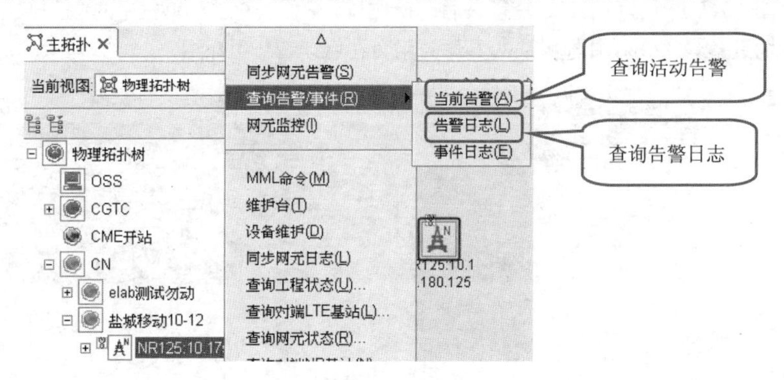

图 10-7　以 U2020 方式查询告警

图 10-8 所示为 U2020 当前告警窗口，图 10-9 所示为 U2020 告警日志窗口。其中，U2020 当前告警窗口可以用来查看设备当前的实时状态，而 U2020 告警日志窗口主要用于查看之前某个时间段发生的告警信息，以定位故障。

图 10-8　U2020 当前告警窗口

图 10-9　U2020 告警日志窗口

② Web LMT 查询。图 10-10 所示为以 Web LMT 方式查询告警。在 LMT 主界面中，单击“告警/事件”按钮，可以依次看到“浏览活动告警/事件”“查询告警/事件日志”及“查询告警/事件配置”3 个选项卡，其中，“浏览活动告警/事件”分为“普通告警”“事件”及“工程告警”3 个子选项卡，可以依次查询当前活动的普通告警、事件和工程告警。

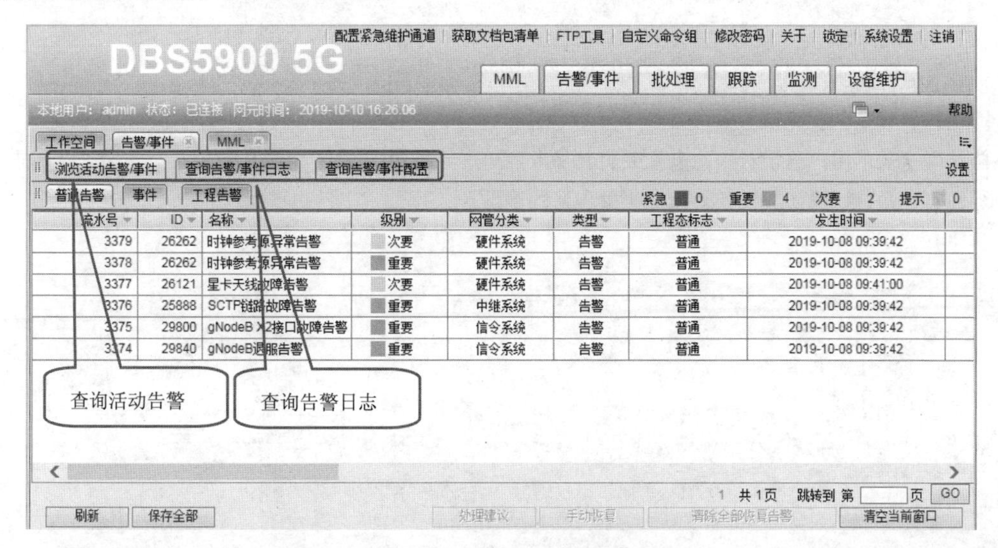

图 10-10　以 Web LMT 方式查询告警

③ MML 查询。如图 10-11 所示，LST ALMAF 命令用于查询网元中保存的活动告警，即系统中没有恢复的故障告警。

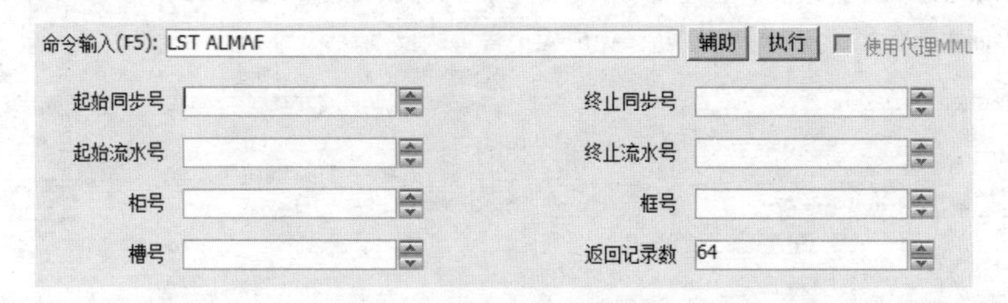

图 10-11　以 MML 方式查询活动告警

如图 10-12 所示，LST ALMLOG 命令用于查询系统的历史告警，即系统已经产生的所有告警，包括故障告警（已恢复的告警及未恢复的告警）和事件告警。

图 10-12 以 MML 方式查询告警日志

（4）告警确认和反确认。

告警确认表示用户已经看到此告警并将其加入到处理计划中，如图 10-13 所示，选中待确认的告警，单击界面右上角的“确认”按钮，完成相关告警的确认。

图 10-13 告警确认

告警反确认表示此告警还没有处理完毕，需要重新分配人员跟进，如图 10-14 所示，选中待反确认的告警，单击界面右上角的“反确认”按钮，完成相关告警的反确认。

图 10-14 告警反确认

（5）手动清除告警。

如果某告警无法被自动清除，或者确认此告警在网元或网管中不存在，则可以手动清除此告警，如图 10-15 所示，选中待清除的告警，单击界面右上角的“清除”按钮，完成相关告警的清除。

模板管理　过滤　1　18　2　0

自动刷新　组合排序　导出　备注　清除　确认　···

	操作	日志...	振荡次数	设备...	级别	告警ID	名称	网元类型	告
☑	···	186629...	0	1223	重要	25901	远程维护通道...	BTS5900 5G	16
☑	···	186526...	0	1221	重要	29840	gNodeB退服...	BTS5900 5G	16
☐	···	186526...	0	1217	重要	26234	BBU CPRI...	BTS5900 5G	16
☐	···	186526...	0	1220	次要	25950	网元遭受攻击...	BTS5900 5G	16
☐	···	186526...	0	1166	重要	26204	单板不在...	BTS5900 5G	16
☐	···	186525...	0	1003	重要	25950	网元遭受攻击...	BTS5900 5G	16

图 10-15　手动清除告警

2. 设备管理

（1）查询单板状态。

① 图形用户接口（Graphical User Interface，GUI）方式。图 10-16 所示为以 GUI 方式查询单板状态，右键单击待查询的 gNodeB，在弹出的快捷菜单中选择“设备维护”选项，双击模块面板，打开虚拟单板窗口，根据颜色可以获知单板的状态。

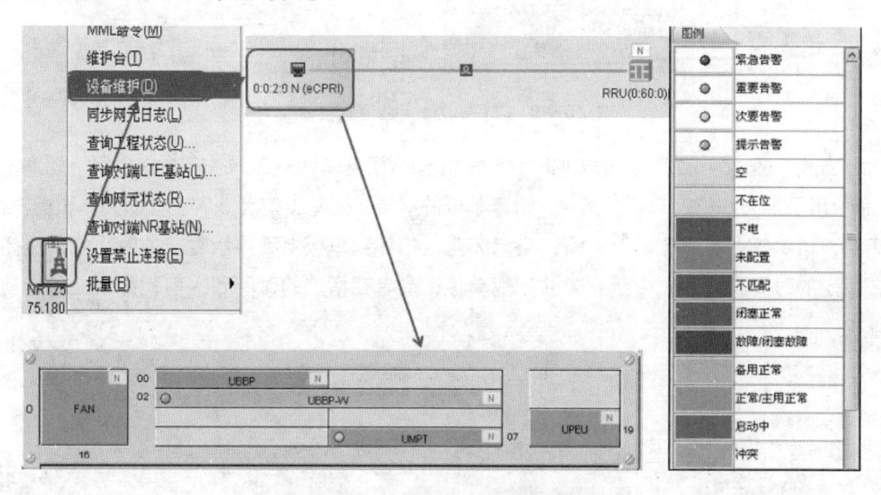

图 10-16　以 GUI 方式查询单板状态

② MML 方式。图 10-17 所示为以 MML 方式查询单板状态，在拓扑面板中右键单击 gNodeB，在弹出的快捷菜单中选择“MML 命令”选项，输入 MML 命令“DSP BRD”并设置参数，单击“执行命令”按钮或按 F10 键以执行命令，即可显示查询结果。

（2）闭塞/解闭塞单板。

① GUI 方式。图 10-18 所示为以 GUI 方式闭塞/解闭塞单板，右键单击待操作单板，在弹出的快捷菜单中选择“闭塞单板”或者“解闭单板”选项，完成单板的闭塞/解闭塞，该操作通常用于更换单板场景中。

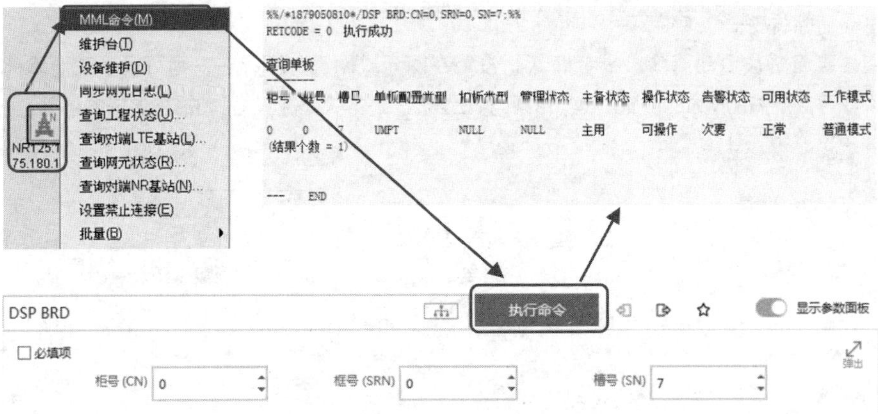

图 10-17 以 MML 方式查询单板状态

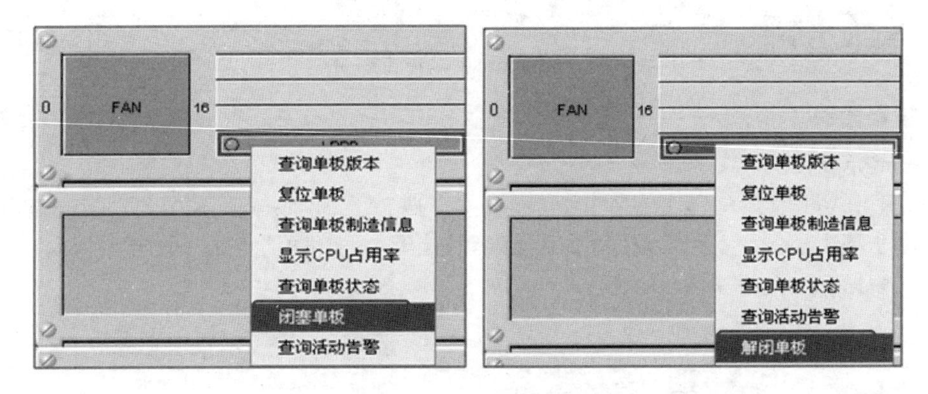

图 10-18 以 GUI 方式闭塞/解闭塞单板

② MML 方式。图 10-19 所示为以 MML 方式闭塞/解闭塞单板，BLK BRD 命令用于闭塞指定单板，UBL BRD 命令用于解闭塞指定单板。其中，闭塞单板的时候，闭塞类型有 3 种：立即闭塞，指执行命令后，单板立即闭塞，该单板上的业务马上中断；空闲闭塞，指等到单板上不再承载业务时再将单板闭塞；延时闭塞，指在指定的时间到达后，中断业务并闭塞单板，或者在指定的时间到达前，如果业务提前结束，则立即闭塞单板。

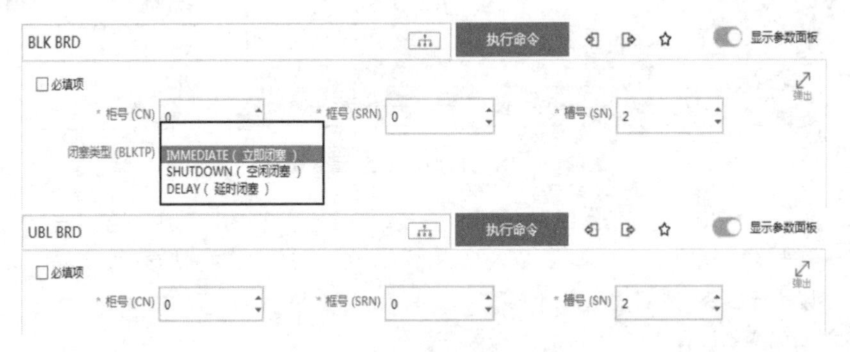

图 10-19 以 MML 方式闭塞/解闭塞单板

（3）查询光/电模块信息。

① GUI 方式。图 10-20 所示为以 GUI 方式查询光/电模块信息，右键单击光/电模块，在弹出的快捷菜

单中选择“查询光/电模块信息”选项，弹出“查询光/电模块信息”对话框，可以看到该光模块的传输码速率及收发功率。

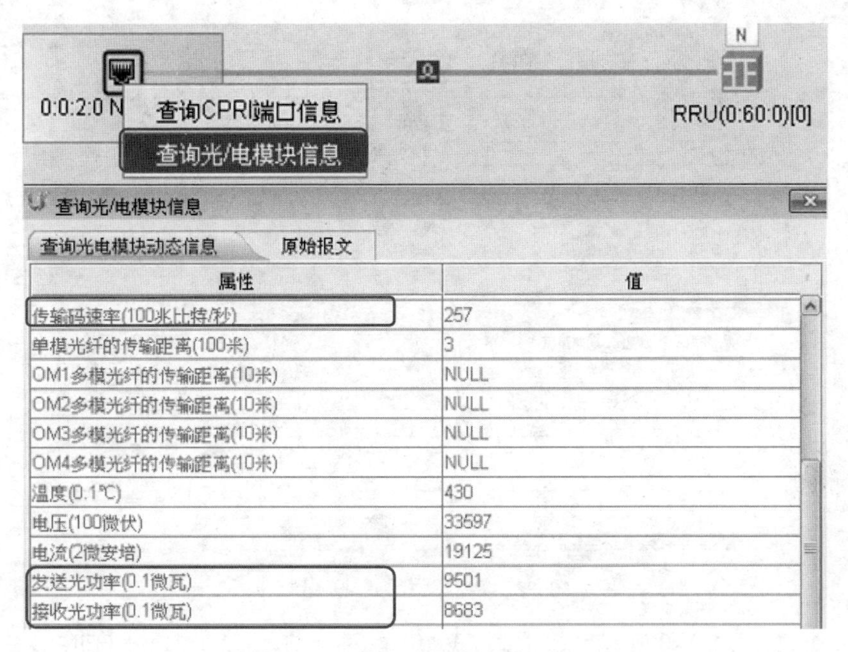

图 10-20　以 GUI 方式查询光/电模块信息

② MML 方式。图 10-21 所示为以 MML 方式查询光/电模块信息，DSP SFP 命令用于查询光/电模块的动态信息。如果查询结果中有两个及两个以上的光模块，则需要输入对应柜号、框号、槽号和端口号才能查询单个光/电模块的详细信息。

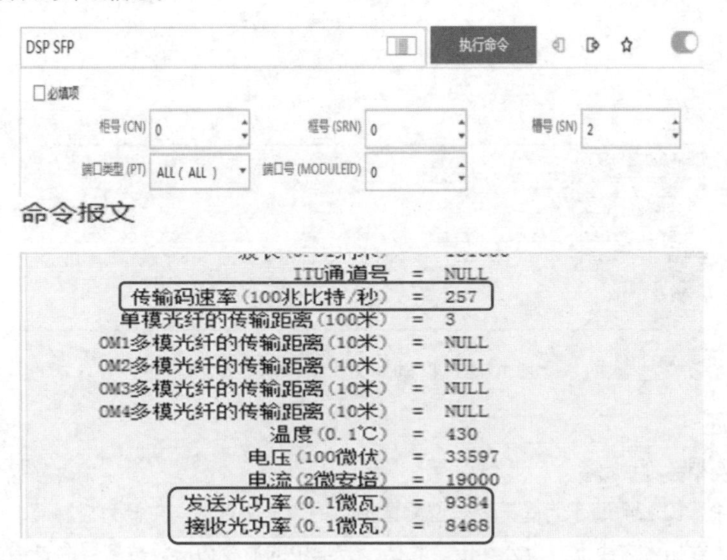

图 10-21　以 MML 方式查询光/电模块信息

(4) 查询单板制造信息。

① GUI 方式。图 10-22 所示为以 GUI 方式查询单板制造信息，右键单击待查询单板，在弹出的快捷

菜单中选择“查询单板制造信息”选项，弹出“查询单板制造信息”对话框，可以看到该单板的型号、条码及生产商等信息。

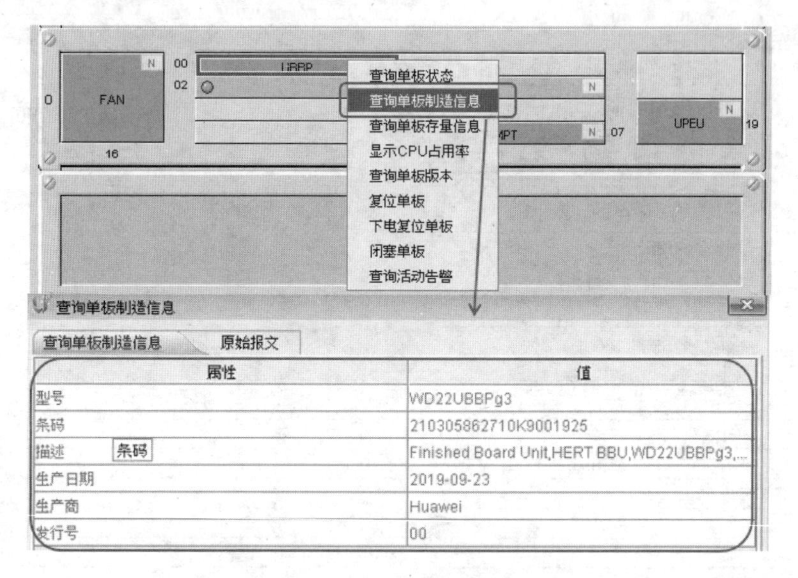

图 10-22　以 GUI 方式查询单板制造信息

② MML 方式。图 10-23 所示为以 MML 方式查询单板制造信息，DSP BRDMFRINFO 命令用于查询单板制造信息。如果需要查询特定单板，则需要输入单板的对应柜号、框号和槽号。

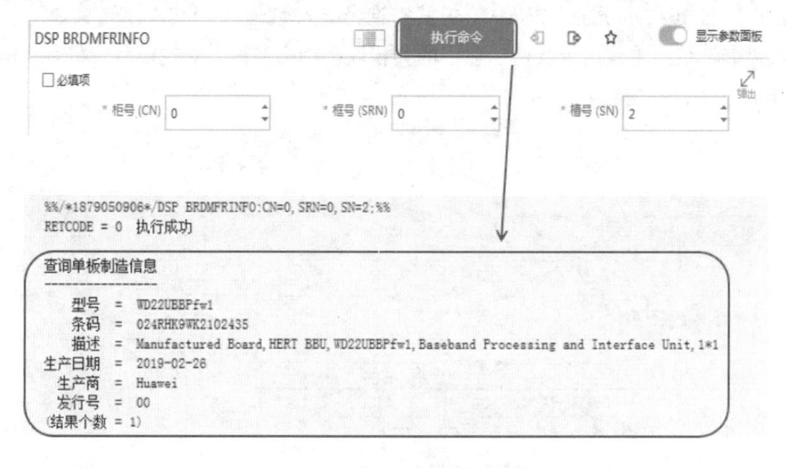

图 10-23　以 MML 方式查询单板制造信息

3. 传输管理

（1）协议栈及相关维护命令。

① 旧模型。图 10-24 所示为基于老模型配置模式的传输协议栈，左侧为控制面，右侧为用户面，虚线上方为专用传输数据，虚线下方为公共传输数据，方框中的命令为协议栈各层的查询命令，用于检测每一层的配置数据是否正确。

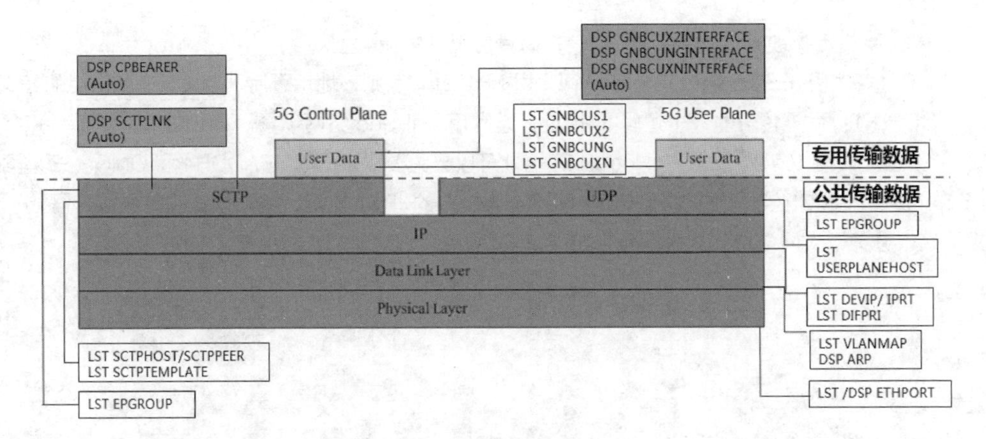

图 10-24 传输协议栈（旧模型）

② 新模型。图 10-25 所示为基于新模型配置模式的传输协议栈，左侧为控制面，右侧为用户面，虚线上方为专用传输数据，虚线下方为公共传输数据，方框中的命令为协议栈各层的查询命令，用于检测每一层的配置数据是否正确。

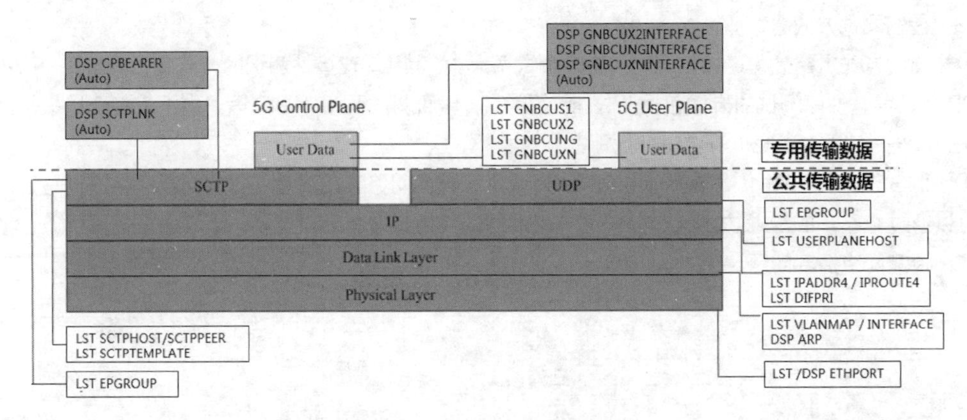

图 10-25 传输协议栈（新模型）

（2）gNodeB IP 地址。

① 旧模型。如图 10-26 所示，gNodeB IP 地址可以分为 LOCALIP、DEVIP 和 OMCH 三大类。其中，LOCALIP 就是本地维护 IP 地址，和主控板的“USB”端口绑定，通常各站点相同，默认值为 192.168.0.49；OMCH 为与网管对接的远端维护通道本端 IP 地址，通常属于 DEVIP；DEVIP 地址基站默认没有配置，需要手动进行配置，其 IP 地址类型可以分为以下 3 种。

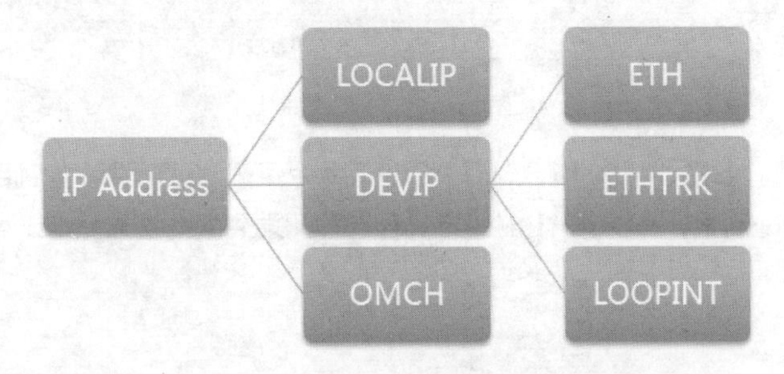

图 10-26 gNodeB IP 地址（旧模型）

a. ETH：某指定物理 FE/GE 端口 IP 地址，为目前现网主流类型。

b. ETHTRK：如果 FE/GE 端口联合成一个以太聚合组端口，则该地址可用于定义一个聚合组的 IP 地址。

c. LOOPINT：用于传输的一个逻辑 IP 地址，通常用于 IPSec 组网场景。

② 新模型。如图 10-27 所示，gNodeB IP 地址可以分为 LOCALIP、IPADDR4 和 OMCH 三大类。其中，LOCALIP 和 OMCH 等同于旧模型；IPADDR4 为接口的 IPv4 地址，基站默认没有配置，需要手动进行配置，端口分为以太网端口、以太网聚合组端口及环回接口 3 种类型。

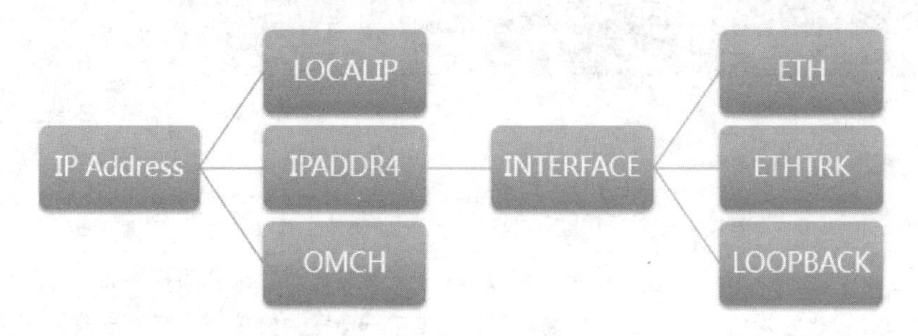

图 10-27 gNodeB IP 地址（新模型）

（3）传输测试方式。

传输测试方式主要分为连接性测试和性能测试两大类。其中，连接性测试的方式包括 PING、TRACERT 及 UDP 环回等；性能测试的方式包括 IP 性能监控、IP 环回测试及 TWAMP 等。接下来将介绍最常用的两种测试方式——PING 测试和 TRACERT 测试。

① PING 测试。如图 10-28 所示，PING 命令用于测试网络线路质量并据此判断网络连接是否出现故障。可以通过修改 PING 报文的大小，检测链路端到端最大传输单元设置不一致问题；也可以通过修改超时时间，检测网络拥塞问题。

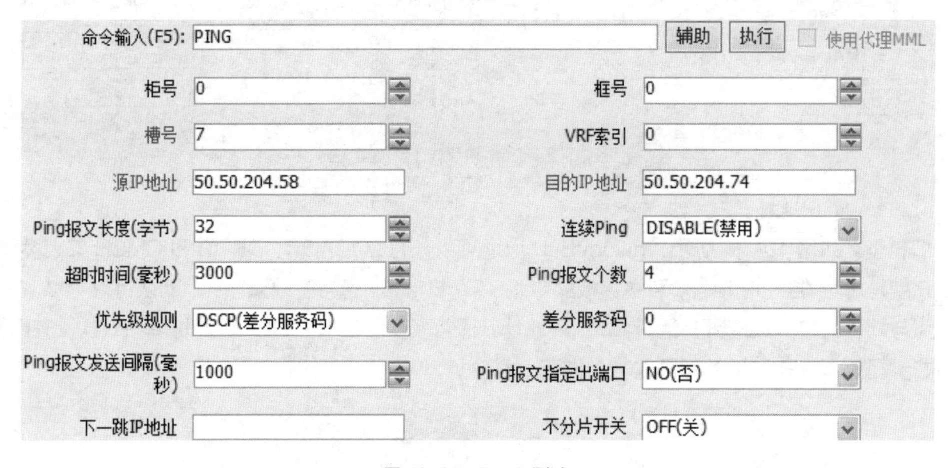

图 10-28 PING 测试

② TRACERT 测试。如图 10-29 所示，TRACERT 命令用于测试源端设备到目的端设备所经过的每一跳网关。相对于 PING 测试，TRACERT 测试不仅可以检测端到端的连通性，还可以定位具体的故障点位置。

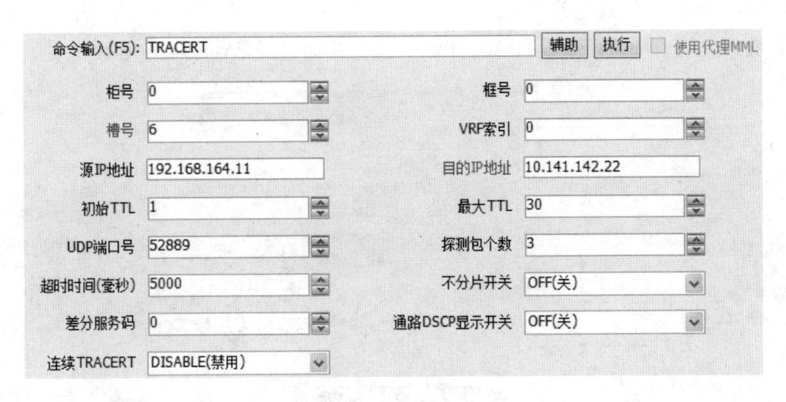

图 10-29　TRACERT 测试

4．无线管理

（1）无线层中的相关术语。

图 10-30 所示展示了扇区（Sector）、小区（Cell）及扇区设备的逻辑关系。扇区是指覆盖一定地理区域的无线覆盖区，是对无线覆盖区域的划分。每个扇区使用一个或多个无线载波完成无线覆盖，每个无线载波覆盖一个小区，提供了终端接入的最小服务单位。扇区设备是一个扇区内的射频通道的组合。

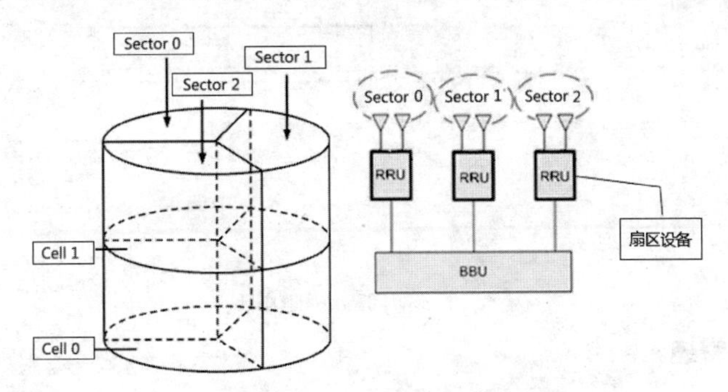

图 10-30　扇区、小区及扇区设备的逻辑关系

（2）查询小区属性。

如图 10-31 所示，LST NRCELL 命令用于查询小区的静态属性，如查询小区参数是否配置错误；DSP NRCELL 命令用于查询小区的动态属性，如查询小区状态是否正常。

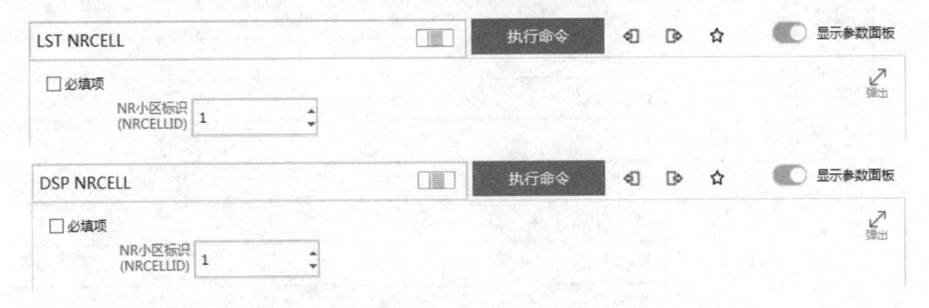

图 10-31　查询小区属性

（3）激活/去激活小区。

如图 10-32 所示，ACT NRCELL 命令用于激活小区，使小区开始正常工作；DEA NRCELL 命令用于

去激活小区，去激活之后，小区所有业务都会中断。这两条命令通常用于基站参数修改场景中。

ACT NRCELL
执行命令
显示参数面板
必填项
* NR小区标识 (NRCELLID) 1
弹出
DEA NRCELL
执行命令
显示参数面板
必填项
* NR小区标识 (NRCELLID) 1
弹出

图 10-32 激活/去激活小区

（4）闭塞/解闭塞小区。

如图 10-33 所示，BLK NRDUCELL 命令用于闭塞小区，当前版本只支持高优先级闭塞，小区将会立即去激活，小区闭塞之后，所有业务都会中断；UBL NRDUCELL 命令用于解闭塞小区，使小区开始正常工作。这两条命令通常用于更换射频器件场景中。

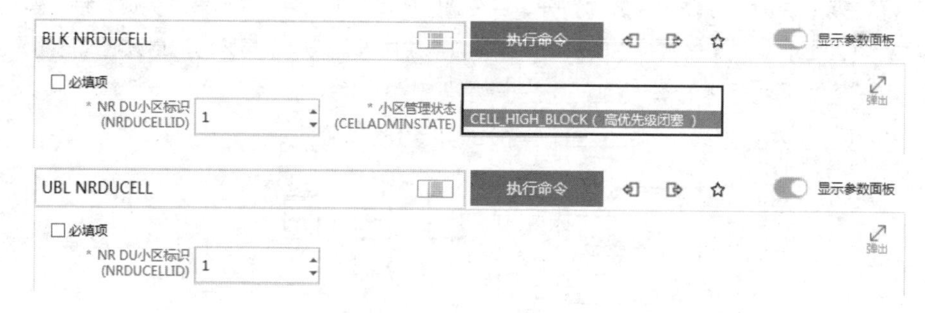

图 10-33 闭塞/解闭塞小区

5. 软件和文件管理

gNodeB 中的软件分为 BootROM、BTS 软件、冷补丁及热补丁 4 种类型；文件分为数据配置文件、运维日志、主控日志、单板日志、宽带接收总功率（Received Total Wideband Power，RTWP）测试日志及设备归档文件等类型，如表 10-1 所示。

表 10-1 gNodeB 中软件及文件的类型

项目	类型
软件类型	BootROM
	BTS 软件
	冷补丁
	热补丁
文件类型	数据配置文件
	运维日志
	主控日志
	单板日志
	RTWP 测试日志
	设备归档文件

（1）gNodeB 软件架构。

gNodeB 软件架构如图 10-34 所示，基站主控板内部存在主区和备区两个存放软件的空间，主区中存放的是当前正在使用的版本软件，备区中存放的是当前未在使用的版本软件，这种软件架构设计方便了基站的软件升级和回退。主区和备区可以通过命令实现转换。升级场景使用 ACT SOFTWARE，回退场景使用 RBK SOFTWARE，所以主区的软件版本不一定就比备区的软件版本更新。

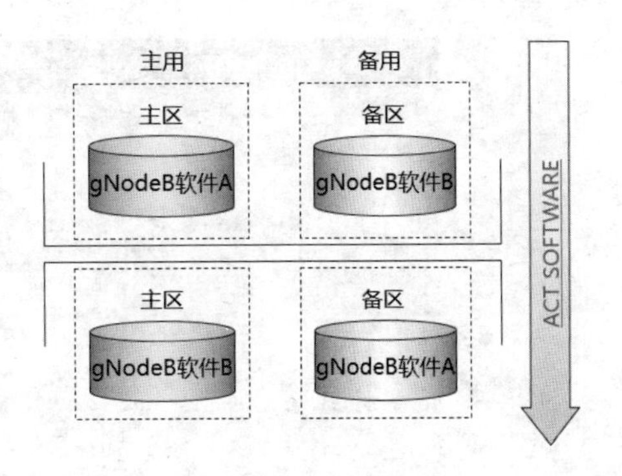

图 10-34　gNodeB 软件架构

（2）软件版本查询。

① MML 方式。如图 10-35 所示，LST VER 命令用于查询基站当前正在运行的版本，即主区的软件版本。

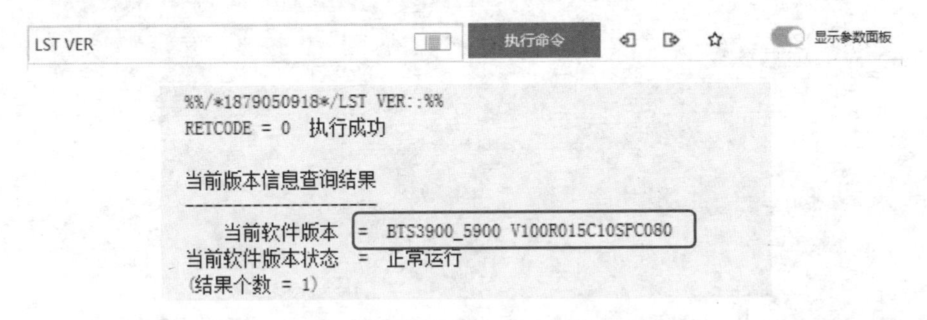

图 10-35　查询基站当前正在运行的版本

如图 10-36 所示，LST SOFTWARE 命令用于查询基站的软件版本，查询结果中能够看到主区和备区的软件版本信息。

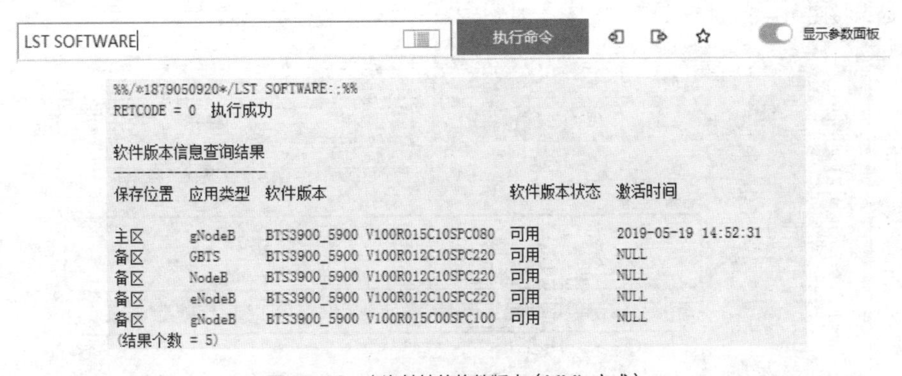

图 10-36　查询基站的软件版本（MML 方式）

② GUI 方式。如图 10-37 所示，启动 U2020 客户端，选择“软件”→“软件浏览”选项，可以查询到基站的主区和备区的软件版本信息。

（3）软件升级。

① 配置 FTP 服务器。如图 10-38 所示，在 LMT 界面上方选择“FTP 工具”选项，进入 FTP 服务器配置指导界面，按照 FTP 服务器配置指导完成服务器的配置。

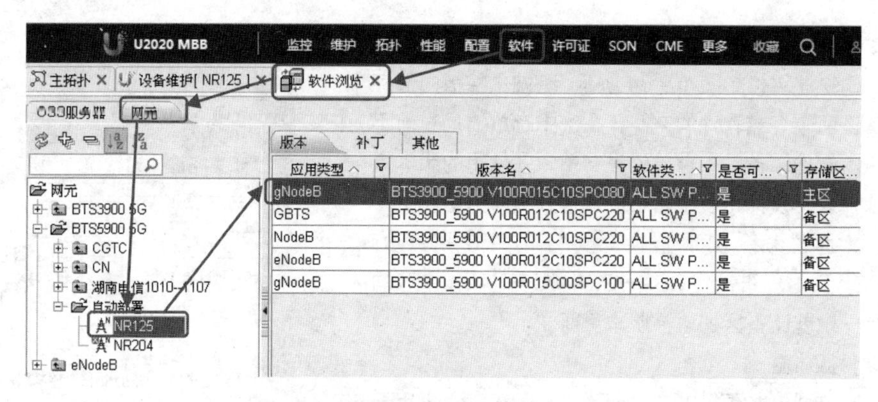

图 10-37　查询基站的软件版本（GUI 方式）

图 10-38　配置 FTP 服务器

② 下载并激活软件。启动 U2020 客户端，选择“软件”→“网元升级任务管理”选项，进入网元升级任务界面，按图 10-39 进行设置，选择“gNodeB”类型的升级任务。

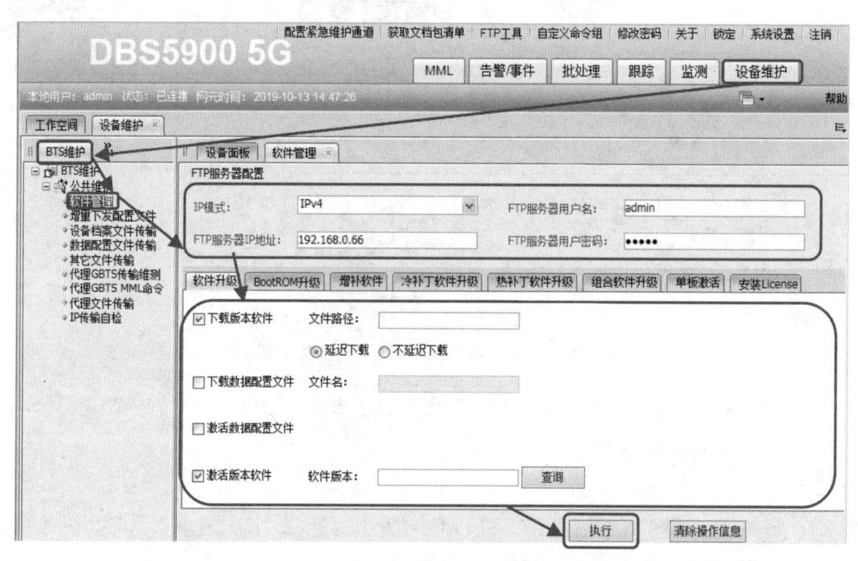

图 10-39　下载并激活软件

（4）配置数据备份。

① MML 方式。如图 10-40 所示，BKP CFGFILE 命令用于备份基站当前的配置数据。用户可以在系统运行的某个时刻把当前配置数据备份出来，并可以在将来使用这个备份文件时，将系统恢复到此时的配置状态。数据备份完成以后，在基站近端可以通过 ULD CFGFILE 命令把备份好的配置数据文件上传到计算机中。

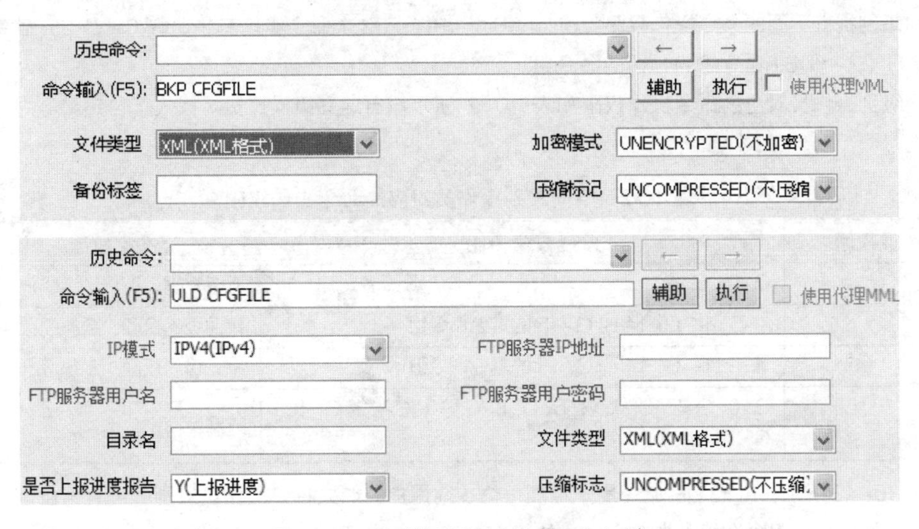

图 10-40 配置数据备份及上传（MML 方式）

② GUI 方式。如图 10-41 所示，选择“维护”→“备份管理”→“网元备份”选项，打开“网元备份”窗口，选择网元类型，在网元导航树中选择待备份的网元，单击“备份”按钮，进行配置数据备份。

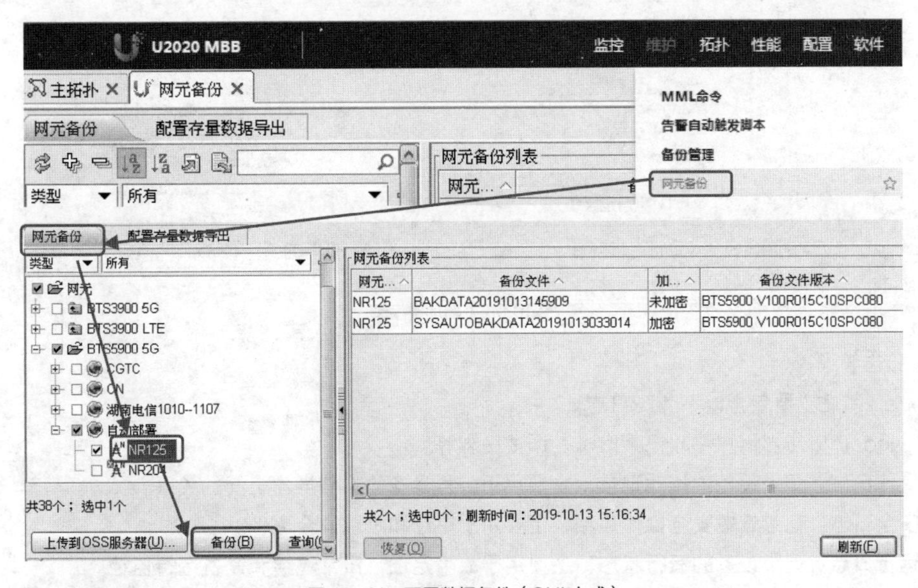

图 10-41 配置数据备份（GUI 方式）

6. 系统管理

（1）权限管理。

gNodeB 用户包含本地用户和域用户两种类型。本地用户是指由 LMT 独立管理的账户（包括本地默认账户 admin），可在与 U2020 断开连接时登录基站进行操作。域用户是指由 U2020 集中管理的用户账户，此类账户由 U2020 完成创建、修改、认证和授权。此类账户经授权后可通过 LMT 登录基站进行管理操作，或通过 U2020 客户端登录 U2020 服务器进行管理操作。用户在使用域用户账户登录基站之前，需要建立基站到 U2020 服务器之间的连接。

gNodeB 不同用户账户可以设置不同操作级别，共分为管理级、操作级、普通级、来宾级及自定义级 5 种，不同级别拥有不同的命令操作权限，gNodeB 共提供了 32 个命令组。其中，G_0～G_21 命令组由系统预设；G_22～G_31 命令组为预留的命令组。

不同级别操作员对应的命令操作权限如表 10-2 所示。自定义级操作员可以人工自定义不同的操作命令组。

表 10-2　不同级别操作员对应的命令操作权限

操作员权限	授权命令组	权限
管理级	G_0～G_21	所有权限
操作级	非 G_1、G_14 或 G_15 的其他命令组	普通级的权限、数据配置
普通级	非 G_1、G_14 或 G_15 的其他命令组	来宾级的权限、系统运维
来宾级	G_0、G_2、G_4、G_6、G_8、G_10、G_12、G_16、G_18 和 G_20	数据查询

如图 10-42 所示，ADD OP 命令用于增加一个本地用户。如果将“操作员级别”设置为自定义级，则可以通过“操作员权限命令组”自定义对应的权限。

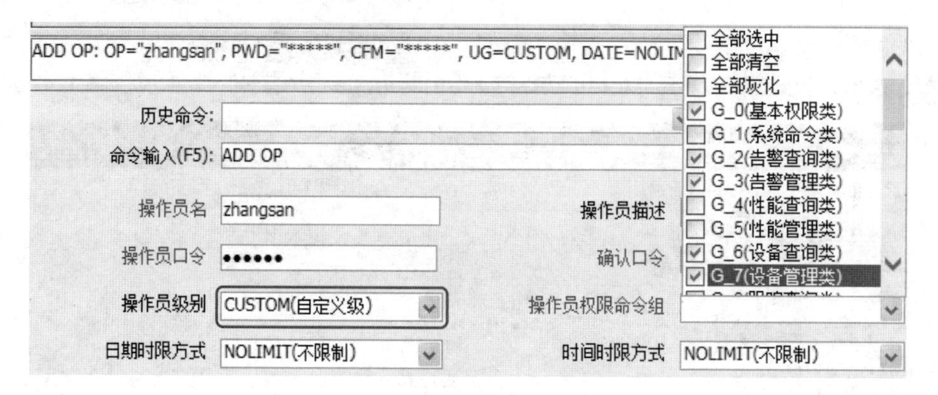

图 10-42　增加操作员

（2）日志管理。

gNodeB 基站主要包含以下 4 类日志。

① gNodeB 日志：用户呼叫记录日志、调试日志等。

② 操作日志：记录设备的操作记录，主要用于分析设备故障与操作之间的关系。

③ 安全日志：记录设备安全操作事项，主要用于审计和跟踪安全事件。

④ 运行日志：记录设备的运行状态，主要用于故障定位、日常巡检和设备运行监控。

如图 10-43 所示，LST OPTLOG 命令用于查询基站的操作日志。通过该命令，可以查看特定时间范围内，特定操作员的所有操作命令，可以分析设备故障与操作之间的关系。

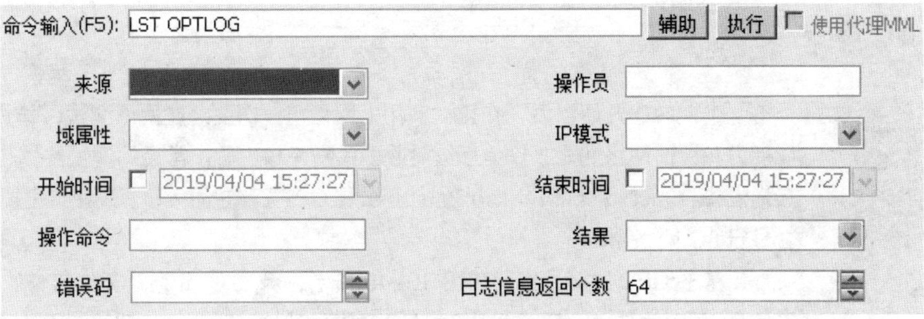

命令输入(F5): LST OPTLOG　辅助　执行　使用代理MML

来源		操作员	
域属性		IP模式	
开始时间	2019/04/04 15:27:27	结束时间	2019/04/04 15:27:27
操作命令		结果	
错误码		日志信息返回个数	64

图 10-43　查询基站的操作日志

（3）License 管理。

License 是华为和电信运营商为用户提供特定功能、适用范围和产品期限的合同。运营商可以通过购买特定的 License 来选择某一阶段的网络功能和容量。U2020 提供了网元 License 管理功能，包括上传、激活和分配 License。

gNodeB 许可证存放在网元中，每个 gNodeB 使用一个独立的许可证。License 可根据不同状态分为以下 5 种。

① 默认状态：当 License 文件不存在、License 文件完整性校验失败或 License 保活期结束时，网元处于默认状态。在默认状态下，网元不能提供 License 中的资源和功能，只能提供最基本的资源和功能。

② 调测状态：调测网元需要使用专门的 License。安装完专用 License 后，网元进入调测状态。处于调测状态的网元根据 License 的有效性提供正常的服务。

③ 正常状态：商用 License 安装完成后，网元会切换到正常状态。该状态下的网元提供许可证中指定的资源和功能。

④ 宽限状态：网元 License 过期后，用户有一定天数的保活期（通常为 60 天）来申请新的 License。在此期间，网元 License 中的控制项仍然有效。

⑤ 紧急状态：在灾难等紧急情况下，可以将网元的 License 状态设置为紧急状态。在该状态下，取消网元 License 控制，将设备容量设置为最大值，可保护网元业务不受影响。如果需要将网元的 License 状态设置为紧急状态，则可联系华为技术支持工程师。

如图 10-44 所示，LST LICENSE 命令用于查询 License 文件信息。通过该命令，可以查看到基站当前激活的 License 文件名及激活时间。如果想查看该 License 文件的详细控制项，则可以使用 DSP LICENSE 命令。

命令输入(F5): LST LICENSE　辅助　执行　使用代理MML

文件名　　功能类型 AUTO(AUTO)

```
License信息查询结果
--------------------
编号  License文件名                                     是否当前License  激活时间

1     LICDBS59005G_V100R002_20190329RCDU5M.xml          是               2019-03-29 15:25:47
2     LICDBS59005G_V100R002_20181224OJKV5M.xml          否               NULL
(结果个数 = 2)


---    END
```

图 10-44　查询 License 文件信息

10.2 5G网络测试

V10-1 5G网络测试

gNodeB开通以后，在正式商用入网之前，需要经过网络测试，检查5G产品能力和评估网络性能，作为后续验收的关键考核内容。常用的测试终端包括客户终端设备（Customer-Premise Equipment，CPE）和智能手机。本章将主要基于CPE进行5G网络测试。

基于CPE的测试组网如图10-45所示，测试CPE通过无线接口收发5G/4G信号，同时生成Wi-Fi信号，维护PC通过网线或Wi-Fi与CPE连接，其他终端（如测试计算机和手机）可通过Wi-Fi接入CPE。

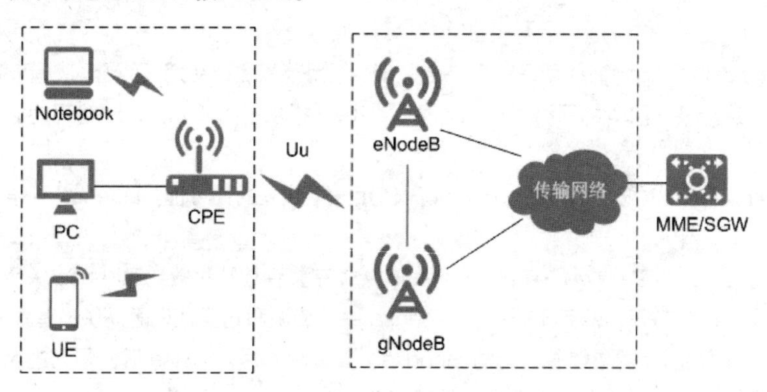

图10-45 基于CPE的测试组网

基于CPE的测试流程如下。

（1）使用Probe连接CPE。

（2）初始接入测试。

（3）PING测试。

（4）上行业务测试。

（5）下行业务测试。

本章小结

本章先介绍了5G基站操作维护系统的相关概念，再介绍了5G基站日常操作维护任务，最后介绍了5G网络测试的流程。

通过本章的学习，读者应该掌握5G基站日常的操作维护任务和5G网络测试的流程。

课后练习

1. 选择题

（1）5G基站近端操作维护IP地址是（　　）。

A. 1102.68.0.410/24　　B. 1102.168.0.410/24

C. 1102.68.1.410/24　　D. 1102.168.1.410/24

（2）以下命令中，可用于查询基站ESN的是（　　）。

A. LST ESN　　B. DSP ESN
C. DSP ELABLE　　D. DSP BRDMFRINFO

（3）在新模型配置场景中，接口 IP 地址类型不包括（　　）。
A. ETH　　B. ETHTRK　　C. LOOPINT　　D. LOOPBACK

（4）gNodeB 的 License 除了正常状态之外，还包括（　　）。
A. 默认状态　　B. 调测状态　　C. 宽限状态　　D. 紧急状态

（5）用于实现基站主区和备区软件版本倒换的命令是（　　）。
A. LST SOFTWARE　　B. ACT SOFTWARE　　C. LST VER　　D. ACT VER

（6）5G 基站中的一个小区相当于（　　）。
A. 一个扇区　　B. 一个扇区设备　　C. 一个载波　　D. 一个 AAU

（7）5G 基站中的告警有（　　）。
A. 故障告警　　B. 紧急告警　　C. 事件告警　　D. 工程告警

（8）以下命令中，可用于查询单板出厂制造信息的是（　　）。
A. LST BRD　　B. DSP BRD
C. LST BRDMFRINFO　　D. DSP BRDMFRINFO

（9）gNodeB 的操作员权限分为（　　）。
A. 管理级　　B. 操作级　　C. 来宾级　　D. 普通级

2. 简答题

（1）请画出 gNodeB 操作维护系统结构，并说明近端维护和远端维护的应用场景。

（2）闭塞单板的类型有哪 3 种？其区别是什么？

（3）请画出新模型传输协议栈结构，并写出每一层常见查询命令。

（4）激活/去激活和闭塞/解闭塞小区有什么区别？其应用场景有什么不同？

（5）基站设置主备工作区的目的是什么？如何实现主备区倒换？

（6）简述基于 CPE 的初始接入测试准备工作和流程。

Communication

Chapter

11

第11章 5G基站故障分析与处理

gNodeB作为5G时代无线侧的唯一主设备，在5G端到端网络中发挥着重要作用，一旦发生故障，将对5G网络业务造成严重影响，甚至导致基站退服。

本章主要介绍gNodeB故障处理流程和常见故障分析与处理方法。

课堂学习目标

- 掌握gNodeB故障处理流程
- 掌握gNodeB常见故障的分析与处理方法

11.1 5G基站故障分析与处理概述

gNodeB 开通入网以后，后续可能会因为各种原因而出现基站和小区故障，导致业务受到影响。本节将介绍一般故障处理流程和常用故障维护功能。

11.1.1 一般故障处理流程

图 11-1 所示为一般故障处理的流程，具体排障步骤如下。

（1）备份数据：在排障的时候，通常需要做好数据备份，包括脚本和告警数据等的备份。

（2）收集故障信息：收集故障相关的告警、日志、话务统计信息及故障现象等信息，其可以有效帮助用户进行故障分析与定位。

（3）决定故障范围和类型：根据步骤（2）收集到的故障信息，确定故障的范围和类型。例如，是小区故障还是传输故障，是硬件类故障还是软件类故障。

（4）识别故障原因：根据告警信息和故障现象，罗列出所有可能的故障原因，并逐条排查，确定最终故障原因。

（5）清除故障：根据故障原因，有针对性地清除故障。例如，硬件类故障通过替换法清除，软件类故障通过升级或者修改参数清除。

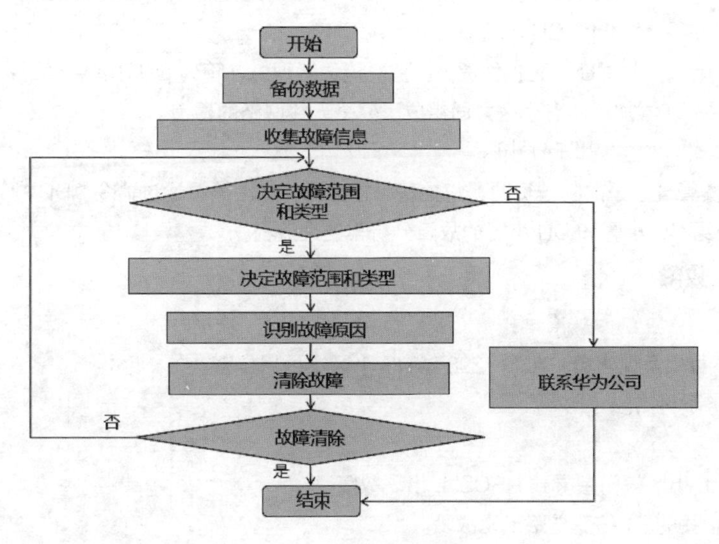

图 11-1 一般故障处理的流程

11.1.2 常用故障维护功能

在故障分析和定位的过程中，经常会用到一些故障维护功能，以进行故障的最终定位。常用的几种故障维护功能如下。

（1）用户跟踪。

用户跟踪基于用户号码，可以按照发生时序完整地跟踪用户的标准接口、内部接口消息及内部状态信息，并显示在屏幕上。

（2）接口跟踪。

接口跟踪基于某个标准（或内部）接口，可以按照发生时序完整地跟踪该接口中的所有消息，并显示在屏幕上。

（3）对比/互换。

对比/互换可以帮助用户判断故障的范围或位置。例如，可以通过单板、光模块及光纤等硬件设备的替换，快速定位故障范围和位置。

（4）倒换/复位。

倒换用于确定主用设备是否异常或者主用和备用关系是否协调，复位主要用于排除软件运行异常。

11.2 5G 基站常见故障分析与处理

gNodeB 开通入网后，后续可能会因为各种原因而出现基站和小区故障，导致业务受影响。本节将从小区故障、传输故障、时钟故障及 NSA 组网接入故障 4 个方面进行深入剖析，读者应着重提升这 4 类故障的分析与处理能力。

11.2.1 小区故障分析与处理

V11-1 小区故障分析与处理

1. 小区故障分类

通过对第 2 章的学习可知，gNodeB 未来的站点为 CU+DU 架构，所以 gNodeB 的小区主要分为 CU 小区和 DU 小区两大类。

（1）CU 小区。

CU 小区：负责小区建立流程管理，并管理 DU 小区，通过命令 ADD NRCELL 添加。所有小区共同组成了整个无线网络的覆盖。

（2）DU 小区。

DU 小区：负责管理小区的物理资源，包括基带板资源、扇区等，通过命令 ADD NRDUCELL 添加。

下面将分别介绍 CU 小区和 DU 小区的故障分析与处理流程。

2. CU 小区故障

（1）故障现象。

① CU 小区不可用呈现告警：ALM-29841 NR 小区不可用告警。

② 该小区业务不可用。

（2）故障原因。

① NRDUCELL 小区被闭塞导致 NRCELL 出现故障。

② NRCELL 相关的 F1 信令链路出现故障。

③ NRCELL 绑定的 NRDUCELL 出现故障。

④ NRCELL 与 NRDUCELL 频带配置不一致。

⑤ NRCELL 与 NRDUCELL 双工模式配置不一致。

（3）故障处理。

如图 11-2 所示，CU 小区出现故障后，可以按照如下流程进行排查。

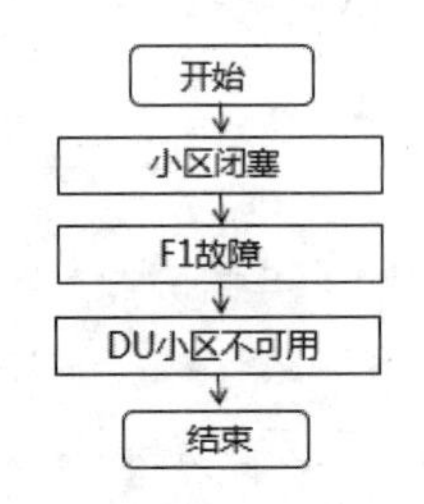

图 11-2 CU 小区故障排查流程

① 排查小区闭塞故障。

a. 确认方法。

方法一：DSP NRCELL 提示小区闭塞。

方法二：存在 ALM-29842 NR 小区闭塞告警。

b. 恢复方法。

通过 UBL NRDUCELL 命令解闭塞小区。

② 排查 F1 故障。

a. 确认方法。

方法一：ACT NRCELL/DSP NRCELL 提示小区建立失败的原因为 F1 故障。

方法二：存在 ALM-29805 gNodeB F1 接口故障告警。

b. 恢复方法。

根据传输链路告警提示，按照传输故障处理流程恢复告警。

③ 排查 DU 小区不可用故障。

a. 确认方法。

方法一：DSP NRCELL 提示本地小区不可用。

方法二：DSP NRDUCELL 查询不到 NRCELL 配置的 NRDUCELL。

b. 恢复方法。

参考后续 DU 小区不可用处理流程。

3. DU 小区故障

（1）故障现象。

① DU 小区不可用呈现告警：ALM-29870 NR 分布单元小区 TRP 不可用告警、ALM-29871 NR 分布单元小区 TRP 服务能力下降告警。

② 该小区业务不可用。

（2）故障原因。

① NRDUCELL 小区参数配置错误。

② NRDUCELL 射频资源出现故障。

③ NRDUCELL 基带资源出现故障。

④ NRDUCELL CPRI 带宽不足。

⑤ NRDUCELL 时钟异常。

⑥ NRDUCELL License 资源不足。

⑦ NRDUCELL F1 链路出现故障。

⑧ NRDUCELL 时延检查失败。

（3）故障处理。

如图 11-3 所示，DU 小区出现故障后，可以按照如下流程进行排查。

① 排查小区配置问题。

a. 确认方法。

方法一：DSP NRDUCELL 提示相关参数（扇区设备、频点、带宽、功率、子载波间隔、时隙配比及收发模式等）配置错误。

方法二：LST NRDUCELL 查询小区配置参数，其与网络协商规划参数取值不一致。

b. 恢复方法。

通过 MOD NRDUCELL 命令，按照网络协商规划参数取值完成修改。

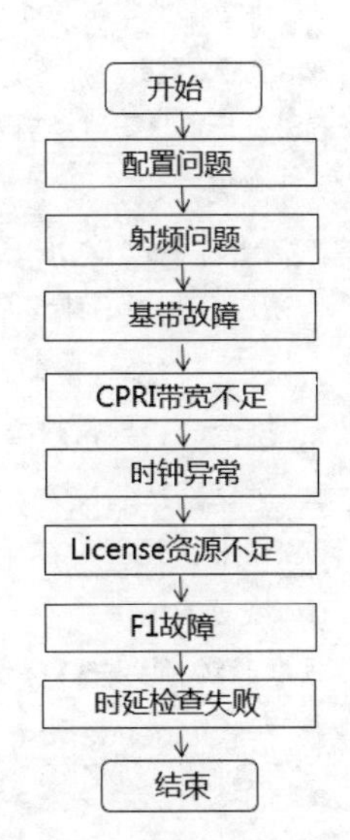

图 11-3　DU 小区故障排查流程

② 排查射频问题。

a. 确认方法。

方法一：DSP NRDUCELL 结果中的“最近一次本地小区状态变化的原因”字段提示“无可用的射频资源”或者“射频单元异常”。

方法二：存在 ALM-26253 单板软件自动增补失败告警未恢复，且对应的单板为该 AAU 的柜号、框号及槽号。

b. 恢复方法。

方法一：如果是非硬件故障，则通过 RST BRD 或者 RST BTSNODE 命令重新复位基带板和 AAU 即可。

方法二：如果是硬件故障，则替换全新 AAU，并重新通过命令添加 AAU。

方法三：如果是软件版本问题，则通过 SPL SOFTWARE 命令手动增补基站软件版本，确保 AAU 和 BBU 版本匹配。

③ 排查基带故障。

a. 确认方法。

方法一：DSP NRDUCELL 结果中的“最近一次本地小区状态变化的原因”字段提示“无可用的基带资源”“基带单元异常”或者“基带单元能力不足”。

方法二：在 DSP BRD 结果中查看基带板的“操作状态”为“不可操作”，或者“管理状态”为“闭塞”。

b. 恢复方法。

方法一：通过 RST BRD 或者 RST BTSNODE 命令，重新复位基带板。

方法二：替换全新基带单板，并重新通过命令添加基带单板。

方法三：如果是基带设备或者基带板参数配置错误，则通过 MOD BBP 命令进行修改。

方法四：通过 UBL BRD 命令，解闭塞基带单板。

方法五：重新添加基带单板，进行硬件能力扩容，且需要保证同一块基带板中未同时建立 CPRI 和 eCPRI 的小区。

④ 排查 CPRI 带宽不足故障。

a. 确认方法。

DSP NRDUCELL 结果中的“最近一次本地小区状态变化的原因”字段提示“CPRI 带宽不足”。

b. 恢复方法。

方法一：通过 MOD RRUCHAIN 命令修改 RRUCHAIN 配置的线速率。

方法二：通过 STR CPRILBRNEG 命令手动协商 CPRI 线速率。

方法三：替换规格能力更大的光模块。

⑤ 排查时钟异常故障。

a. 确认方法。

DSP NRDUCELL 结果中的“最近一次本地小区状态变化的原因”字段提示“时钟异常”。

b. 恢复方法。

根据时钟相关告警提示，按照时钟故障处理流程恢复告警，详见 11.2.3 节。

⑥ 排查 License 资源不足故障。

a. 确认方法。

方法一：DSP NRDUCELL 结果中的“最近一次本地小区状态变化的原因”字段提示“LICENSE 资源不足”。

方法二：CHK DATA2LIC 检验结果显示配置数据超出 License 授权。

b. 恢复方法。

方法一：删除当前超标的配置，保证当前配置数据控制在 License 授权范围内。

方法二：重新申请并加载权限 License。

⑦ 排查 F1 故障。

a. 确认方法。

方法一：DSP NRDUCELL 结果中的“最近一次小区状态变化的原因”字段提示“F1 故障”。

方法二：存在 ALM-29805 F1 接口故障告警。

b. 恢复方法。

根据传输链路告警提示，按照传输故障处理流程恢复告警，详见 11.2.2 节。

⑧ 排查时延检查失败故障。

a. 确认方法。

DSP NRDUCELL 结果中的“最近一次本地小区状态变化的原因”字段提示“时延检查失败”（同一块基带板上的不同小区之间，要求时延差不能超过 50μs）。

b. 恢复方法。

方法一：确认是否为 BBU 和 AAU 之间的光纤、光模块等出现了问题，优先插拔或更换光纤、光模块。

方法二：去激活小区后再次激活小区。

方法三：复位基带板。

方法四：复位 AAU。

11.2.2　传输故障分析与处理

V11-2 传输故障分析与处理 1

V11-3 传输故障分析与处理 2

如图 11-4 所示，传输问题总体定位思路按照传输协议栈逐层进行，即先排查物理层问题，再排查数据链路层问题，然后排查网络层问题，最后排查传输层和应用层问题。

5G 传输故障排查与 4G 的相比，存在以下两个差异点。

（1）NSA 组网场景中的 NR S1 只有用户面，无 S1 信令面。

（2）NSA 组网场景中新增了 LTE-NR 之间的 X2 接口。

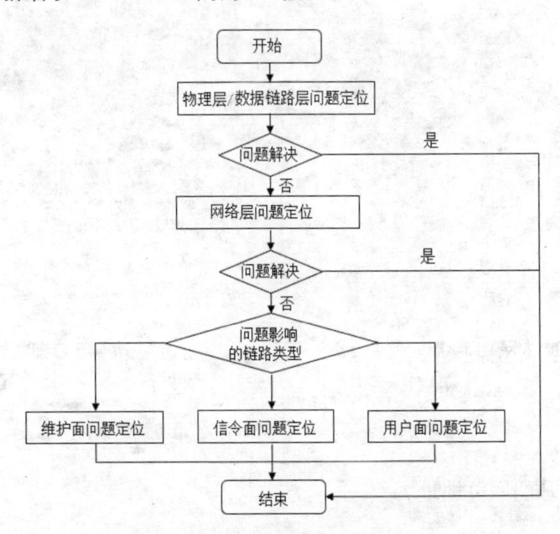

图 11-4　传输问题总体定位思路

下面将从物理层、数据链路层、网络层、传输层及应用层展开，分别介绍各层的故障现象、原因及故障处理。

1. 物理层故障

（1）故障现象。

① 物理层故障呈现告警：ALM-25880 以太网链路故障告警。

② 高层业务链路中断。

（2）故障原因。

① 网线或光纤光模块出现故障或接错。

② 以太网端口两端的协商模式不一致。

（3）故障处理。

① 在基站侧查看告警。

在基站网元中查看光纤或光模块相关告警，根据在线帮助处理问题。

② 查看物理端口状态。

如图 11-5 所示，通过 DSP ETHPORT 查询以太网端口状态，正常为激活态，若端口状态为不可用，则可以按照以下几个步骤进行查询及确认。

a. 检查 FE/GE 物理端口接线是否正常，网线是否有问题。

b. 对端 FE/GE 端口是否状态正常。

c. 一般网线的最大传输距离不能超过 100m，网线不能太长。

③ 端口协商模式检查。

如图 11-6 所示，通过 LST ETHPORT 查询以太网端口配置信息，检查“速率”“双工模式”这两个参数的设置是否与对端传输设备一致。

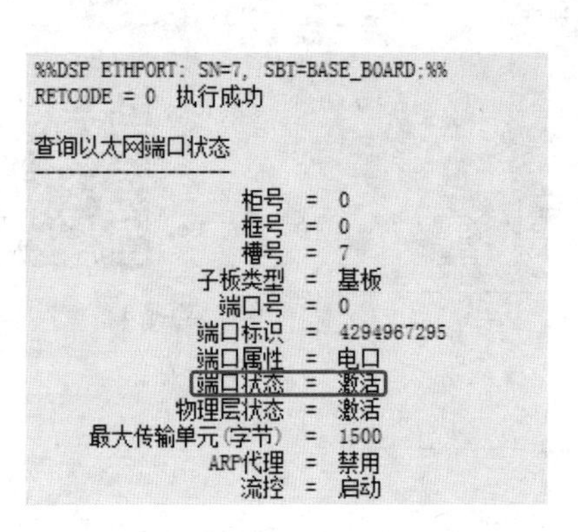

```
%%DSP ETHPORT: SN=7, SBT=BASE_BOARD;%%
RETCODE = 0  执行成功

查询以太网端口状态
------------------
            柜号  =  0
            框号  =  0
            槽号  =  7
        子板类型  =  基板
          端口号  =  0
        端口标识  =  4294967295
        端口属性  =  电口
        端口状态  =  激活
      物理层状态  =  激活
最大传输单元(字节) =  1500
         ARP代理  =  禁用
            流控  =  启动
```

图 11-5 查询以太网端口状态

```
%%LST ETHPORT:;%%
RETCODE = 0  执行成功

查询以太网端口配置信息
----------------------
                              柜号  =  0
                              框号  =  0
                              槽号  =  7
                          子板类型  =  基板
                            端口号  =  0
                          端口标识  =  4294967295
                          端口属性  =  电口
                  最大传输单元(字节) =  1500
                              速率  =  自协商
                          双工模式  =  自协商
                           ARP代理  =  禁用
                              流控  =  启动
     MAC层错帧率超限告警产生门限(%)  =  10
     MAC层错帧率超限告警恢复门限(%)  =  8
接收广播报文超限告警产生门限(包/秒)  =  320
接收广播报文超限告警恢复门限(包/秒)  =  288
                          用户标签  =  NULL
                  光口速率匹配开关  =  禁用
                           FEC模式  =  NULL
                      自动配置标识  =  手工创建
```

图 11-6 查询以太网端口配置信息

2. 数据链路层故障

（1）故障现象。

① 基站 PING 不通基站的网关地址。

② 无 ARP 表。

（2）故障原因。

① VLAN ID 配置错误。

② 传输网络故障。

（3）故障处理。

① 检查 ARP 表项是否正常。如图 11-7 所示，通过 DSP ARP 命令查询基站侧 ARP 表项，如果没有基站网关地址对应的 ARP 表项，则可以尝试 PING 网关 IP 地址，PING 完之后，ARP 表中还没有网关地址对应的 ARP 表项，即 ARP 表项异常。

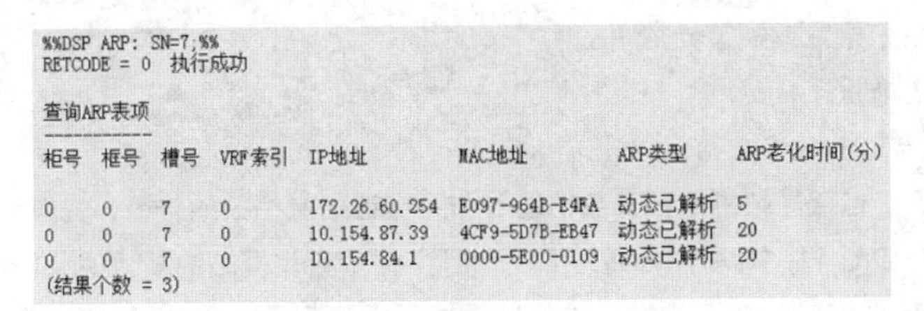

%%DSP ARP: SN=7;%%
RETCODE = 0　执行成功

查询ARP表项

柜号	框号	槽号	VRF索引	IP地址	MAC地址	ARP类型	ARP老化时间(分)
0	0	7	0	172.26.60.254	E097-964B-E4FA	动态已解析	5
0	0	7	0	10.154.87.39	4CF9-5D7B-EB47	动态已解析	20
0	0	7	0	10.154.84.1	0000-5E00-0109	动态已解析	20

(结果个数 = 3)

图 11-7　查询 ARP 表项

② 检查基站 VLAN 配置。如图 11-8 所示，通过 LST VLANMAP 命令查询基站的 VLAN ID 配置是否和网络协商规划参数一致。

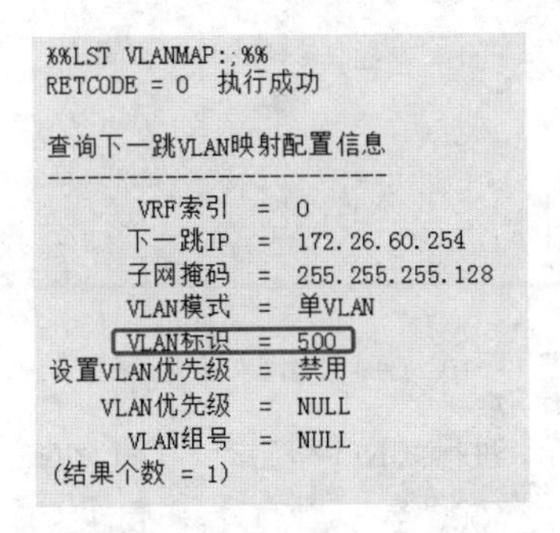

%%LST VLANMAP:;%%
RETCODE = 0　执行成功

查询下一跳VLAN映射配置信息

VRF索引 = 0
下一跳IP = 172.26.60.254
子网掩码 = 255.255.255.128
VLAN模式 = 单VLAN
VLAN标识 = 500
设置VLAN优先级 = 禁用
VLAN优先级 = NULL
VLAN组号 = NULL
(结果个数 = 1)

图 11-8　查询 VLAN ID 配置

③ ARP 报文抓包。如图 11-9 所示，通过报文捕获或以太网端口镜像，分析 ARP 报文的交互，如果基站没有发送或者响应 ARP Request，则为基站问题，需要研发人员进行分析；如果对端没有发送或者响应 ARP Request，则为基站网关设备问题，需要传输承载人员进行分析。

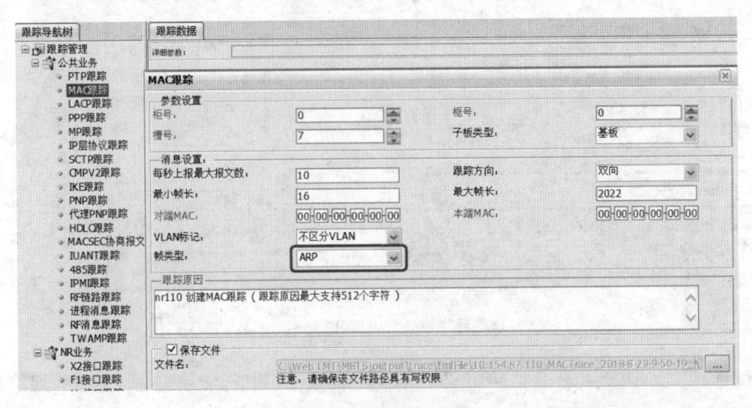

图 11-9　ARP 报文抓包

3. 网络层故障

（1）故障现象。

① 基站侧网络层通断类问题经常出现告警，如 ALM-25885 IP 地址冲突告警、ALM-25896 IP 远端环回告警。

② 基站无法 PING 通对端设备。

（2）故障原因。

① 底层物理层、数据链路层异常。

② IP 地址、路由未配置或配置异常。

③ 传输网中间链路断开。

（3）故障处理。

① 查看基站告警。检查基站侧是否有与物理层和数据链路层相关的告警，先排除底层故障。

② 检查路由表。如图 11-10 所示，通过 DSP IPRT 命令查询基站的 IP 地址和路由配置是否正确。如果业务数据包中的“目的 IP 地址”和路由表中的“子网掩码”相与后，结果等于路由表中的“目的 IP 地址”，则表示匹配该路由。

%%DSP IPRT:;%%
RETCODE = 0 执行成功

查询IP路由表

柜号	框号	槽号	实际端口类型	实际端口号	路由类型	VRF索引	目的IP地址	子网掩码	下一跳IP地址
0	0	7	以太网端口	0	下一跳	0	10.154.84.0	255.255.252.0	10.154.87.110
0	0	7	以太网端口	0	下一跳	0	10.0.0.0	255.0.0.0	10.154.84.1
0	0	7	以太网端口	1	下一跳	0	172.26.60.128	255.255.255.128	172.26.60.129
0	0	7	以太网端口	1	下一跳	0	172.26.60.5	255.255.255.255	172.26.60.254
0	0	7	以太网端口	1	下一跳	0	172.23.5.20	255.255.255.255	172.26.60.254
0	0	7	以太网端口	1	下一跳	0	200.198.100.254	255.255.255.255	172.26.60.254

(结果个数 = 6)

图 11-10 查询 IP 地址和路由配置是否正确

③ PING 测试。如图 11-11 所示，进行 PING 检测时，尝试 PING 不同大小的报文及不同的 DSCP 值，比较有代表性的报文大小有 20、500、1500 字节，比较有代表性的 DSCP 值有 48、46、34、18、10、0，其可以查看传输网络连通性是否正常。

当特定的包长 PING 出现丢包时，可能是端到端设备的 MTU 配置不正确。

当特定的 DSCP 值出现丢包时，可能是在中间传输带宽受限的情况下丢弃了低优先级的报文或中间传输网络修改了 DSCP 值后导致拥塞而丢弃了报文。

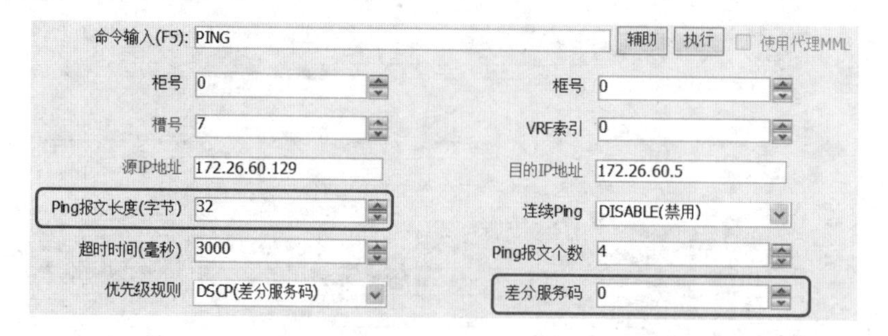

图 11-11 PING 测试

④ TraceRT 测试。此步骤用于确认中间传输是否断链，通过 TraceRT 可以确定网络层不通的大致范围。如图 11-12 所示，此场景为正常回显，能够看到目的 IP 地址。

```
traceroute to  10.175.165.189(10.175.165.189) 30 hops max,40 bytes packet

1 10.154.84.1 12 ms  4 ms  8 ms

2 10.175.165.189 2 ms  3 ms  2 ms
```

图 11-12　TraceRT 测试正常回显场景

如图 11-13 所示，此场景为非正常回显，从基站出去第一跳就无响应，可以判断故障点在基站和网关之间。

```
traceroute to  10.175.165.184(10.175.165.184) 30 hops max,40 bytes packet

1  *  *  *

2  *  *  *
```

图 11-13　TraceRT 测试非正常回显场景

4. 传输层控制面故障

（1）故障现象。

① SCTP 通断类问题经常出现告警，如 ALM-25888 SCTP 链路故障告警。

② 基站高层接口状态为 DOWN。

（2）故障原因。

① 底层物理层、数据链路层、网络层故障。

② SCTP 两端参数配置错误导致协商失败，如 IP 地址、VLAN ID 及端口号等参数配置错误。

（3）故障处理。

① 查看基站告警。检查基站侧是否有与底层物理层、数据链路层及网络层相关的告警，应先排除底层故障，确保基站能够 PING 通核心网信令面地址。

② 检查 SCTP 配置。如图 11-14 所示，通过 LST SCTPHOST 和 LST SCTPPEER 命令，查询本端、对端 IP 地址及端口号配置是否正确。如果配置错误，则按照网络协商规划参数取值进行参数配置。

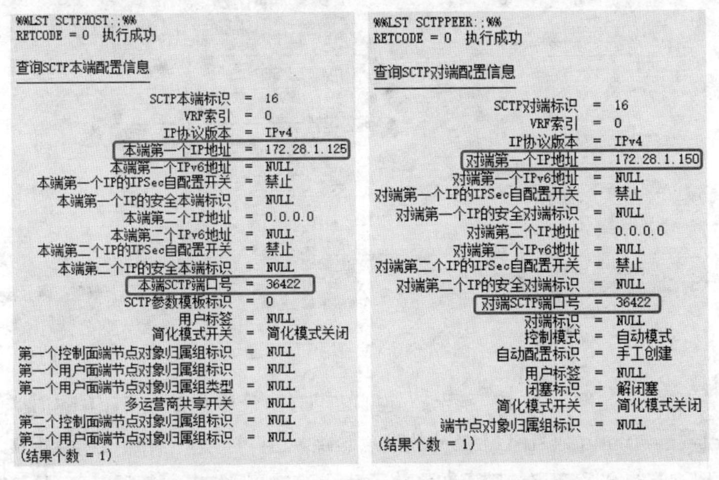

```
%%LST SCTPHOST:;%%
RETCODE = 0  执行成功

查询SCTP本端配置信息

                 SCTP本端标识  =  16
                      VRF索引  =  0
                   IP协议版本  =  IPv4
              本端第一个IP地址  =  172.28.1.125
            本端第一个IPv6地址  =  NULL
    本端第一个IP的IPSec自配置开关  =  禁止
      本端第一个IP的安全本端标识  =  NULL
              本端第二个IP地址  =  0.0.0.0
            本端第二个IPv6地址  =  NULL
    本端第二个IP的IPSec自配置开关  =  禁止
      本端第二个IP的安全本端标识  =  NULL
               本端SCTP端口号  =  36422
              SCTP参数模板标识  =  0
                     用户标签  =  NULL
                 简化模式开关  =  简化模式关闭
  第一个控制面端节点对象归属组标识  =  NULL
  第一个用户面端节点对象归属组标识  =  NULL
  第一个用户面端节点对象归属组类型  =  NULL
              多运营商共享开关  =  NULL
  第二个控制面端节点对象归属组标识  =  NULL
  第二个用户面端节点对象归属组标识  =  NULL
(结果个数 = 1)
```

```
%%LST SCTPPEER:;%%
RETCODE = 0  执行成功

查询SCTP对端配置信息

                 SCTP对端标识  =  16
                      VRF索引  =  0
                   IP协议版本  =  IPv4
              对端第一个IP地址  =  172.28.1.150
            对端第一个IPv6地址  =  NULL
    对端第一个IP的IPSec自配置开关  =  禁止
      对端第一个IP的安全对端标识  =  NULL
              对端第二个IP地址  =  0.0.0.0
            对端第二个IPv6地址  =  NULL
    对端第二个IP的IPSec自配置开关  =  禁止
      对端第二个IP的安全对端标识  =  NULL
               对端SCTP端口号  =  36422
                     对端标识  =  NULL
                     控制模式  =  自动模式
                 自动配置标识  =  手工创建
                     用户标签  =  NULL
                     闭塞标识  =  解闭塞
                 简化模式开关  =  简化模式关闭
          端节点对象归属组标识  =  NULL
(结果个数 = 1)
```

图 11-14　检查 SCTP 配置

③ SCTP 信令跟踪。通过 LMT 软件或者 U2020 网管中的 SCTP 跟踪功能，捕获 SCTP 消息的交互过程。如图 11-15 所示，正常的 SCTP 建立连接包含 4 步协商过程，默认是由客户端向服务器发起 INIT 消息，启动建立连接流程。

a. 在 SCTP 流程中，客户端使用一个 INIT 报文发起一个连接。

b. 服务器使用一个 INIT-ACK 报文进行响应，其中包含了 Cookie（标识这个连接的唯一上下文）。

c. 客户机使用 COOKIE-ECHO 报文进行响应，其中包含了服务器所发送的 Cookie。

d. 服务器要为此连接分配资源，并通过向客户机发送一个 COOKIE-ACK 报文对其进行响应。

如果以上 4 步正常交互未完成，则可排查未正常发送报文的网元。

217	2018-08-29 11:35:08 (500)	发送	INIT	0	32	00 45 C0 00 40 14 05 00 00 FF 84 D5 B9 ...
218	2018-08-29 11:35:08 (502)	接收	INIT ACK	0	760	00 45 C0 03 18 BA AB 00 00 FE 84 2D 3B ...
219	2018-08-29 11:35:08 (502)	发送	COOKIE ECHO	0	728	00 45 C0 02 F8 14 06 00 00 FF 84 D3 00 ...
220	2018-08-29 11:35:08 (504)	接收	COOKIE ACK	0	4	00 45 C0 00 24 BA AC 00 00 FE 84 30 2E ...

图 11-15 SCTP 建立连接的过程

5. 传输层用户面故障

（1）故障现象。

① 基站侧用户面通断类问题经常出现告警，如 ALM-25952 用户面承载链路故障告警、ALM-25954 用户面故障告警。

② 基站高层业务面中断。

（2）故障原因。

① 底层物理层、数据链路层、网络层出现故障。

② 用户面未配置或配置错误导致故障，如本端 IP 地址、对端 IP 地址未配置或配置错误等。

（3）故障处理。

① 查看基站告警。检查基站侧是否有与底层物理层、数据链路层及网络层相关的告警，先排除底层故障，确保基站能够 PING 通核心网用户面地址。

② 检查用户面配置。如图 11-16 所示，通过 LST USERPLANEHOST 和 LST USERPLANEPEER 命令，查询本端和对端 IP 地址配置是否正确。如果配置错误，则可按照网络协商规划参数取值进行参数配置。

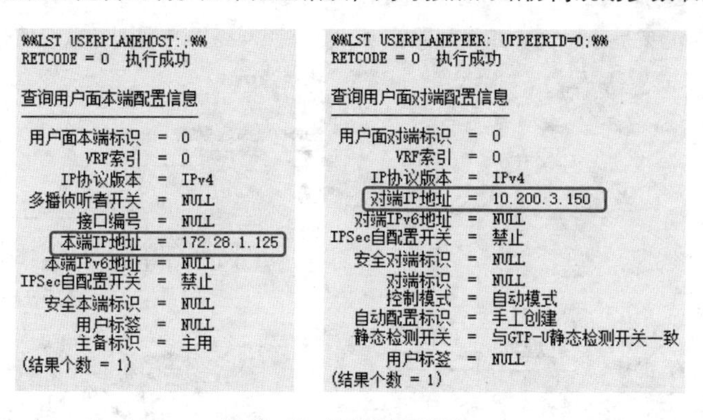

图 11-16 检查用户面配置

③ 用户面消息跟踪。如图 11-17 所示，在 U2020 网管中启动 GPRS 隧道协议用户面（GPRS Tunneling Protocol-Userplane，GTPU）部分的消息跟踪。GTPU 是一种通道检测报文，用于检测用户面的连接状态，若发现 GTPU 链路不通，则通知释放承载。GTPU 探测报文每隔 5min 从基站向核心网发送一

次报文，核心网回复一个报文响应，类似于心跳探测报文。如果跟踪到了基站发送的 GTPU 请求报文，但是没有跟踪到核心网发送的 GTPU 响应报文，则排查核心网设备是否出现了设置问题。

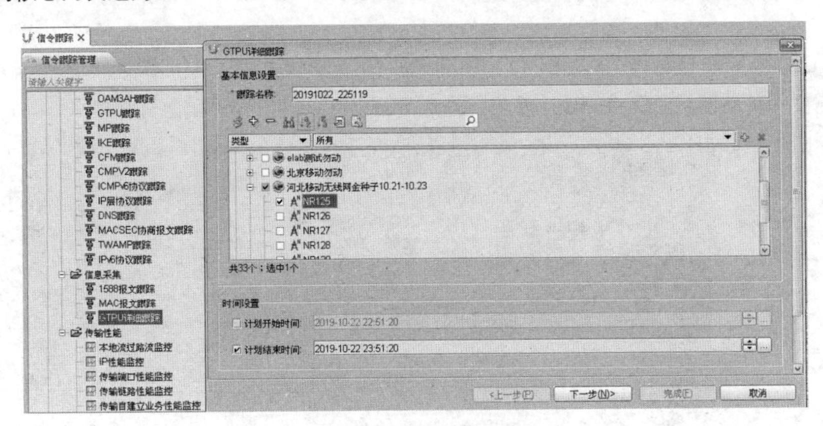

图 11-17 用户面消息跟踪

6. 传输层维护面故障

（1）故障现象。

① U2020 上报 ALM-301 NE is Disconnected 告警。

② 网管无法管理目标基站。

（2）故障原因。

① 底层物理层、数据链路层、网络层出现故障。

② 网管连接方式设置出现问题。

③ 中间的传输设备屏蔽了 OMCH 通道的 TCP 端口号。

（3）故障处理。

① 近端问题处理。

a. 在基站侧查看告警，确保基站没有与底层相关的告警。

b. 连通性检查。在基站侧 PING 对端网管 IP 地址，如果 PING 不通，则按照之前的网络层故障处理流程进行处理。

c. IP 传输自检。如图 11-18 所示，在 LMT 中通过 IP 传输自检功能，检查 OMCH 通道是否正常，如果不正常，则根据提示进行相应处理。

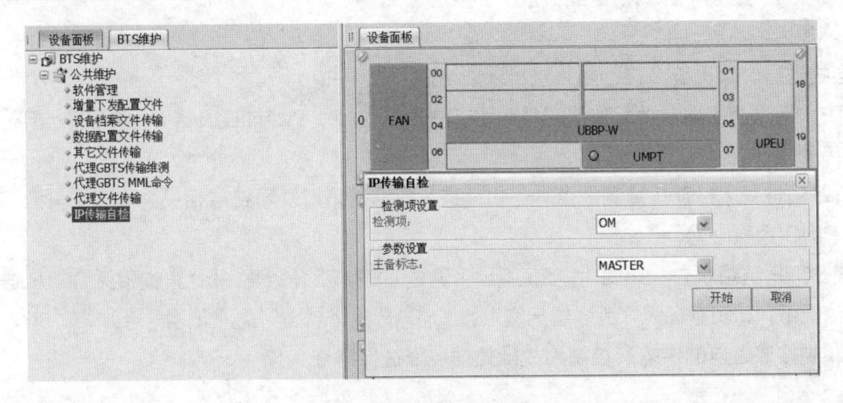

图 11-18 IP 传输自检

② 远端问题处理。

a. 连通性检查。在网管侧 PING 对端基站 IP 地址，如果 PING 不通，则按照之前的网络层故障处理流程进行处理。

b. 检查 U2020 SSL 链路状态。如图 11-19 所示，“网元连接类型”可以修改为“SSL 连接”或者“普通连接”，需要和基站侧配置保持一致（基站侧通过 SET SSLCONF 命令配置连接模式）。

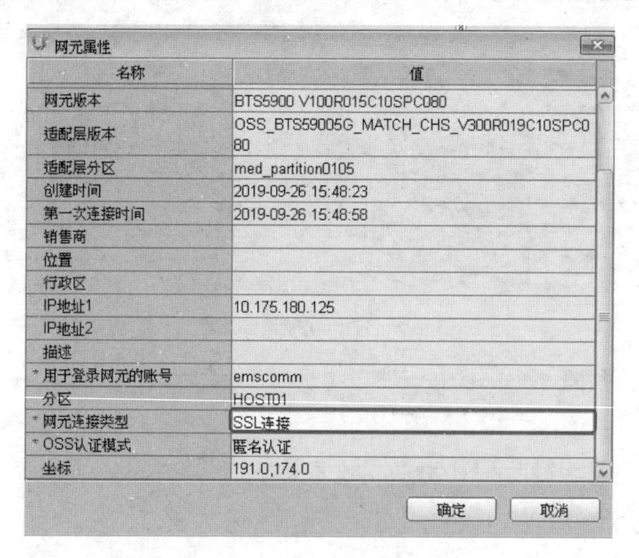

图 11-19 修改网元连接类型

c. 检查传输设备是否屏蔽了 OMCH TCP 连接的端口号。若 TCP 连接状态失败，则应重点检查传输防火墙中的设置，检查其是否屏蔽了源端口 6007、目的端口 1024～65535，如果是，则重新开放此端口连接。

7. 应用层 X2 接口故障

（1）故障现象。

① gNodeB NSA X2 通断类问题经常出现告警，如 ALM-25888 SCTP 链路故障告警、ALM-29800 gNodeB X2 接口故障告警、ALM-25952 用户面承载链路故障告警（业务类型为 gNBX2）及 ALM-25954 用户面故障告警（业务类型为 gNBX2）。

② 在 NSA 组网场景中，辅站建立失败。

（2）故障原因。

① 底层物理层、数据链路层、网络层出现故障。

② SCTP、用户面两端参数配置错误导致协商失败，如 IP、VLANID 及端口号等配置错误。

（3）故障处理。

① 查看基站告警。检查基站侧是否有与物理层、数据链路层及网络层相关的告警，排除底层故障，确保基站能够 PING 通核心网。

② 检查 SCTP 链路状态。如图 11-20 所示，通过 DSP SCTPLNK 命令查询相关 SCTP 链路状态是否正常。正常情况下，“闭塞标识”为“解闭塞”，“SCTP 链路状态”为“正常”。如果“SCTP 链路状态”为“断开”，则按照之前的传输层控制面故障处理流程进行排查。

```
查询SCTP链路状态
----------------
              链路号  =  70000
                柜号  =  0
                框号  =  0
                槽号  =  7
          IP协议版本  =  IPv4
    本端第一个IP地址  =  172.25.30.202
    本端第二个IP地址  =  0.0.0.0
  本端第一个IPv6地址  =  NULL
  本端第二个IPv6地址  =  NULL
      本端SCTP端口号  =  36412
    对端第一个IP地址  =  172.25.31.202
    对端第二个IP地址  =  0.0.0.0
  对端第一个IPv6地址  =  NULL
  对端第二个IPv6地址  =  NULL
      对端SCTP端口号  =  36412
              出流数  =  17
              入流数  =  17
        工作地址标识  =  主路径
            闭塞标识  =  解闭塞
        SCTP链路状态  =  正常
        状态改变原因  =  正常
        状态改变时间  =  2019-10-17 13:31:01
SCTP最大数据单元(字节)  =  1464
```

图 11-20 查询相关 SCTP 链路状态是否正常

③ 检查对端 eNodeB 配置。共网管可以直接跳转到对端 eNodeB 的 U2020 维护界面中（右键单击 NR 网元，在弹出的快捷菜单中选择“Query Available Peer LTE Base Stations”选项）；也可以通过 DSP GNBCUX2INTERFACE 命令查询对端 eNodeB ID，如图 11-21 所示，查询到对端基站标识为 202，在对端 eNodeB 上通过 LST X2INTERFACE、LST CPBEARER 及 LST SCTPLNK 命令确认是否正确配置了 X2 接口，主要排查地址、端口号是否与本端匹配。

```
%%/*1879055329*/DSP GNBCUX2INTERFACE:;%%
RETCODE = 0  执行成功

查询gNodeB CU X2接口状态和信息
------------------------------
               gNodeB CU X2接口标识  =  0
         gNodeB CU X2接口CP承载标识  =  70000
         gNodeB CU X2接口CP承载状态  =  正常
                         邻基站标识  =  MACRO: 202
                     邻基站PLMN标识  =  MCC:460 MNC:55
               gNodeB CU X2接口状态  =  正常
                           异常原因  =  NULL
                 最近一次故障产生时间  =  2019-10-17 13:33:04
      gNodeB CU X2控制面本端IP地址  =  172.25.30.202
      gNodeB CU X2控制面对端IP地址  =  172.25.31.202
      gNodeB CU X2用户面本端IP地址  =  NULL
      gNodeB CU X2用户面对端IP地址  =  NULL
gNodeB CU X2用户面双向时延(0.1微秒)  =  NULL
gNodeB CU X2用户面单向时延(0.1微秒)  =  NULL
(结果个数 = 1)
```

图 11-21 查询对端 eNodeB ID

11.2.3 时钟故障分析与处理

V11-4 时钟故障分析与处理

5G RAN 的外部时钟源主要包括 GPS 和 IEEE 1588，当出现同步故障后，基站无法开通小区业务，并可能会伴有各种时钟相关告警。本节将重点介绍 GPS 和 IEEE 1588 时钟故障处理流程。

通过 DSP CLKSTAT 命令可以快速查看当前站点时钟状态。如表 11-1 所示，只要其中有一项不是正常值，就说明当前站点时钟同步出现了故障。

表 11-1 当前站点时钟状态

关键参数	异常值	正常值
当前时钟源	未知	GPS Clock 或 IP Clock
当前时钟源状态	丢失、不可用、抖动、频率偏差过大、相位偏差过大、时钟参考源不同源等状态	正常
锁相环状态	快捕、保持、自由振荡等状态	锁定
基站时钟同步模式	未知	时间同步

1. GPS 时钟故障处理

（1）故障现象。

① GPS 时钟经常出现的告警有 ALM-26122 星卡锁星不足告警、ALM-26120 星卡时钟输出异常告警处理、ALM-26123 星卡维护链路异常告警处理。

② 终端切换失败，甚至导致小区退服。

（2）故障原因。

① 单板故障。

② 时钟配置问题。

③ GPS 时钟源异常。

④ 时钟数字模拟（Data Analog，DA）值异常。

（3）故障处理。

① 检查单板状态。通过 DSP BRD 命令，检查基站主控单板或者时钟单板工作状态是否正常，确保相关单板没有异常告警。

② 检查基站时钟配置信息。如图 11-22 所示，通过 LST CLKSYNCMODE 命令，查询基站时钟同步模式是否已配置为系统所需的相位同步。

如图 11-23 所示，通过 LST GPS 命令，查询 GPS 配置信息，查看 GPS 工作模式是否已经正确添加。如果没有添加，则可以通过 ADD GPS 命令进行添加。

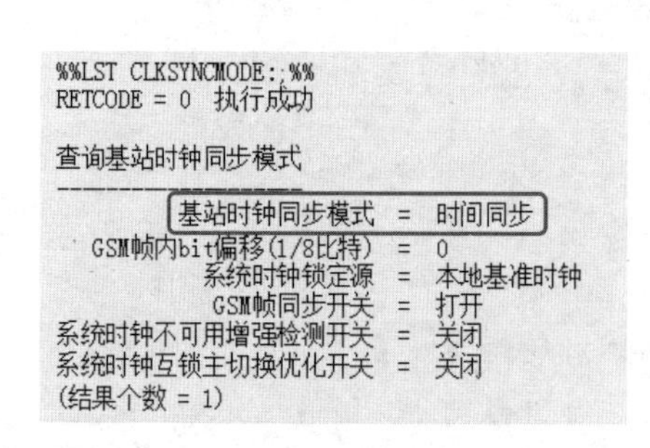

图 11-22 查询基站时钟同步模式

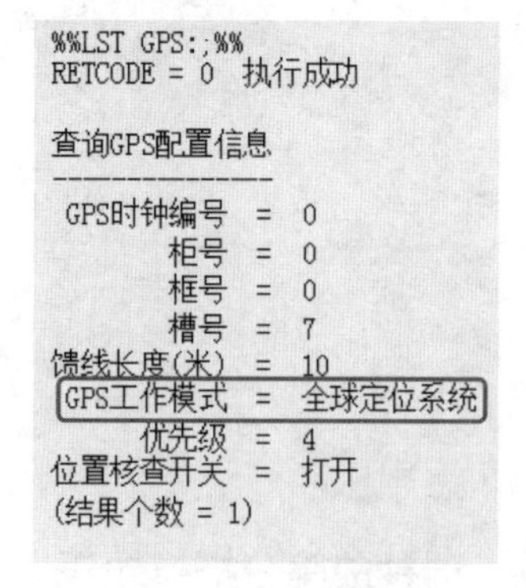

图 11-23 查询 GPS 配置信息

③ 检查 GPS 时钟状态。如图 11-24 所示，通过 DSP GPS 命令检查基站是否选源成功。重点关注“跟踪的 GPS 卫星数目”是否大于等于 4，“链路激活状态”是否为“激活”。如果卫星数量小于 4 颗，则检查 GPS 天馈安装是否合理。如果链路状态不可用，则检查 GPS 天馈线缆是否断开，星卡是否出现异常。最终，根据具体问题进行相应处理。

④ 检查时钟的 DA 值。基站时钟算法会根据频偏值计算出 DA 值，将 DA 值写入数字模拟转换器（Digital-to-Analog Converter，DAC）中，DAC 会输出相应的电压控制晶振频率，用于控制和调整基站时钟的晶振频率。

如图 11-25 所示，通过 DSP CLKDA 命令检查时钟的 DA 值。如果基站当前 DA 值和初始 DA 值相差过大（大于 500），则可能存在外部干扰，需要排查外部干扰源。

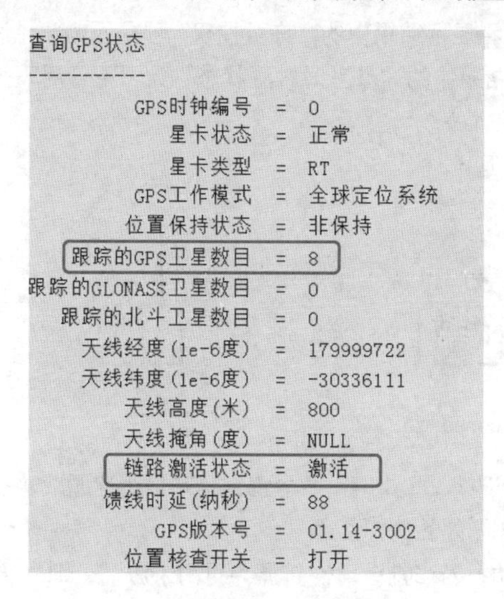

```
查询GPS状态
-----------
        GPS时钟编号  =  0
           星卡状态  =  正常
           星卡类型  =  RT
        GPS工作模式  =  全球定位系统
       位置保持状态  =  非保持
    跟踪的GPS卫星数目  =  8
跟踪的GLONASS卫星数目  =  0
    跟踪的北斗卫星数目  =  0
    天线经度(1e-6度)  =  179999722
    天线纬度(1e-6度)  =  -30336111
      天线高度(米)  =  800
      天线掩角(度)  =  NULL
       链路激活状态  =  激活
    馈线时延(纳秒)  =  88
         GPS版本号  =  01.14-3002
       位置核查开关  =  打开
```

图 11-24 检查 GPS 时钟状态

```
%%DSP CLKDA: SN=7;%%
RETCODE = 0  执行成功

查询时钟DA值
------------
     柜号  =  0
     框号  =  0
     槽号  =  7
 初始DA值  =  31413
 中心DA值  =  31000
 当前DA值  =  31000
(结果个数 = 1)
```

图 11-25 检查时钟的 DA 值

2. IEEE 1588 时钟故障处理

（1）故障现象。

① IEEE 1588 时钟经常出现的告警有 ALM-26263 IP 时钟链路异常告警处理。

② 终端切换失败，甚至导致小区退服。

（2）故障原因。

① 单板故障。

② 时钟配置问题。

③ 传输网络问题。

④ IPClock 未授权。

⑤ IPClock 服务器异常。

（3）故障处理。

① 检查单板状态。通过 DSP BRD 命令，检查基站主控单板或者时钟单板工作状态是否正常，确保相关单板没有异常告警。

② 检查时钟配置。查询 IP 时钟链路配置信息，如图 11-26 所示，通过 LST IPCLKLINK 命令，查看是否正确添加 IP 时钟源，查看时钟源配置是否正确。

```
查询IP时钟链路配置信息
----------------------
             链路号  =  0
           协议类型  =  PTP
           设备类型  =  普通从时钟
               柜号  =  0
               框号  =  0
               槽号  =  6
       时钟组网模式  =  单播
        Profile类型  =  1588V2
             IP模式  =  IPv4
    客户端IPv4地址  =  192.168.1.107
    服务端IPv4地址  =  192.168.1.128
                 域  =  0
       补偿值(纳秒)  =  0
           时延类型  =  端到端
             优先级  =  4
  IPCLK时钟同步模式  =  频率同步
       时钟服务器描述  =  IPCLK3000
```

图 11-26 查询 IP 时钟链路配置信息

③ 检查传输网络。

a. 如果基站 PING 不通对端 IP 时钟服务器，则通过 LST IPRT 命令确认是否有到 IP Clock 的路由。如果没有且基站接口 IP 地址与 IP Clock 的 IP 地址不在同一网段中，则使用 ADD IPRT 命令增加路由。

b. 如果可以 PING 通，则通过 U2020 中的跟踪“IP 时钟数据采集”功能确认传输网络是否存在抖动和时延情况。如果存在，则需要排查传输网络的质量。

c. 如果传输网络的连通性和质量都没有问题，则需要排查网络防火墙是否进行了端口限制，是否关闭了时钟报文的传输端口（端口为 319/320），导致时钟报文无法正常到达基站。

④ 检查 License 授权情况。正常情况下，License 的授权状态为允许或不限制。如图 11-27 所示，通过 DSP CLKSRC 命令可以查询 License 授权情况，查看显示结果中的“许可授权”项是否为“允许”。如果未授权，则需要申请新的 License 文件。如果显示结果中的“参考时钟源状态”为“不可用”，则需要检查基站与时钟源的物理连接是否正确且通信正常。

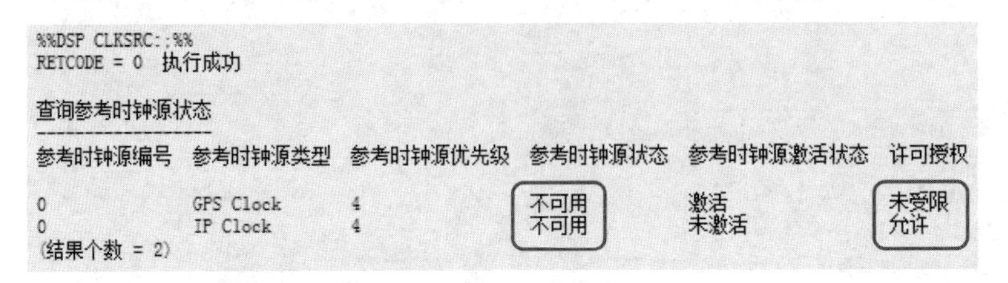

```
%%DSP CLKSRC:;%%
RETCODE = 0  执行成功

查询参考时钟源状态
------------------
参考时钟源编号  参考时钟源类型  参考时钟源优先级  参考时钟源状态  参考时钟源激活状态  许可授权

0              GPS Clock      4                不可用          激活              未受限
0              IP Clock       4                不可用          未激活            允许
(结果个数 = 2)
```

图 11-27　查询 License 授权情况

⑤ 检查 IP 时钟状态。如图 11-28 所示，通过 DSP IPCLKLINK 命令查询基站是否选源成功，重点关注“链路可用状态”是否为“可用”，“链路激活状态”是否为“激活”。

若当前参考时钟源已经激活，则基站已经选源成功；若当前参考时钟源为可用未激活，则先通过 SET CLKMODE 命令设置 MANUAL，强制手动选择对应的时钟源。

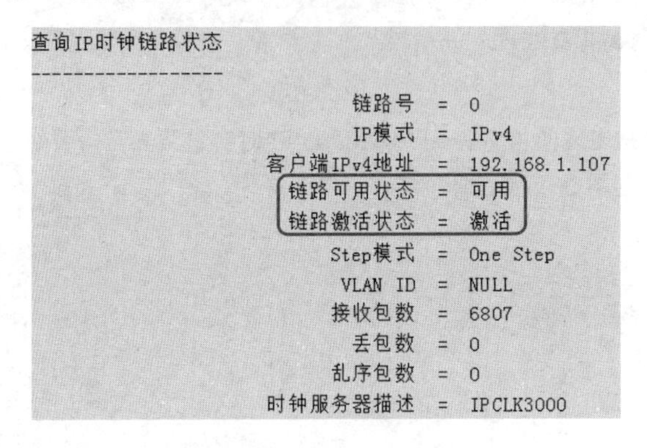

```
查询IP时钟链路状态
------------------
          链路号  =  0
          IP模式  =  IPv4
    客户端IPv4地址  =  192.168.1.107
      链路可用状态  =  可用
      链路激活状态  =  激活
        Step模式  =  One Step
         VLAN ID  =  NULL
          接收包数  =  6807
           丢包数  =  0
          乱序包数  =  0
      时钟服务器描述  =  IPCLK3000
```

图 11-28　查询 IP 时钟链路状态

11.2.4　NSA 组网接入故障分析与处理

V11-5 NSA 接入故障分析与处理 1

V11-6 NSA 接入故障分析与处理 2

当前，5G 网络以 NSA 组网为主，具体的组网方案是 Option 3x，在完成 LTE 侧附着流程之后，NSA 组网辅站添加流程如图 11-29 所示。

其整体流程可以概括为以下几步。

（1）LTE 侧附着接入，完成 LTE 小区驻留。

（2）LTE 侧为终端下发 NR 测量配置（B1 事件）。

（3）终端完成 NR 测量，上报测量报告给 LTE。

（4）LTE 基站向 NR 基站发起辅站添加申请。

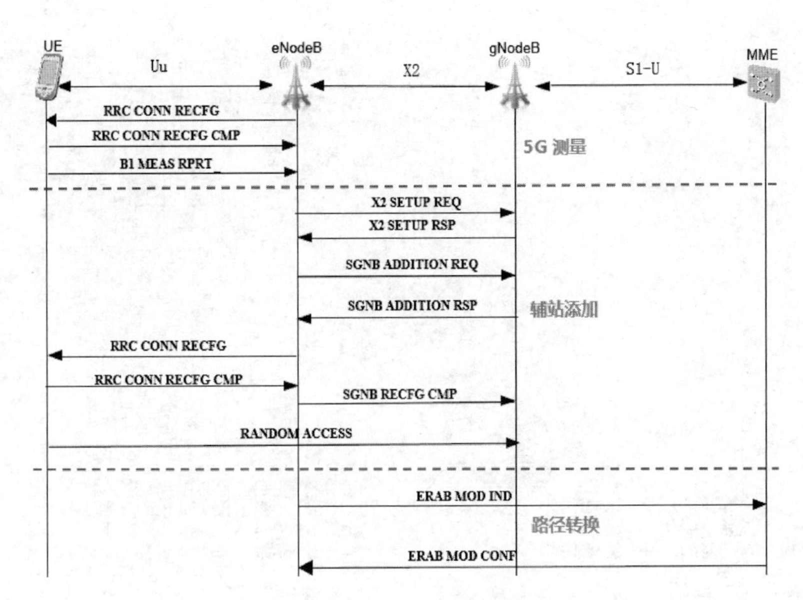

图 11-29 NSA 组网辅站添加流程

（5）NR 基站准备资源，相关信息通过 LTE 传递给终端。

（6）终端在 NR 侧完成随机接入。

（7）LTE 基站发起路径倒换。

以上 7 个环节的任何一个环节出现故障，都会导致 NSA 组网接入流程无法完成。

下面重点针对其中的几个经常出故障的步骤，介绍各个步骤故障的分析与处理流程。

1. LTE 接入失败故障处理

（1）故障现象。

① 用户在 LTE 侧不发起接入，从 L3 Message 窗口中没有看到任何 UE 接入的消息。

② 用户在 LTE 侧发起的 Attach 被核心网拒绝，从 L3 Message 窗口中可以看到接入 LTE 后收到的 NAS 组网消息 Attach Reject。

（2）故障原因。

① 基站数据配置问题。

② 核心网数据配置问题。

③ 终端本身问题。

（3）故障处理。

① 检查基站数据配置。

a. 排查小区是否被禁止。如图 11-30 所示，通过 LST CELLACCESS 命令查询小区接入信息。如果“小区禁止状态”为“禁止”，则空闲态终端无法接入该小区，需要通过 MOD CELLACCESS 命令将其修改为“不禁止”。

b. 排查小区是否为运营商保留。如图 11-31 所示，通过 LST CELLOP 命令查询小区运营商信息，如果“小区为运营商保留”为“保留”，则只有接入等级（Access Class，AC）11 或 15 的空闲态终端可以接入该小区，其他等级的终端无法接入，需要通过 MOD CELLOP 命令将其修改为“不保留”。

② 检查核心网数据配置。如图 11-32 所示，如果用户在 LTE 侧发起的 Attach 被核心网拒绝，则需联合核心网和终端进行定位。

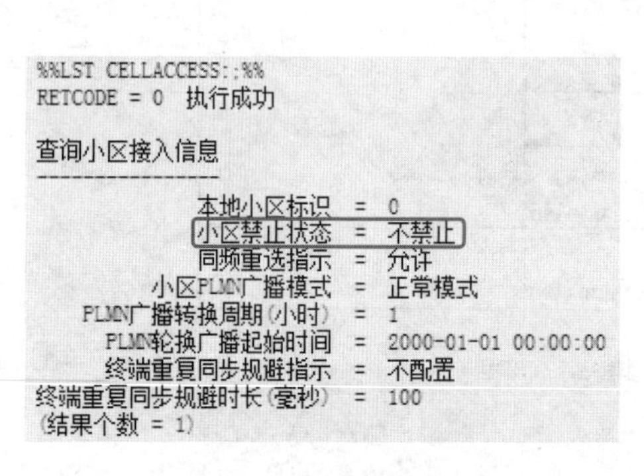

```
%%LST CELLACCESS::%%
RETCODE = 0  执行成功

查询小区接入信息
----------------
              本地小区标识  =  0
              小区禁止状态  =  不禁止
              同频重选指示  =  允许
          小区PLMN广播模式  =  正常模式
      PLMN广播转换周期(小时)  =  1
        PLMN轮换广播起始时间  =  2000-01-01 00:00:00
        终端重复同步规避指示  =  不配置
终端重复同步规避时长(毫秒)  =  100
(结果个数 = 1)
```

图 11-30　查询小区接入信息

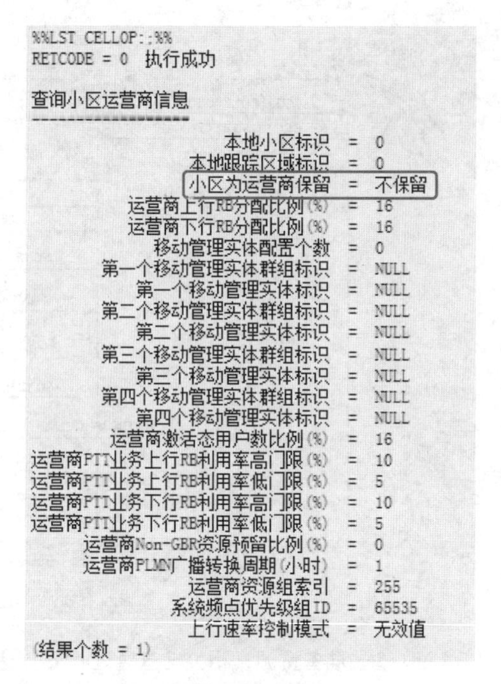

```
%%LST CELLOP::%%
RETCODE = 0  执行成功

查询小区运营商信息
------------------
                     本地小区标识  =  0
                 本地跟踪区域标识  =  0
                 小区为运营商保留  =  不保留
          运营商上行RB分配比例(%)  =  16
          运营商下行RB分配比例(%)  =  16
             移动管理实体配置个数  =  0
         第一个移动管理实体群组标识  =  NULL
             第一个移动管理实体标识  =  NULL
         第二个移动管理实体群组标识  =  NULL
             第二个移动管理实体标识  =  NULL
         第三个移动管理实体群组标识  =  NULL
             第三个移动管理实体标识  =  NULL
         第四个移动管理实体群组标识  =  NULL
             第四个移动管理实体标识  =  NULL
       运营商激活态用户数比例(%)  =  16
运营商PTT业务上行RB利用率高门限(%)  =  10
运营商PTT业务上行RB利用率低门限(%)  =  5
运营商PTT业务下行RB利用率高门限(%)  =  10
运营商PTT业务下行RB利用率低门限(%)  =  5
    运营商Non-GBR资源预留比例(%)  =  0
      运营商PLMN广播转换周期(小时)  =  1
                 运营商资源组索引  =  255
               系统频点优先级组ID  =  65535
                 上行速率控制模式  =  无效值
(结果个数 = 1)
```

图 11-31　查询小区运营商信息

UE	eNodeB	UU Message	RRC_UL_INFO_TRANSF
eNodeB	UE	UU Message	RRC_DL_INFO_TRANSF
eNodeB	UE	UU Message	RRC_CONN_REL
MME	UE	Nas Message	MM_ATTACH_REJ
MME	UE	Nas Message	ESM_PDN_CONNECT_REJ

图 11-32　UE 附着信令跟踪结果

③ 检查终端本身问题。终端本身问题也会导致附着失败，进而无法完成 LTE 小区接入。以下几种情况需要逐个进行排查。

a. 终端的 4G 开关被人为关闭。

b. 本身属于非 4G 终端。

c. 使用非法 SIM 卡，导致鉴权失败。

2. LTE 下发 NR 测量配置故障处理

（1）故障现象。

终端在 LTE 侧附着成功后，未正常下发 NR 测量配置信息。

如图 11-33 所示，正常情况下，NR 测量消息是通过 LTE 空口 RRC 重配置消息下发的，NR 的测量配置信息包含 NR 频点、带宽及 B1 门限等关键信息。

11	09/18/2018 15:30:53 (203)	RRC_SECUR_MODE_CMP	接受自UE
12	09/18/2018 15:30:53 (203)	RRC_HPS_UE_CAP_INFO	接受自UE
13	09/18/2018 15:30:53 (208)	RRC_CONN_RECFG_CMP	接受自UE
14	09/18/2018 15:30:53 (209)	RRC_CONN_RECFG	发送到UE
15	09/18/2018 15:30:53 (223)	RRC_CONN_RECFG_CMP	接受自UE
16	09/18/2018 15:30:56 (353)	RRC_MEAS_RPRT	接受自UE
17	09/18/2018 15:31:11 (219)	RRC_CONN_RECFG	发送到UE
18	09/18/2018 15:31:11 (233)	RRC_CONN_RECFG_CMP	接受自UE

图 11-33　NR 测量配置信息下发

（2）故障原因。

① 基站数据配置问题。

② 终端能力问题。

③ 基站硬件能力问题。

（3）故障处理。

① 检查基站数据配置。

a. 排查 NSA DC 开关是否打开。如图 11-34 所示，通过 LST NSADCMGMTCONFIG 命令查询 LTE 侧的 NSA DC 开关是否打开。如果开关关闭，则需要通过 MOD NSADCMGMTCONFIG 命令打开 NSA DC 开关。

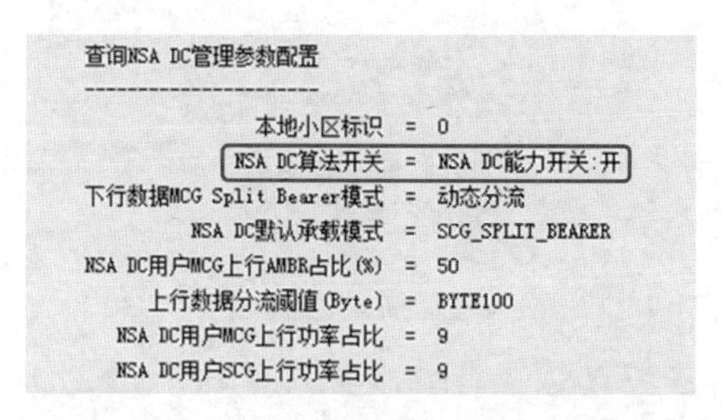

查询NSA DC管理参数配置

本地小区标识	=	0
NSA DC算法开关	=	NSA DC能力开关:开
下行数据MCG Split Bearer模式	=	动态分流
NSA DC默认承载模式	=	SCG_SPLIT_BEARER
NSA DC用户MCG上行AMBR占比(%)	=	50
上行数据分流阈值(Byte)	=	BYTE100
NSA DC用户MCG上行功率占比	=	9
NSA DC用户SCG上行功率占比	=	9

图 11-34　查询 LTE 侧的 NSA DC 开关是否打开

b. 排查 SCG 频点是否配置。如图 11-35 所示，通过 LST NRSCGFREQCONFIG 命令查询 SCG 频点是否正确配置。如果未配置，则需要通过 ADD NRSCGFREQCONFIG 命令增加 NR SCG 频点。

查询NR SCG频点配置

主载波下行频点	SCG下行频点	SCG下行频点优先级	NSA DC B1事件RSRP门限(毫瓦分贝)
1300	151600	1	-105
1300	634000	1	-105

(结果个数 = 2)

图 11-35　查询 SCG 频点是否正确配置

c. 排查小区带宽。如图 11-36 所示，通过 LST CELL 命令查询 LTE 小区配置信息。确保 LTE 小区带宽大于 5MHz（当 LTE 配置带宽小于 5MHz 时，不支持 NSA 组网）。如果未满足需求，则需要通过 MOD CELL 命令修改上下行带宽。

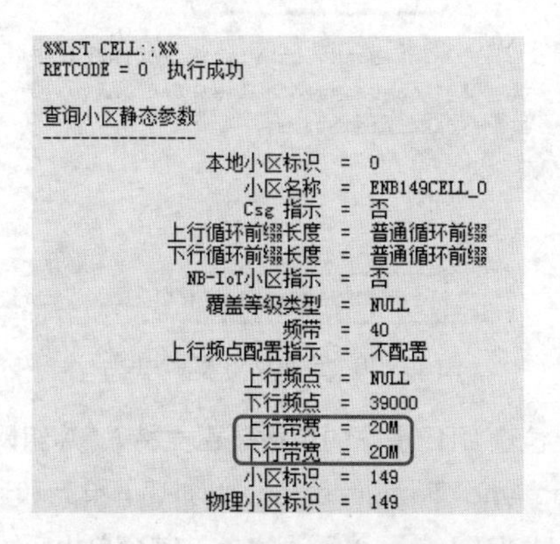

%%LST CELL:;%%
RETCODE = 0　执行成功

查询小区静态参数

本地小区标识	=	0
小区名称	=	ENB149CELL_0
Csg 指示	=	否
上行循环前缀长度	=	普通循环前缀
下行循环前缀长度	=	普通循环前缀
NB-IoT小区指示	=	否
覆盖等级类型	=	NULL
频带	=	40
上行频点配置指示	=	不配置
上行频点	=	NULL
下行频点	=	39000
上行带宽	=	20M
下行带宽	=	20M
小区标识	=	149
物理小区标识	=	149

图 11-36　查询 LTE 小区配置信息

② 检查终端能力。

a. 排查终端的 LTE 和 NR 双连接（EUTRA-NR Dual Connectivity，EN-DC）能力。如图 11-37 所示，查询 UE 能力上报信令内容，确认终端是否支持 EN-DC 能力。如果不支持，则会使 LTE 侧不下发 NR 测量配置信息。

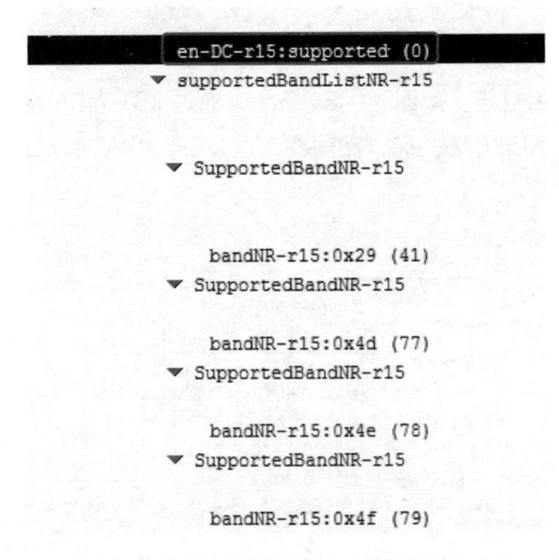

图 11-37 查询 UE 能力上报信令内容

b. 排查 MRDC 频点组合。如图 11-38 所示，在 UE 能力上报信令中，会在 UE 多制式双连接（Multi-RAT Dual Connectivity，MRDC）能力中上报支持的主载波小区（Primary Carrier Cell，PCC）锚点和 NR 辅小区组（Secondary Cell Group，SCG）频点组合，基站需要判断 MRDC 能力中支持的 LNR 组合频带是否包含当前的 PCC 锚点及 NR SCG 频点组合。如果未包含，则同样会导致 LTE 侧不下发 NR 测量配置信息。

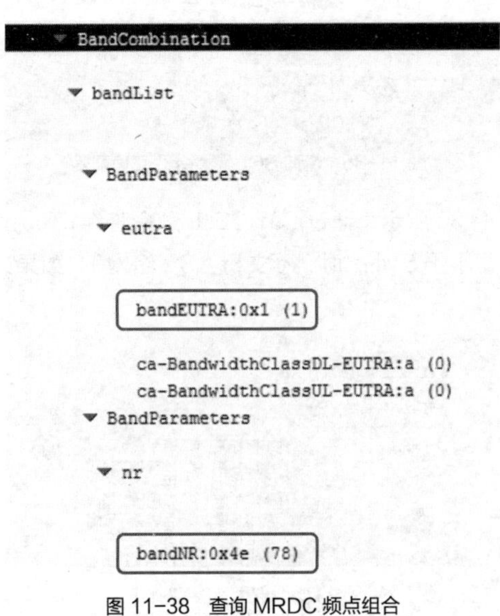

图 11-38 查询 MRDC 频点组合

③ 检查基站硬件能力。需要检查 LTE 基站的单板是否支持 NSA 组网。主控单板除了最早期的 LTE 主处理传输（LTE Main Processing and Transmission，LMPT）单元和通用主处理传输（Universal Main Processing and Transmission，UMPT）单元 a 系列之外，其余单板都可以支持。基带单板除了 LTE 基带

处理（LTE BaseBand Processing，LBBP）单元系列之外，其余单板都可以支持。

3. NR 小区测量故障处理

（1）故障现象。

LTE 侧下发 NR 测量配置信息之后，终端一直未上报测量报告。

如图 11-39 所示，正常情况下，NR 小区满足 B1 事件后，会向 LTE 侧上报测量报告。NR 的测量配置信息包含 NR 目标小区 PCI、测量 RSRP 值等关键信息。

11	09/18/2018 15:30:53 (203)	RRC_SECUR_MODE_CMP	接受自UE
12	09/18/2018 15:30:53 (203)	RRC_HPS_UE_CAP_INFO	接受自UE
13	09/18/2018 15:30:53 (208)	RRC_CONN_RECFG_CMP	接受自UE
14	09/18/2018 15:30:53 (209)	RRC_CONN_RECFG	发送到UE
15	09/18/2018 15:30:53 (223)	RRC_CONN_RECFG_CMP	接受自UE
16	09/18/2018 15:30:56 (353)	RRC_MEAS_RPRT	接受自UE
17	09/18/2018 15:31:11 (219)	RRC_CONN_RECFG	发送到UE
18	09/18/2018 15:31:11 (233)	RRC_CONN_RECFG_CMP	接受自UE

图 11-39　终端上报的测量报告

（2）故障原因。

① LTE 侧问题。

② NR 侧问题。

③ 终端侧问题。

④ 信号覆盖问题。

⑤ 端到端问题。

（3）故障处理。

① 排查 LTE 侧问题。如图 11-40 所示，通过 LST NRSCGFREQCONFIG 命令，查询 LTE 侧配置的 NR 小区频点是否正确，以及 B1 事件 RSRP 门限是否设置合理。需要确保 LTE 侧配置的 NR SCG 频点为目标小区的 SSB 频点。另外，如果 B1 事件的 RSRP 门限设置得过高，就会无法触发 B1 事件，通常现网将其设置为-105dbm。

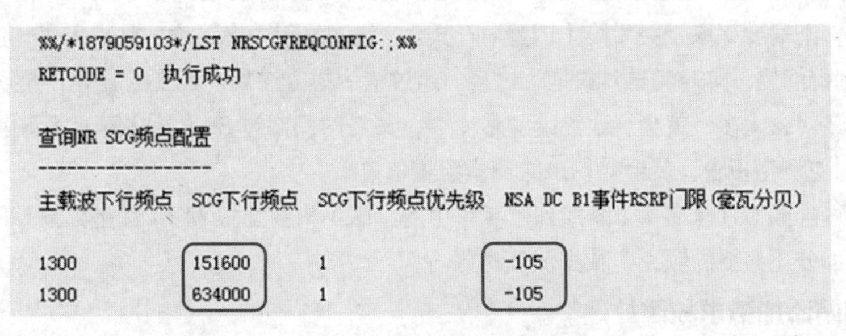

```
%%/*1879059103*/LST NRSCGFREQCONFIG:;%%
RETCODE = 0  执行成功

查询NR SCG频点配置
------------------
主载波下行频点  SCG下行频点  SCG下行频点优先级  NSA DC B1事件RSRP门限(毫瓦分贝)

1300           151600       1                  -105
1300           634000       1                  -105
```

图 11-40　查询 NR SCG 频点配置

② 排查 NR 侧问题。

a. 查询 NR 小区状态是否正常。如图 11-41 所示，通过 DSP NRCELL 命令查询 NR 侧小区是否成功建立。

b. 查询 AAU 发射功率是否过小。如图 11-42 所示，通过 LST NRDUCELLTRP 命令查询 NR 侧小区的发射功率。其中，“最大发射功率（0.1 毫瓦分贝）”为 AAU 单通道发射功率，如果该值配置得太小，则会导致弱覆盖，可以通过 MOD NRDUCELLTRP 命令进行修改。

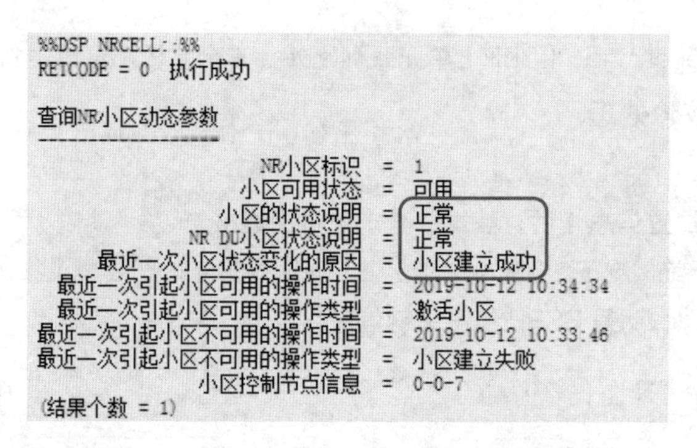

图 11-41 查询 NR 小区状态是否正常

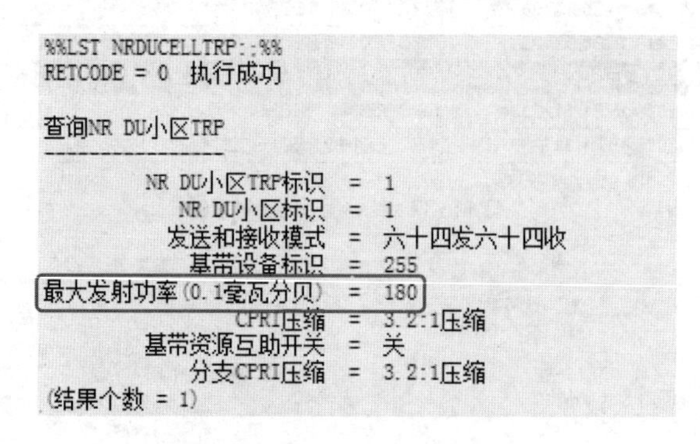

图 11-42 查询 AAU 发射功率是否过小

c. 查询是否存在 NR 邻区干扰。5G 相邻小区干扰会导致小区搜索失败，可以使用扫频仪或者 TUE 频谱扫描功能排查是否存在下行邻区干扰。如果存在干扰，则查找并消除下行干扰源，或修改小区中心频点即可。

③ 排查终端侧问题。排除 LTE 侧和 NR 侧的问题后，需要排查是否为终端问题导致没有搜索到 NR 小区。可以使用其他正常终端进行问题隔离。

④ 排查信号覆盖问题。通过拉网路测，排查现场是否存在弱覆盖区域，导致实际信号强度达不到 B1 门限。如果存在，则需要采取相关手段（调整 RF 参数、增加发射功率、增加站点）优化现场覆盖。

⑤ 排查端到端问题。排查测量对象是否过多。通过信令排查该用户配置的异频、异系统测量对象数及测量数，如果测量对象太多，就会导致终端测量变慢，最终时间超过 3s（基站侧下发测量配置信息后，超过 3s 没有收到对应测量报告，就会触发删除测量配置信息）。

可以尝试通过异频 MR 黑名单（添加到黑名单中的小区不需要上报 MR）禁止异频 MR，观察问题能否解决；或者删除部分不必要的频点，减少测量对象。

4. NR 辅站添加请求故障处理

（1）故障现象。

LTE 基站收到测量报告之后，未向 NR 目标站点发起辅站添加流程。

正常情况下，UE 上报 B1 测量后，LTE 通过 X2 接口向与 B1 测量中携带的 PCI 对应的小区发起 SgNB Add 流程。

（2）故障原因。

① X2 接口未建立。

② 未配置 NR 邻区。

③ PLMN ID 问题。

（3）故障处理。

① 排查 X2 接口问题。UE 向 LTE 基站上报满足 SgNB 配置 B1 门限的邻区之后，LTE 基站会检查邻区关系，如果到该 SgNB 有邻区关系且配置了 X2 接口，则 LTE 将向 gNodeB 发起添加 SgNB 流程。如图 11-43 所示，通过 DSP X2INTERFACE 命令查询 X2 接口状态是否正常。

如果没有 X2 接口，则可以先通过 U2020 网管启动 X2 自建立流程，再通过 X2 口发起添加 SgNB 流程。

② 排查邻区问题。通过 LST NREXTERNALCELL 和 LST NRNRELATIONSHIP 命令，可以查询 NR 目标小区是否为 LTE 邻区。如果未配置邻区，则 LTE 基站将不会向 NR 目标站点发起辅站添加流程。

③ 排查 PLMN ID 问题。在 LTE 侧添加邻区的时候，需要查询添加的目标小区的 PLMN ID 信息是否和 5G 基站配置的 PLMN ID 一致。如图 11-44 所示，在 NR 侧，通过 LST GNBOPERATOR 命令查询 NR 的 PLMN ID 信息，需要确保 LTE 侧添加的 PLMN ID 和查询到的 PLMN ID 一致。

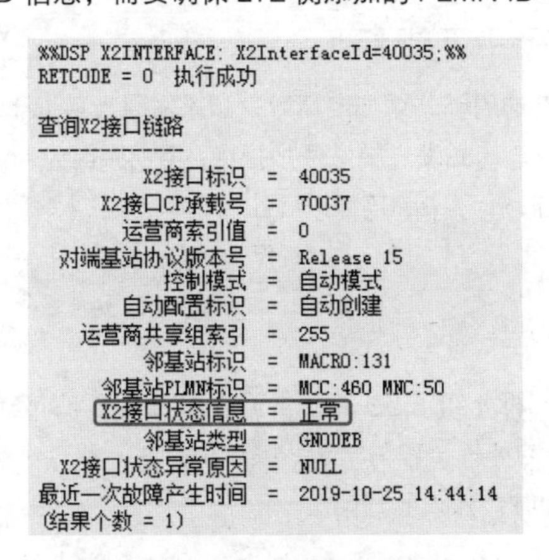

```
%%DSP X2INTERFACE: X2InterfaceId=40035;%%
RETCODE = 0  执行成功

查询X2接口链路
--------------
          X2接口标识  =  40035
      X2接口CP承载号  =  70037
        运营商索引值  =  0
  对端基站协议版本号  =  Release 15
            控制模式  =  自动模式
        自动配置标识  =  自动创建
    运营商共享组索引  =  255
          邻基站标识  =  MACRO:131
      邻基站PLMN标识  =  MCC:460 MNC:50
    X2接口状态信息  =  正常
          邻基站类型  =  GNODEB
  X2接口状态异常原因  =  NULL
最近一次故障产生时间  =  2019-10-25 14:44:14
(结果个数 = 1)
```

图 11-43 查询 X2 接口状态是否正常

```
%%LST GNBOPERATOR:;%%
RETCODE = 0  执行成功

查询gNodeB运营商信息
--------------------
运营商标识   =  0
运营商名称   =  HUAWEI
移动国家码   =  460
移动网络码   =  50
运营商类型   =  主运营商
NR架构选项   =  非独立组网模式
(结果个数 = 1)
```

图 11-44 查询 NR 的 PLMN ID 信息

5. NR 辅站添加响应故障处理

（1）故障现象。

① NR 侧收到 SgNB 增加请求后，拒绝该请求。

② NR 侧发送 SGNB 请求响应后，NR 基站立即发起释放请求。

③ NR 侧收到 SGNB 增加请求后，未给 LTE 回复请求响应。

（2）故障原因。

① UE 和 NR 支持的加密和完整性保护算法不一致。

② X2-U/S1-U 传输资源不可用。

③ NR 侧 NSA 开关没有打开。

④ RRC 连接用户数/RE 超出 License 上限。

（3）故障处理。

① 排查算法问题。正常情况下，NR 站配置的 gNBCipherCapb（加密算法）和 gNBIntegrityCapb（完整性保护算法）与 UE 配置的加密算法需要有交集，否则 SgNB Add 申请会被 NR 拒绝。如果不一致，则可以通过 MOD GNBCIPHERCAPB 和 MOD GNBINTEGRITYCAPB 命令进行修改。

② 排查传输资源问题。检查 X2-U 或 S1-U 是否不通，如果不通，则 NR 基站会向 LTE 基站发送辅站添加拒绝，拒绝原因为“传输资源不可用”。可以根据之前的传输故障分析与处理流程进行逐步排查。

③ 排查 NSA 开关问题。如图 11-45 所示，通过 LST NRCELLALGOSWITCH 命令，查询当前基站 NSA DC 开关是否打开。如果未打开，则 NR 基站会向 LTE 基站发送辅站添加拒绝，拒绝原因为“No Radio Resources Available”，可以通过 MOD NRCELLALGOSWITCH 命令打开 NSA DC 开关。

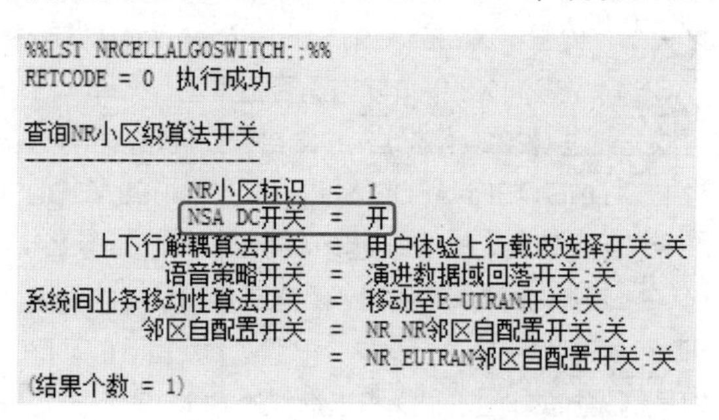

图 11-45 查询当前基站 NSA DC 开关是否打开

④ 排查 License 问题。当 NR 基站收到 LTE 基站发送的辅站添加申请时，如果发现当前 RRC 连接用户数或者 RE 已经达到 License 上限，则 NR 基站会向 LTE 基站发送辅站添加拒绝，拒绝原因为“No Radio Resources Available”，此时需要为 NR 站点申请新的 License 来满足需求。

本章小结

本章先介绍了 5G 基站故障分析与处理的基础知识，再介绍了 5G 基站常见故障的分析与处理方法。

通过本章的学习，读者应该掌握 5G 基站的一般故障处理流程与常用故障维护方法，并对小区故障、传输故障、时钟故障及 NSA 组网接入故障的分析与处理有较深入的理解。

课后练习

1. 选择题

（1）常用的故障维护功能包含（　　）。

A. 用户跟踪　　B. 接口跟踪　　C. 对比/互换　　D. 倒换/复位

（2）以下关于 CU 小区故障原因描述正确的是（　　）。

A. NRDUCELL 小区被闭塞导致 NRCELL 故障

B. NRCELL 绑定的 NRDUCELL 出现故障

C. NRCELL 与 NRDUCELL 频带配置不一致

D. NRCELL 与 NRDUCELL 双工模式配置不一致

（3）与 4G 传输故障排查相比，5G 传输故障排查的差异点有（　　）。（多选）

A. NSA 组网场景中，NR S1 只有用户面，无 S1 信令面

B. SA 组网场景中，NR S1 只有信令面，无 S1 用户面

C. NSA 组网场景中，新增了 LTE-NR 之间的 X2 接口

D. SA 组网场景中，新增了 LTE-NR 之间的 X2 接口

（4）以下关于网络层故障原因描述错误的是（　　）。

A. 底层物理层、数据链路层异常　　B. IP 地址、路由未配置或配置异常

C. 传输网中间链路断开　　D. S1 接口配置错误

（5）以下关于 IEEE 1588 时钟故障原因描述正确的是（　　）。

A. 单板故障　　B. 时钟配置问题

C. 传输网络问题　　D. IPClock 服务器异常

（6）【多选】NSA 组网辅站添加流程在整体上可以分为（　　）。

A. 测量　　B. 辅站添加　　C. 辅站删除　　D. 路径转换

2. 简答题

（1）简述一般故障处理流程及每个流程的详细操作。

（2）简述 DU 小区出现故障的原因及简单的排查步骤。

（3）在传输故障定位中，PING 和 TRACERT 操作能发挥什么作用?

（4）假设传输层控制面出现了故障，请写出故障分析步骤。

（5）简述传输故障处理流程及每个流程的详细操作。

（6）请画出 5G 辅站添加流程图，并简要说明每个步骤的含义。

（7）假设 SCTP 链路出现了故障，请写出故障分析步骤。

（8）假设 GPS 时钟出现了故障，请写出故障分析步骤。

（9）假设 LTE 基站向 NR 基站发送了辅站添加请求，但是 NR 基站回复拒绝，请分析其原因。

Communication

Chapter

12

第12章 5G网络应用与典型案例

ITU-R已于2015年6月定义了未来5G网络的三大类应用场景，分别是eMBB、mMTC和uRLLC，并从吞吐率、时延、连接密度和频谱效率提升等8个维度定义了对5G网络的能力要求。

本章主要介绍5G网络的三大类应用场景，并介绍了三大类应用场景对应的典型行业应用。

课堂学习目标

- 掌握5G网络三大类应用场景
- 掌握5G网络三大类行业的典型应用案例

12.1　5G 网络应用场景

移动通信已经深刻地改变了人们的生活，但人们对更高性能移动通信的追求从未停止。未来的移动通信系统将渗透到社会的各个领域中，以用户为中心构建全方位的信息生态系统。5G 的总体愿景如图 12–1 所示。5G 将使信息突破时空限制，提供极佳的交互体验，为用户带来身临其境的信息盛宴；5G 将拉近万物的距离，通过无缝融合的方式，便捷地实现人与万物的智能互联。5G 将为用户提供光纤般的接入速率，“零”时延的使用体验，千亿设备的连接能力，超高流量密度、超高连接数密度和超高移动性等多场景的一致服务，业务及用户感知的智能优化，并将为网络带来超百倍的能效提升和超百倍的比特成本降低，最终实现“信息随心至，万物触手及”的总体愿景。

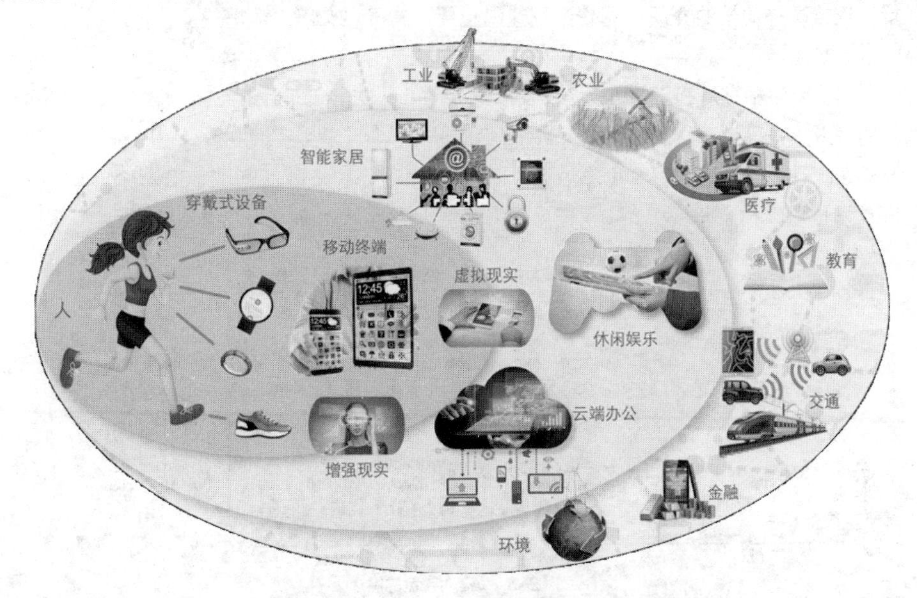

图 12–1　5G 的总体愿景

为了实现 5G 的总体愿景，5G 网络将面临爆炸性的移动数据流量增长、海量的设备连接及不断涌现的各类新业务和应用场景，如图 12–2 所示。

图 12–2　5G 网络面临的挑战

为此，ITU–R 定义了未来 5G 的三大典型应用场景，分别为 eMBB、uRLLC 及 mMTC。eMBB 的目标是在现有移动宽带业务场景的基础上，进一步提升性能体验，应用在诸如高清视频直播、VR/AR 等场景中。uRLLC 主要应用在超低时延、超高可靠性的场景中，如车联网、智慧工厂等。mMTC 主要应用在大规模物联网领域中，提高人与机器、机器与机器之间的连接能力，同时大幅度提高网络容量、连接密度。为了满足这三大应用场景的需要,ITU-R 定义了 5G 的 3 个关键能力：峰值速率达到 10Gbit/s、最小时延低至 1ms、最大连接能力达到 100 万/平方千米。

12.1.1 eMBB 应用

移动宽带处理的是以人为中心的使用案例，涉及用户对多媒体内容、服务和数据的访问。对移动宽带的要求将持续增长，从而需要增强移动宽带。增强型移动宽带的使用情境将催生新的应用领域，并且在现有移动宽带应用的基础上提出新要求，即提高性能、不断致力于实现无缝用户体验。该使用情境涵盖了一系列使用案例，包括有着不同要求的热点和广域覆盖。就热点而言，用户密度大的区域需要极高的通信能力，但对移动性的要求低，且热点的用户数据速率高于广域覆盖的用户数据速率。就广域覆盖而言，最好有无缝连接和连接高移动性的介质，用户数据速率也要远高于现有用户数据速率，但广域覆盖对数据速率的要求可能低于热点。

eMBB 应用主要包括高清视频、VR、AR 及三维（Three-Dimensional，3D）全息等，这些应用对网络有一个共同的需求——高带宽。以理想 VR 业务为例，理想 VR 全景视频的分辨率为 16KB × 4KB，每秒 60 帧，每个像素有 3 种色彩信道，每个色彩信道可以有 10bit 显示，每秒就有 15360 × 3840 × 60 × 3 × 10bit，采用编码格式为 H.265，压缩比为 1:40，需要网络带宽大概为 2Gbit/s，如图 12-3 所示。

	基本VR	良好VR	理想VR	极致VR
全景视频分辨率	2,880 x 1,440 (2D)	8k x 2k (3D)	16k x 4k (3D)	32k x 8k (3D)
屏幕分辨率	1080p 1,920 x 1080	2K 2,556 x 1,440	4K 3,840 x 2,160	16K 15,360 × 8,640
帧率	24 fps	30 fps	60 fps	120 fps
编码格式 和压缩比例	H.265 1:120	H.265 1:80	H.265 1:40	H.266
视频格式	YUV 4:2:0 8 bit color	YUV 4:2:0 8 bit color	YUV 4:2:0 10 bit color	YUV 4:2:0 10 bit color
带宽需求	12M bps Live 15M bps VoD	90M bps Live 100M bps VoD	1.8G bps Live 2G bps VoD	14.4G bps Live 16G bps VoD

图 12-3　VR 对带宽的需求

当前的 LTE 网络能够有效支撑这些高带宽业务的实现吗？LTE 单小区的理论峰值速率为 100～150Mbit/s，平均速率大概为 30～50Mbit/s。显然，当前的 LTE 网络是无法支持超高清视频和 VR 等业务的。

5G 网络采用了新的空口技术，使得空口频谱利用率更高，再加上更大的载波带宽，从而可使理论峰值速率达到 10Gbit/s，5G 网络吞吐量是 4G 的 100 倍，如图 12-4 所示。由于 5G 网络的吞吐量有了极大的提升，4K、8K 超高清视频及 VR、AR 等高带宽业务就有了网络支撑。

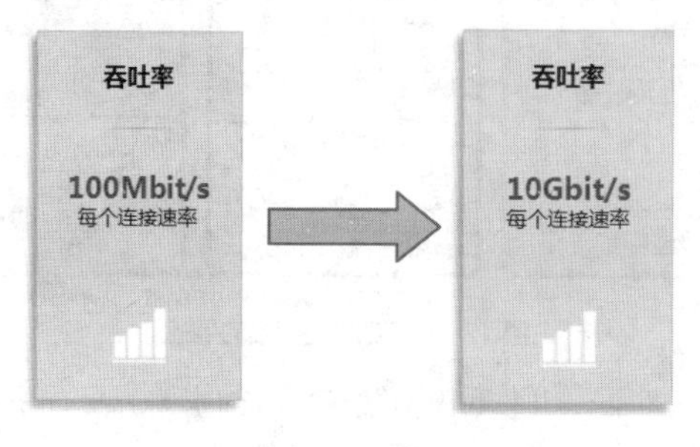

图 12-4　5G 网络和 4G 网络吞吐量对比

eMBB 业务对于网络的诉求主要是带宽的提升，除此以外，部分 eMBB 业务对移动性和网络功耗效率同样有较高的要求，如图 12-5 所示。

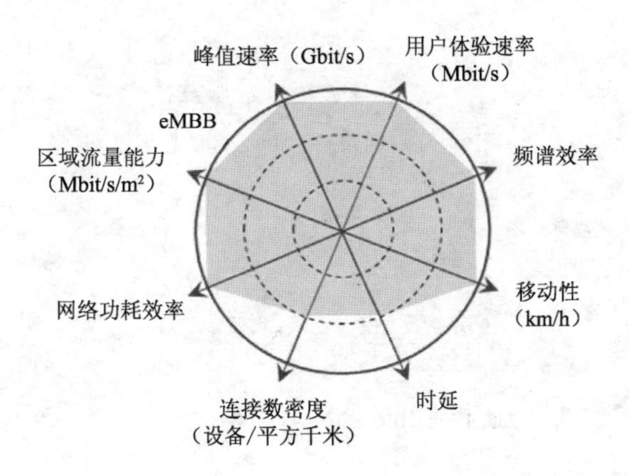

图 12-5　eMBB 业务对于网络的诉求

12.1.2　uRLLC 应用

超高可靠性和低时延通信对时延和可用性等性能的要求十分严格。为实现超低时延，数据面和控制面性能都需要大幅增强，并需要使用技术解决方案来应对无线接口和网络架构方面的问题。

据人们设想，未来无线系统将在更大程度上用于机器对机器的通信场景中，例如，应用在需要高可靠性技术的交通安全、智能电网、电子医疗、无线工业自动化、增强现实、远程触觉控制和远方保护等领域中。

为了满足 uRLLC 的业务对低时延、高可靠性的诉求，网络的性能需要不断提升。当前 3G 网络的时延大概为 100ms，4G 网络的时延小于 50ms，这样的网络时延能够满足这些业务场景需求吗?

以自动驾驶为例，如果汽车以 120km/h 的速度行驶，在 3G 网络时延条件下，从发现障碍到启动制动系统车辆已经移动了 3.33m，即使在 4G 网络中，从发现障碍到启动制动系统车辆也移动了 1.67m，这可能会造成严重的事故。

如果能够将 5G 网络时延降低到 1ms 以下，即使车辆以 120km/h 的速度行驶，从后台下发制动指令到车辆收到指令，车辆也仅仅移动了 3.3cm，安全可靠性就有了保障。3G/4G/5G 网络时延及制动距离的对比如表 12-1 所示。

表 12-1　3G/4G/5G 网络时延及制动距离的对比

制式	端到端时延	120km/h 速度下的制动距离
3G	100ms	3.33m
4G	50ms	1.67m
5G	1ms	3.3cm

uRLLC 业务对于网络的诉求主要是时延的降低、可靠性的增强，除此以外，部分 uRLLC 业务（如自动驾驶、无人机等）对移动性同样有较高的要求，如图 12-6 所示。

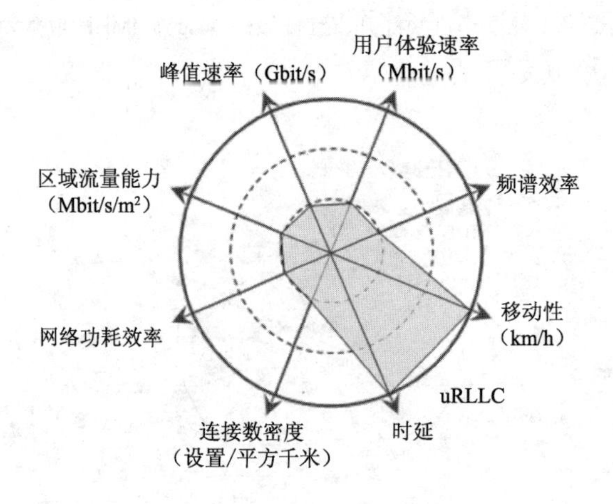

图 12-6 uRLLC 业务对网络的诉求

12.1.3 mMTC 应用

mMTC 业务的特点是连接设备数量庞大，这些设备通常传输相对少量的非延迟敏感数据，故需要降低设备成本，并大幅延长电池续航时间。

未来新的应用案例将会不断出现。对于 IMT 而言，要想适应伴随各类要求而产生的新应用案列，其灵活适应性将不可或缺。

未来，IMT 系统将包括大量不同特性。由于不同的国家有着不同的环境及要求，因此，未来的 IMT 系统应以高度模块化的方式进行设计，这样，各个网络均无须实现其全部特性。

未来网络的一个重要使命就是实现万物互联，如智慧城市、智慧农业、车联网、智能制造及智能抄表等 mMTC 应用都会利用网络来实现通信，大量的物联网终端连接到网络中，对网络的连接能力造成了巨大挑战。当前的 LTE 网络能否承担这样的重任呢?

如图 12-7 所示，LTE 能够提供 1 万/平方千米的接入能力，而现网这样的接入能力是无法支撑大规模的物联网终端接入的。相比于 LTE 网络，5G 网络的接入能力是 4G 网络的近 100 倍，达到了 100 万/平方千米连接。显然，5G 网络更加适用于大规模物联网终端的接入。

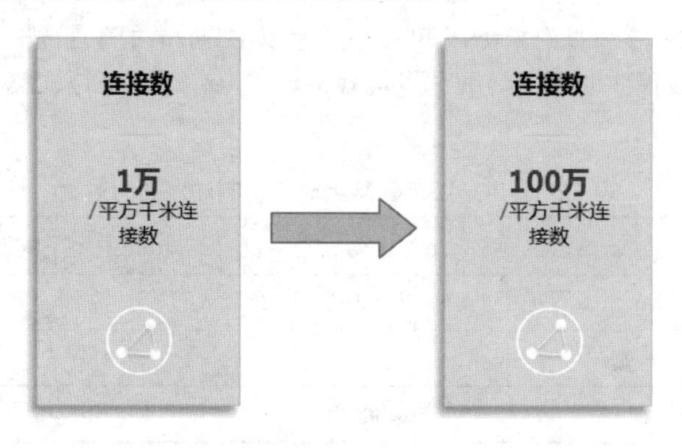

图 12-7 5G 网络和 4G 网络连接数对比

mMTC 业务对于网络的诉求主要是连接能力要强，除此以外，部分 mMTC 业务对网络功耗效率同样要求很高，如图 12-8 所示。例如，智能抄水表、智能抄燃气表、智慧农业中的智能传感器,这些终端需要和网络之间交互信号，就需要对终端供电，但在水表或燃气表上接上一条电源线显然是不合适的，目前行业的通用做法是通过电池供电，为了让一节电池工作更长的时间，就需要增强网络功耗效率。

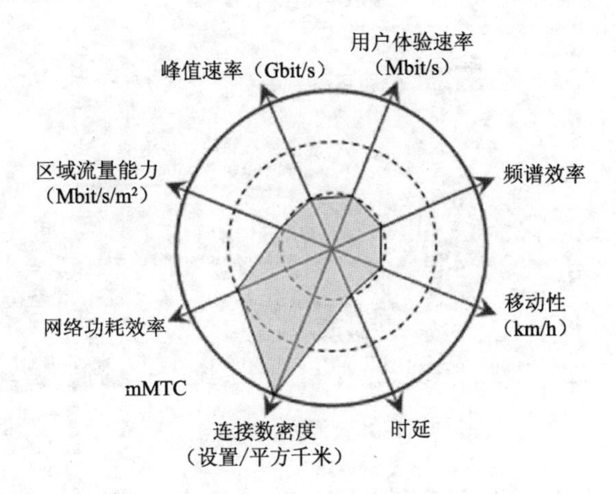

图 12-8 mMTC 业务对网络的诉求

12.2 5G 网络行业应用案例

前文中介绍了 5G 网络有三大应用场景——eMBB、uRLLC 及 mMTC。其中，eMBB 的典型业务场景有高清视频、AR、VR 及 3D 全息等；uRLLC 的典型业务场景有智能电网、电子医疗、无线工业自动化、增强现实、远程触觉控制和远方保护等；mMTC 的典型业务场景有智慧城市、智慧农业、车联网、智能制造及智能抄表等。

本节重点介绍 5G 网络三大行业应用场景中的 3 个典型案例，分别是 Cloud VR、自动驾驶和智能监控。

12.2.1 Cloud VR

什么是 VR 技术？VR 即虚拟现实，通过相关设备遮挡用户的现实视线，将其感官带入一个独立且全新的虚拟空间，为用户提供更深入、代入感更强的体验。

V12-1 5G 行业应用——Cloud VR

在新技术领域中有一条衡量成熟度的曲线，即技术成熟度曲线，如图 12-9 所示。该曲线展现了新技术、新概念的热度随时间的变化情况。一般认为新技术会经历 5 个阶段：技术诞生的时间，称为技术萌芽期；随着技术知名度的不断提升，大众对新技术的期望较高，此阶段称为期望膨胀期；但新技术往往会面临新的挑战，致使新技术进入到泡沫期；在反弹之前称为泡沫破裂低谷期；而随着技术的发展，成功并能存活的经营模式逐渐成长，新技术进入稳步爬升恢复期，并最终进入生产成熟期。根据专业结构最新发布的新技术成熟度曲线，VR 作为新技术已经度过泡沫破裂低谷期，进入稳步爬升恢复期。

随着 5G 网络的商用，到 2021 年，中国 VR 市场经济规模将达到近 300 亿元，主要来自于 VR 直播、VR 影视及 VR 游戏业务场景，如图 12-10 所示。

（1）VR 在直播和影视场景中的应用：无论是体育赛事、产品发布会还是演唱会，人们都有可能因为各种原因而无法亲临现场，此时，VR 直播便能将最真实的现场实时搬至人们眼前，弥补了人们不能去现场体验沉浸感的遗憾，最大限度地使用户身临其境。VR 直播与常见的现场直播的不同在于其具备 3 个特点：3D、全景及互动。其利用全景相机多角度捕捉画面，通过图像拼接传递到用户终端，并植入互动组件，可以使用户选择自己喜欢的视角，打破了原有用户画面被动接受和手机屏幕空间的局限性，促使用户完成由围观者到参与者的身份转变。

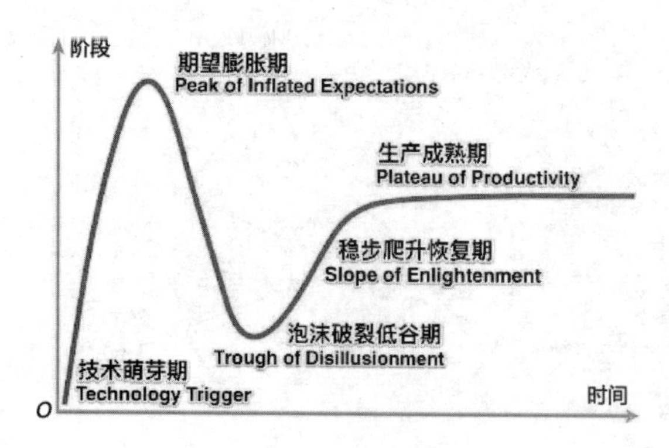

图 12-9 技术成熟度曲线

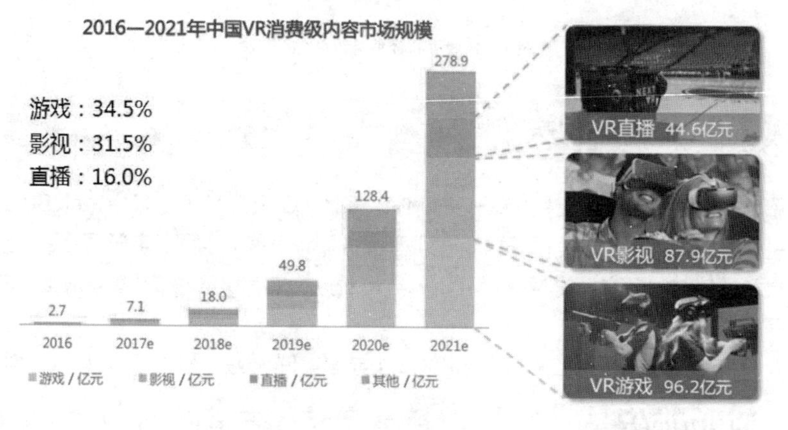

图 12-10 VR 市场规模

（2）VR 又将给游戏带来什么样的变化呢？就游戏本身的发展来说，从最早的单机游戏到 2D 联网游戏，再到 3D 游戏，随着画面和技术的进步，游戏的模拟真度和代入感越来越强。但因为技术等方面的限制，仍无法让玩家在游戏时脱离置身事外的感受。游戏厂商的同质化竞争也越来越明显，主打浸入式体验的 VR 游戏无疑会彻底改变整个游戏行业，成为游戏行业的一次重大转折。

当然，除了 VR 直播、影视及游戏以外，未来 VR 技术和行业结合的应用将会呈现井喷式增长。

相对于传统 VR，Cloud VR 又有什么区别呢？VR 业务的技术实现是图片先经过服务器渲染，再通过网络传递到 VR 终端。传统 VR 主要通过本地专用服务器对图片进行渲染，再通过有线网络传递给终端，如图 12-11 所示。而 Cloud VR 和传统 VR 最大的差异在于，Cloud VR 的图像渲染和处理由云端服务器来处理，如图 12-12 所示。Cloud VR 相对于传统 VR 的优势和发展驱动力主要体现在以下 4 个方面。

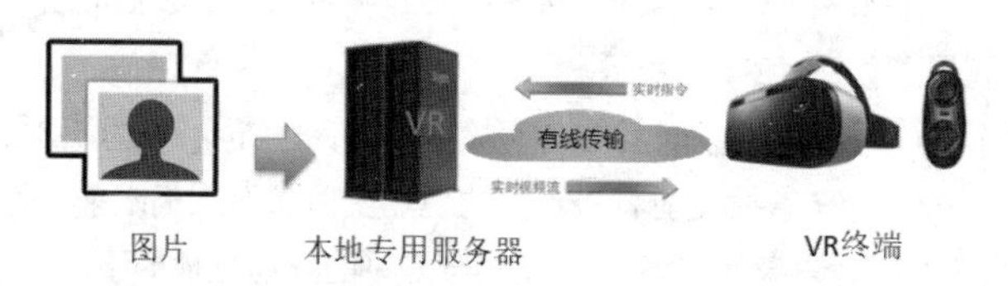

图 12-11 传统 VR

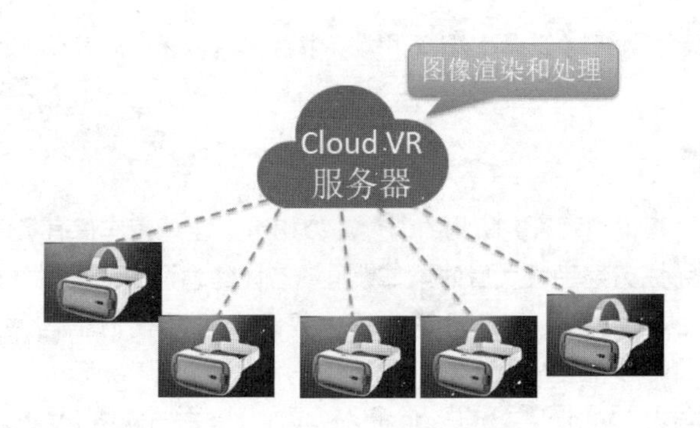

图 12-12　Cloud VR

① 对消费者来说，Cloud VR 能降低用户体验 VR 业务的成本。较好的传统 VR 业务用户体验大多依赖高性能主机进行本地渲染，VR 终端加上配套高端主机后价格达到上万元，使得用户消费 VR 成本较高，这在一定程度上影响了产业发展。VR 云化后，将由云端大型服务器统一渲染，用户无须购买 VR 渲染专用主机，总体成本也只有传统 VR 的 1/3，大大节省了消费者对 VR 的体验成本。

② 对 VR 终端来说，Cloud VR 将计算能力上移至云端，降低了对 VR 终端的要求。VR 云化后，云端可以提升逻辑计算、图像处理能力。超多核服务器、GPU 集群、云的分布式计算能力均得到很好的体现，利用最新 GPU 技术做渲染和人工智能分析弥补了独立 VR 终端的不足，降低了终端复杂度，同时，Cloud VR 服务器统一渲染也可以提高接入 VR 终端的兼容性。

③ 对 VR 内容提供方来说，Cloud VR 能够聚合生态，保护 VR 内容版权。现在大量的 VR 内容是离线体验的，对内容的管控难度较大，无法有效地保障 VR 内容提供者的版权。VR 云化后，可以在云端对数据进行精准管理和发放及内容的统一管控，解决了现在孤岛经营模式的弊端。

④ 对 VR 生态圈而言，Cloud VR 能够加速商业应用孵化，提升 VR 普及率。现在 VR 商业场景的推广还是零散的“单兵作战”模式，内容源较少且缺乏推广，也没有良好的生态循环。VR 云化后将由云端统一推广，大大提升了 VR 商业生态的良性发展，高品质的 VR 内容和 VR 商业场景也会繁荣起来。

由此可见，Cloud VR 将会给传统 VR 带来巨大的变化。但是 Cloud VR 的实现也面临着挑战。Cloud VR 的发展应该以用户体验提升为主线，业务体验反映在用户感知上时，主要包括画面眩晕感、延迟度及沉浸感；反映到对网络的要求上时，主要体现在速率和时延上。另外，Cloud VR 的发展和演进路线可以分为 3 个阶段，即起步阶段、舒适体验阶段及理想体验阶段，在不同阶段中，对网络的要求也是不一样的。

① Could VR 对速率的要求。Could VR 的沉浸性终端拥有远高于传统 TV 的视角，为了实现与 4K 视频一样的清晰度，其分辨率、帧率及码率都必须高于 4K 视频业务，对网络有着更高的带宽要求。例如，在 Cloud VR 的起步阶段，单路业务带宽要求大于 80Mbit/s；在舒适体验阶段，单路业务带宽要求大于 260Mbit/s；在理想体验阶段，单路业务带宽要求大于 1Gbit/s。业务大规模发展时，对 5G 网络的需求就会显现出来。

② Could VR 对于时延的要求。Cloud VR 的时延主要来自于云端处理时间、网络传输时延和终端处理时延，对于起步阶段的网络，端到端网络时延要求在 20ms 以内；对于舒适体验阶段的网络，时延一般在 15ms 以内；对于理想体验阶段的网络，时延要求在 8ms 以内。未来，借助于 5G 网络的低时延特性，满足 Cloud VR 的理想体验将成为可能。

当然，以上两点只是影响 Cloud VR 体验的较大因素，除此以外，其影响因素还有丢包率、视频分辨率及帧率等。

Cloud VR 的发展离不开云端、网络、终端及运营的协同发展，随着云计算、5G 网络的发展及轻量级

VR 终端的发布，基于 5G 无线网络的 Cloud VR 适用场景将会越来越多，相信 Cloud VR 将会很快走近人们的生活！

12.2.2 自动驾驶

V12-2 5G 行业应用——自动驾驶

根据相关研究机构的调查，2018 年，全球汽车保有量已经超过 13 亿辆，汽车或将成为继手机之后的第二大移动智能终端设备。而联网汽车指的是搭载了传感器、控制器及执行器等装置，并融合了现代通信与网络技术，实现车与车（Vehicle-to-Vehicle，V2V）、车与路边设施（Vehicle-to-Infrastructure，V2I）、车与人（Vehicle-to-Pedestrian，V2P）及车与网络（Vehicle-to-Network，V2N）的信息交换、共享，并具备复杂环境感知、智能决策及协同控制等功能，可实现安全、高效、舒适、节能行驶，并最终替代人来操作的可以实现自动驾驶的新一代汽车，应用前景十分被看好。图 12-13 所示为车与万物互联。

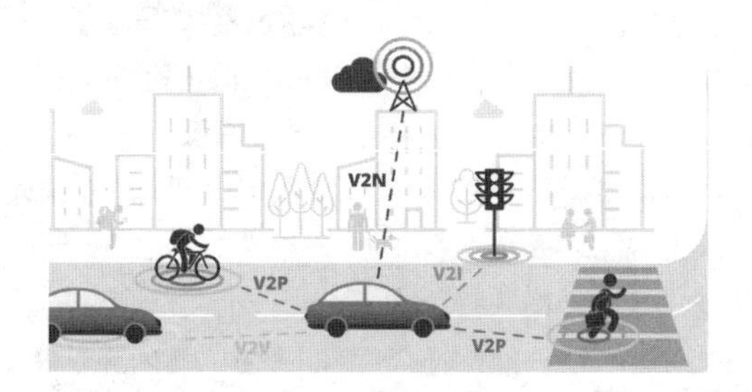

图 12-13　车与万物互联

未来，驾驶员借助于网络，可以实现远程驾驶汽车，甚至通过车辆人工智能、视觉计算、雷达、监控装置和全球定位系统的协同合作实现自动驾驶，彻底颠覆人们的出行方式。

随着技术的发展，自动驾驶主要运用了高级辅助驾驶系统（Advanced Driver Assistant System，ADAS）和蜂窝车联网（Cellular Vehicle-to-Everything，C-V2X）。下面来看看这两种技术的发展情况。

ADAS 目前已经商用，ADAS 的车辆基于车辆搭载的车载摄像头、雷达、激光和超声波等传感器，探测光、热、压力或其他用于监测汽车状态的变量，可以用于实现盲点监测、车道偏离警示、辅助停车等功能，如图 12-14 所示。但是 ADAS 的交互性差，且单车传感器有局限性。例如，ADAS 在雨、雪、雾天气中容易受影响，探测距离短，成本高昂等。

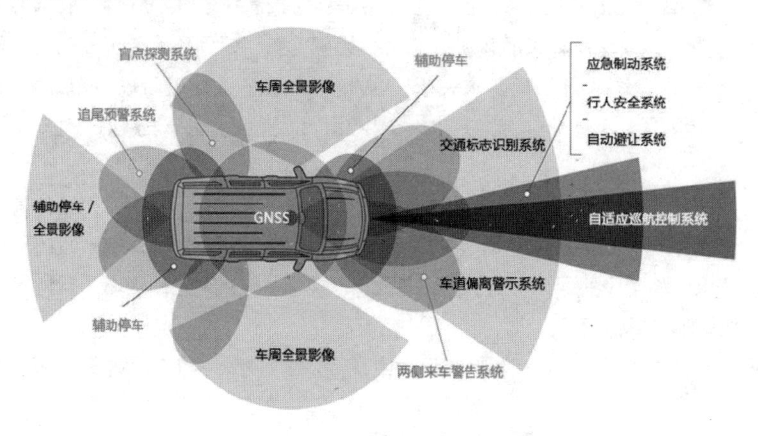

图 12-14　高级驾驶员辅助系统

C-V2X属于智能汽车。智能主要体现在汽车搭载的各种传感器借助蜂窝无线移动通信网络将信息传递给周围的车辆、路边基础设施、行人或者云端，实现车与万物的连接。未来，基于5G网络的5G-V2X可以充分利用5G网络的产业圈，降低C-V2X的部署成本。另外，相对于ADAS，C-V2X具有以下优势。

（1）驾驶视线扩展：C-V2X可以采用360°网络摄像头，可以观测到车辆周围环境，不受遮挡的影响。

（2）探测距离增大：ADAS的探测距离只有100m，而C-V2X的探测距离能够达到300～500m，能够提前十几秒探测到危险。

（3）价格低廉：相对于ADAS，C-V2X更便宜，ADAS需要几百甚至上万美元，而C-V2X模组只需要几十美元。

（4）受气候影响小：C-V2X不受天气影响，且能够实现协作智能，效率更高。

由此可见，C-V2X可以解决ADAS“看不见”“看不清”的问题。而ADAS技术的优势在于更加成熟。根据相关机构对600万次交通事故的统计，C-V2X与ADAS的协同可以减少96%的交通事故。因此，将ADAS与C-V2X强强联合、优势互补才是自动驾驶的最好选择。

上述分析表明，未来自动驾驶是需要网络支持的。自动驾驶对网络的需求主要体现在以下方面。

（1）大流量：每辆汽车每天将会产生4000GB的数据，同时，云端必须要有超强的实时计算分析能力。

（2）低时延：要想获得优良的体验，车辆远程控制技术分析要做到MOS4.5的水平，这就要求网络端到端时延必须小于4ms。

（3）连接数量庞大：车车互联、车人互联、车路互联将会产生大量连接，并随着车辆的增加而出现指数级增加。

未来自动驾驶对网络的要求可归纳为“速率快”“判断准”“连接多”。自动驾驶对时延、可靠性的要求更高，并对广播/多播有需求，那么5G网络如何满足自动驾驶对网络的需求呢？

5G网络可以为自动驾驶业务提供高速率低时延的网络切片，确保车辆和云端的数据交互。另外，可以在5G接入侧部署5G-V2X边缘计算云服务器，对数据量大、实时处理要求强和计算复杂度高的业务进行有效的支撑。

5G网络可以支持多接口互联。5G-V2X支持Uu接口+PC5接口，车辆产生的数据可以经Uu接口传递给5G基站，由5G基站进行转发，如果是近距离传输，则车辆可以通过PC5接口直接和目标设备进行通信，缓解基站的压力，并降低数据传输的时延。

5G网络还支持单播/多播时延优化技术，单播时延优化技术通过识别车辆业务类型对车辆数据进行预调度和半静态分配资源，为车辆提前分配好资源，降低数据传输时延。灵活的多播技术能对有相同业务需求的车辆进行分组，将车辆独立调度修改为分组调度，减少基站的调度资源开销，大大增加了基站的连接数量。

未来自动驾驶技术将会向更智能的方向发展，自动驾驶汽车通过5G网络向云端、向行人、向其他车辆交互车辆数据，达到人、车的协同，同时，城市道路会向数字化方向发展，最终实现人、车、路的协同，为未来人们的出行带来新的变革！

12.2.3　智能监控

V12-3 5G行业应用——智能监控

视频监控在行业中的应用越来越广泛，例如，用于城市安全领域的治安监控，用于智能交通领域的拥堵和事故监控、应急指挥、违章处理，电信运营商和电力公司运用视频监控实现远程对基站和变电站的有效管理，保障设备财产安全，视频监控广泛应用于地铁监控、机场安防、金融安防、校园安防等行业，利用视频监控保障人们的人身和财产安全，有效管理公共场所的秩序，如图12-15所示。

视频监控的适用行业

公共安全		交通		金融	教育	电信运营商/电力公司
城市安全	智能交通	地铁监控	机场安防	金融安防	校园安防	基站监控 变电站监控

图 12-15　视频监控在行业中的应用

特别是在城市安全领域中，随着城市规模的扩大和经济的发展，社会治安问题日趋突出，警力超负荷运转。为了进一步提高社会综合治理水平，迫切需要打造高清监控、统一共享、智能分析、开放融合的平安城市解决方案。平安城市解决方案主要由 3 个部分组成，终端部分由各种智能的摄像头组成，中间网络可以采用有线网络或者 4G/5G 无线网络，上层部署各种应用服务器，如融合指挥、治安防控、视频侦查及稽查布控等，如图 12-16 所示。

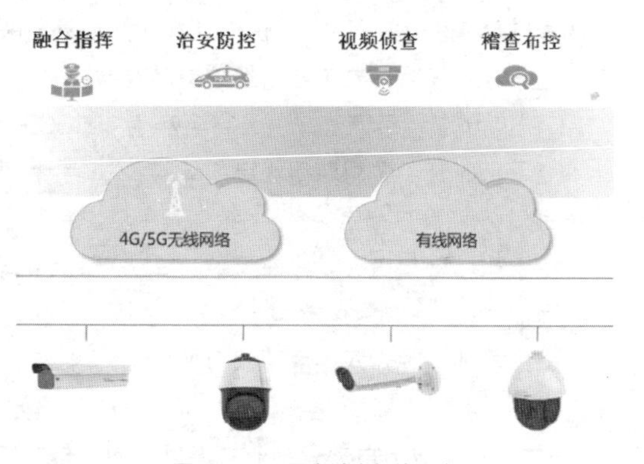

图 12-16　平安城市解决方案

平安城市建设已经成为城市基础建设的一部分。而随着物联网、云计算及 5G 等新技术的应用，平安城市建设正逐步融入智慧城市建设中。作为平安城市建设的重点内容，视频监控技术已经成为继刑侦、技侦、网侦技术之后公安机关新的战斗力和新的增长点，为政府各职能部门建设平安城市带来诸多成效。

（1）在公共场所部署视频监控系统，治安部门能时刻关注突发事件的出现，并以最快的速度做出响应，使社会秩序恢复正常。

（2）在高污染企业周边部署视频监控系统，环保部门能时刻关注环境污染问题，使人们的生活环境得到保护。

（3）在疾病高发区域部署视频监控系统，疾控部门能时刻关注人员流动情况，及时做出医疗预防措施。

（4）在地质灾害高发地区部署视频监控系统，城市应急部门能快速做出灾难应急响应，使民众财产损失降低到最小。

视频联网场景主要针对公安、政府等用户，围绕城市公共安全立体化治安防控体系建设需求，打造全天候、全方位、全高清、全智能、多维可视的城市智慧视频中枢，以支撑治安防控、城市管理和民生服务等活动，有效提升公共安全服务效能。

随着平安城市视频监控系统规模的迅速扩大和应用的日益广泛深入，制约治安防控、维稳处突、侦查破案等核心视频业务应用成效的问题日益凸显，主要体现在以下方面。

（1）系统不能互联互通，无法做到资源共享。当前系统大多采用传统架构设计，彼此独立，形成应用烟囱。一方面，数据需要在多个系统中复制保存，造成冗余，不利于数据资源的互通和共享；另一方面，IT 资源无法进行跨区域、跨层级、跨系统调用，容易造成业务瓶颈和系统的不稳定。例如，难以快速应对突发情况下热点区域视频的大规模并发调看和智能分析。

（2）视频存储压力大，应用深度较浅。一方面，摄像头数量增加、图像质量提高，存储压力越来越大；另一方面，智能分析一直是发展热点，但从未很好地实现，原因就是缺乏良好计算的基础，造成用户所保存的海量视频资源价值未能得到充分挖掘。

（3）系统规模大，接入回传压力大。随着视频监控系统复杂性的提高、规模的增大，一方面，摄像头从几百个、几千个到上万个，甚至几十万个，数量不断增加，如果摄像头都用固网接入，那么光缆需要铺设到每个摄像头近端，铺设的难度大、成本高且周期长；另一方面，随着图像质量的不断提高，高清视频需要通过网络回传，要求网络具备更大的传输带宽。

因此，智能视频监控系统需顺应标准化、智能化的发展趋势，为用户打造融合、高效、稳定和绿色的视频监控系统。针对视频监控系统覆盖范围广、数据量大及系统 7×24 小时工作等特点，智能视频监控系统将“云概念”引入视频监控领域，利用云系统的融合、高效、可靠及数据共享等特性，解决了传统视频监控系统面临的数据量大、效率低、信息孤立、可靠性差及兼容性差等问题。未来，5G 网络具有大带宽和大连接等能力，将为城市智能监控系统提供网络支撑。

本章小结

本章先介绍了 5G 网络的三大应用场景，分别为 eMBB、uRLLC 及 mMTC，再介绍了三大应用场景对应的行业应用案例，分别为 eMBB 对应的 Cloud VR、uRLLC 对应的自动驾驶和 mMTC 对应的智能监控。

通过本章的学习，读者应该对 5G 网络的主要应用场景有了更加清晰的认识，并对 5G 使能行业应用有了进一步的了解。

课后练习

1. 选择题

（1）ITU 定义的 5G 小区峰值速率是（　　）。

A. 1Gbit/s　　B. 10Gbit/s　　C. 50Gbit/s　　D. 100Gbit/s

（2）ITU 定义的 5G 最小时延是（　　）。

A. 0.1ms　　B. 1ms　　C. 5ms　　D. 10ms

（3）ITU 定义的 5G 每平方千米最大连接数为（　　）。

A. 1 万　　B. 10 万　　C. 100 万　　D. 1000 万

（4）（　　）属于 eMBB 业务。

A. 高清视频　　B. AR　　C. VR　　D. 自动驾驶

（5）（　　）属于 uRLLC 业务。

A. 高清视频　　B. AR　　C. VR　　D. 自动驾驶

（6）（　　）属于 mMTC 业务。

A. 远程抄表　　B. 智能监控　　C. 自动驾驶　　D. 高清视频

2. 简答题

（1）未来哪些垂直行业可能使用 5G 网络，哪些业务应用会率先商业化?

（2）对比分析 Cloud VR、自动驾驶、智能监控 3 种业务对网络性能的需求有哪些差异。

华 为 与 知 名 高 校 联 袂 创 作

5G移动通信技术系列教程

教材服务热线：010-81055256
反馈／投稿／推荐信箱：315@ptpress.com.cn
人民邮电出版社教育服务与资源下载社区：www.ryjiaoyu.com

ISBN 978-7-115-53976-2
定价：49.80元